21 世纪高校计算机应用技术系列规划教材

丛书主编　谭浩强

Visual Basic 程序设计题解与上机实验指导

徐晓敏　王晓敏　编著

中国铁道出版社
CHINA RAILWAY PUBLISHING HOUSE

内 容 简 介

本书是为了配合学习《Visual Basic 程序设计（第二版）》（王晓敏、徐晓敏编著，中国铁道出版社 2008 年出版）而编写的参考用书，主要是帮助学生系统理解和掌握 Visual Basic 语言的基本知识，增强操作应用技能，提高运用 Visual Basic 语言解决实际问题的能力。

全书分为两篇：第一篇是《Visual Basic 程序设计（第二版）》中各章节的知识要点、典型例题解析及各类习题与参考解答；第二篇是上机实验指导，结合教材重点知识内容提供了 13 个独立实验，给出了实验目的、实验要求及程序设计提示。

本书集复习与实验相结合，内容丰富、循序渐进、例题典型、解析详细、通俗易懂、可操作性及实用性强，是学习 Visual Basic 程序设计的一本优秀的参考书。

本书适合作为高等院校教学的辅助教材，也可作为计算机培训班的教学参考用书，还可供广大计算机爱好者自学时参考。

图书在版编目（CIP）数据

Visual Basic 程序设计题解与上机实验指导/徐晓敏，王晓敏编著. —北京：中国铁道出版社，2009.4
（21 世纪高校计算机应用技术系列规划教材·基础教育系列）
ISBN 978-7-113-09941-1

Ⅰ.V… Ⅱ.①徐…②王… Ⅲ.BASIC 语言－程序设计－高等学校－教学参考资料 Ⅳ.TP312

中国版本图书馆 CIP 数据核字（2009）第 060762 号

书　　名：Visual Basic 程序设计题解与上机实验指导
作　　者：徐晓敏　王晓敏　编著

策划编辑：秦绪好
责任编辑：崔晓静　杜　鹃　　**编辑部电话：**（010）63583215
封面设计：付　巍　　**封面制作：**白　雪
责任印制：李　佳

出版发行：中国铁道出版社（北京市宣武区右安门西街 8 号　邮政编码：100054）
印　　刷：北京新魏印刷厂
版　　次：2009 年 5 月第 1 版　2009 年 5 月第 1 次印刷
开　　本：787mm×1092mm　1/16　**印张：**16.25　**字数：**380 千
印　　数：5 000 册
书　　号：ISBN 978-7-113-09941-1/TP·3236
定　　价：26.00 元

21世纪高校计算机应用技术系列规划教材

序

PREFACE

21世纪是信息技术高度发展且得到广泛应用的时代，信息技术从多方面改变着人类的生活、工作和思维方式。每一个人都应当学习信息技术、应用信息技术。人们平常所说的计算机教育其内涵实际上已经发展为信息技术教育，内容主要包括计算机和网络的基本知识及应用。

对多数人来说，学习计算机的目的是为了利用这个现代化工具工作或处理面临的各种问题，使自己能够跟上时代前进的步伐，同时在学习的过程中努力培养自己的信息素养，使自己具有信息时代所要求的科学素质，站在信息技术发展和应用的前列，推动我国信息技术的发展。

学习计算机课程有两种不同的方法：一是从理论入手；二是从实际应用入手。不同的人有不同的学习内容和学习方法。大学生中的多数人将来是各行各业中的计算机应用人才。对他们来说，不仅需要“知道什么”，更重要的是“会做什么”。因此，在学习过程中要以应用为目的，注重培养应用能力，大力加强实践环节，激励创新意识。

根据实际教学的需要，我们组织编写了这套“21世纪高校计算机应用技术系列规划教材”。顾名思义，这套教材的特点是突出应用技术，面向实际应用。在选材上，根据实际应用的需要决定内容的取舍，坚决舍弃那些现在用不到、将来也用不到的内容。在叙述方法上，采取“提出问题-解决问题-归纳分析”的三部曲，这种从实际到理论、从具体到抽象、从个别到一般的方法，符合人们的认知规律，且在实践过程中已取得了很好的效果。

本套教材采取模块化的结构，根据需要确定一批书目，提供了一个课程菜单供各校选用，以后可根据信息技术的发展和教学的需要，不断地补充和调整。我们的指导思想是面向实际、面向应用、面向对象。只有这样，才能比较灵活地满足不同学校、不同专业的需要。在此，希望各校的老师把你们的要求反映给我们，我们将会尽最大努力满足大家的要求。

本套教材可以作为大学计算机应用技术课程的教材以及高职高专、成人高校和面向社会的培训班的教材，也可作为学习计算机的自学教材。

由于全国各地区、各高等院校的情况不同，因此需要有不同特点的教材以满足不同学校、不同专业教学的需要，尤其是高职高专教育发展迅速，不能照搬普通高校的教材和教学方法，必须要针对它们的特点组织教材和教学。因此，我们在原有基础上，对这套教材作了进一步的规划。

本套教材包括以下五个系列：

- 基础教育系列
- 高职高专系列
- 实训教程系列
- 案例汇编系列
- 试题汇编系列

其中基础教育系列是面向应用型高校的教材，对象是普通高校的应用性专业的本科学生。高职高专系列是面向两年制或三年制的高职高专院校的学生，突出实用技术和应用技能，不涉及过多的理论和概念，强调实践环节，学以致用。后面三个系列是辅助性的教材和参考书，可供应用型本科和高职学生选用。

本套教材自 2003 年出版以来，已出版了 70 多种，受到了许多高校师生的欢迎，其中有多种教材被国家教育部评为**普通高等教育“十一五”国家级规划教材**。《计算机应用基础》一书出版三年内发行了 50 万册。这表示了读者和社会对本系列教材的充分肯定，对我们是有力的鞭策。

本套教材由浩强创作室与中国铁道出版社共同策划，选择有丰富教学经验的普通高校老师和高职高专院校的老师编写。中国铁道出版社以很高的热情和效率组织了这套教材的出版工作。在组织编写及出版的过程中，得到全国高等院校计算机基础教育研究会和各高等院校老师的热情鼓励和支持，对此谨表衷心的感谢。

本套教材如有不足之处，请各位专家、老师和广大读者不吝指正。希望通过本套教材的不断完善和出版，为我国计算机教育事业的发展和人才培养做出更大贡献。

全国高等院校计算机基础教育研究会会长

“21 世纪高校计算机应用技术系列规划教材”丛书主编

谭浩强

前　言

FOREWORD

《Visual Basic 程序设计（第二版）》（王晓敏、徐晓敏编著，中国铁道出版社 2008 年版）已于 2008 年 2 月问市。针对目前我国高校的教学需求和侧重培养学生实际操作能力的现状，为了更好地让使用该教材的学生学习并掌握 Visual Basic 知识和编程设计技能，此次配合《Visual Basic 程序设计（第二版）》的出版编写了《Visual Basic 程序设计题解与上机实验指导》。作为配套教材的参考书，目的是帮助学生系统学习、理解和掌握 Visual Basic 语言的基本知识，进一步突出本教材所提倡的“练中学”理念，增强操作应用技能，提高运用 Visual Basic 语言解决实际问题的能力。

全书共分为以下两篇：

第一篇：典型例题解析与习题解答。本篇共分 15 章，与教材的章节内容编排完全一致。在每一章中都介绍了该章的知识要点，并且在大多数章节中结合知识要点都给出了典型例题与解析，目的是引导和帮助学生了解该章的学习重点，掌握解题思路和编程设计技巧。最后对《Visual Basic 程序设计（第二版）》中每章的全部习题进行了解答。为了节省篇幅，对于每章中能在教材中容易找到答案的概念简答题，本书只给出答案要点，学生可以结合教材得到完整答案。其他类型的习题都给出了参考答案。为了方便学生阅读和理解程序，对设计题除了给出其参考程序外，还给出了设计过程及运行结果，学生可以自己进行对照操作。需要说明的是，书中给出的习题答案只是一种参考答案，可能不是“标准”答案，更不一定是“最佳”答案。它只是起到一种“抛砖引玉”的作用，让学生在学习的过程中受到一些启发，然后通过自己的领会，进行实践和创新，从而编写出质量更高的程序。对于各章习题答案中涉及的程序都已在 Visual Basic 6.0 环境下调试通过。

第二篇：上机实验指导。Visual Basic 程序设计是一门实践性很强的课程，没有上机实验，要真正掌握 Visual Basic 程序设计几乎是不可能的。根据教材的章节内容和顺序，针对其重点和难点，本书共设计了 13 个独立的上机实验，以供学生操作练习。对于每一个实验，除给出具体的实验目的、实验内容和相关练习外，还给出了较为完整的程序提示和完成实验的操作步骤，以方便学生完成操作。教师和学生可以根据课程的上机实验时间以及学习掌握的情况选择实验。

本书突出一条主线：理论—实践—应用。在编排上集复习和实验相结合，力求内容丰富、循序渐进、例题典型、解析详细、通俗易懂、可操作性及实用性强，便于掌握。是学习 Visual Basic 程序设计的一本优秀的参考书。本书适合作为高等院校教学的辅助教材，也可作为计算机培训班的教学参考用书，还可供广大计算机爱好者自学时参考。

本书主要由北京信息科技大学徐晓敏编写，并负责全书整体策划、框架结构安排、总体修改、统稿和定稿。北京信息科技大学王晓敏参与了本书各章知识要点的汇总和编排，北京信息科技大学的蒋滨泽、朱亚婉、张新见同学参与了习题的解答、程序设计及调试工作。

感谢读者选择和使用本书，感谢为本书的编排和出版而辛勤劳作的相关人士。由于编者水平和时间有限，本书难免存在不足和疏漏之处，热诚欢迎专家和广大读者对本书提出宝贵意见和建议，敬请批评指正。

编　者

2009 年 1 月

目录

CONTENTS

第一篇　典型例题解析与习题解答

第二篇 上机实验指导

第一篇　典型例题解析与习题解答

第 1 章　概　述

1.1　本章知识要点

1. Visual Basic 的特点

Visual Basic 是一种可视化、面向对象和采用事件驱动方式的结构化高级程序设计语言，可用于开发 Windows 环境下的各类应用程序。此外，Visual Basic 还有一些其他特点，包括动态数据交换（DDE）、对象的链接与嵌入（OLE）、动态链接库（DLL）、建立自己的 ActiveX 控件、建立 ActiveX 文档和 Internet 组件下载等。

2. Visual Basic 的集成开发环境

（1）标题栏：标题栏是屏幕顶部的水平条，它显示的是应用程序的名字。

（2）菜单栏：集成环境的主菜单，位于标题栏的下方。

（3）工具栏：Visual Basic 6.0 提供了 4 种工具栏，包括编辑、标准、窗体编辑器和调试，并可根据需要定义用户自己的工具栏。

（4）窗体设计器：窗体设计器简称窗体，是应用程序最终面向用户的窗口，它对应于应用程序的运行结果。Visual Basic 中的各种图形、图像、数据等都是通过窗体或窗体中的控件显示出来的。

（5）工程资源管理器：工程资源管理器中，含有创建一个应用程序所需要的文件清单。工程资源管理器中的文件可分为窗体文件（.frm）、程序模块文件（.bas）、类模块文件（.cls）、工程文件（.vbp）、工程组文件（.vbg）和资源文件（.res）共 6 类。

（6）属性窗口：属性窗口主要是针对窗体和控件设置的。在 Visual Basic 中，窗体和控件被称为对象。每个对象都可以用一组属性来表现特征，属性窗口就是用来设置窗体或窗体中控件属性的。

（7）工具箱窗口：工具箱窗口由工具图标组成，图标又称为图形对象或控件，是组成 Visual Basic 应用程序的构件，每个控件由工具箱中的一个工具图标来表示。

（8）其他窗口：在集成环境中还有一些其他窗口，包括窗体布局窗口、代码编辑器窗口、立即窗口、本地窗口和监视窗口等。

3. Visual Basic 的工程

Visual Basic 的工程，首先是一个应用程序的描述，其次它是一个集合管理器，用来管理一个应用程序的全部文件。编写一个程序最常用的文件是工程文件（.vbp）和窗体文件（.frm），也可能需要标准模块文件（.bas）和类模块文件（.cls），这些文件称为工程资源。

（1）工程文件：用来描述一个工程，它是一个纯文本文件，包含与工程有关的全部文件和对象的清单以及有关选项的设置。

（2）窗体文件：只要是有界面的应用程序，肯定要设计窗体，每个窗体最终保存为独立的窗体文件。窗体文件包含了一个窗体中的所有界面元素的描述。

（3）标准模块文件：以下情况我们会使用标准模块文件，一个应用程序由多个窗体组成，这些窗体可能会共用一些数据或程序代码，我们将这些共用部分抽取出来，存放到标准模块中，提供给工程中的所有窗体共用。还有一些程序代码与具体的窗体界面元素无关，为了管理方便有时将它们分离为子过程或函数，保存到标准模块文件中，同时也为将来的重用提供机会。

（4）类模块文件：类是对于一类事物的抽象描述，类模块就是用于定义某种对象特征属性和操作的模块，但与窗口对象不同的是，类模块中的对象类在计算机中不表现为可见界面，只是逻辑上的定义。

1.2 典型例题解析

1.2.1 选择题解析

1. 以下可以激活菜单栏的快捷键为（　　）。

A. F10　　B. F4　　C. F5　　D. Ctrl

【解析】 在 Visual Basic 中，【F10】键用来激活菜单栏；【F4】键用来激活属性窗口；【F5】键用来启动运行程序；【Ctrl】键作为辅助键必须和其他键一起使用才能发生作用，如【Ctrl+C】组合键的作用是复制当前选中的文本。

【答案】 A

2. 以下说法错误的是（　　）。

A. 标准模块也称程序模块文件，扩展名为.bas

B. 标准模块由程序代码组成

C. 标准模块用来声明全局变量和定义一些通用的过程

D. 标准模块附属于窗体

【解析】 A、B、C 均为正确答案，标准模块不属于任何一个窗体，是一个纯代码性质的文件，主要在大型应用程序中使用。

【答案】 D

3. 相对于传统的编程语言，Visual Basic 最突出的特点是（　　）。

A. 可视化编程　　B. 面向对象的程序设计

C. 结构化程序设计　　D. 事件驱动编程机制

【解析】用传统的程序设计语言设计程序时，都是通过编写程序代码来设计用户界面，在设计过程中看不到界面的实际显示效果，必须编译运行程序后才能观察。而 Visual Basic 提供了可视化设计工具，把 Windows 界面设计的复杂性"封装"起来，程序设计人员不必为界面设计而编写大量程序代码，从而大大地提高了程序设计的效率。

【答案】A

4. 下列组合键中能打开立即窗口的是（　　）。

A. Ctrl+D　　B. Ctrl+F　　C. Ctrl+G　　D. Ctrl+E

【解析】在 Visual Basic 集成开发环境中，按【Ctrl+D】组合键打开"添加文件"对话框；按【Ctrl+F】组合键打开属性窗口；按【Ctrl+G】组合键打开立即窗口；按【Ctrl+E】组合键打开菜单编辑器。

【答案】C

1.2.2 填空题解析

1. Visual Basic 分学习版、________和________3 种版本。这 3 种版本中，________版包括另外两个版本的全部功能。

【解析】Visual Basic 分为学习版、专业版和企业版：

（1）学习版：Visual Basic 的基础版本，可用来开发 Windows 应用程序。该版本包括所有的内部控件、网格控件、Tab 对象以及数据绑定控件。

（2）专业版：该版本可供专业编程人员开发功能强大的组内分布式应用程序。该版本包括学习版的全部功能，同时包括 Active X 控件、Internet 控件、Crystal Report Writer 和报表控件。

（3）企业版：该版本可供专业编程人员开发功能强大的组内分布式应用程序。该版本包括专业版的全部功能，同时具有自动化管理器、部件管理器、数据库管理、Microsoft Visual SourceSafe 面向工程版的控制系统等。

3 种版本中，企业版功能最全，而专业版包括了学习版的功能。

【答案】专业版；企业版；企业

2. 应用程序最终面向用户的窗口是________，它对应于应用程序的运行结果。

【解析】窗体设计器窗口是最终面向用户的窗口。各种图形、图像、数据等都是通过窗体或窗体中的控件显示出来。当打开一个新的工程文件时，Visual Basic 将建立一个空的窗体。

【答案】窗体设计器窗口

3. 属性窗口是针对________和________而设置的。

【解析】窗体各控件被称为对象，每个对象都可以用一组属性来刻画其特征，属性窗口就是用来设置窗体或窗体中控件属性的。

【答案】窗体；控件

1.3　习题与解答

一、选择题

1. 提供控件的窗口是（　　）。

A. 对象窗口　　B. 对象浏览器　　C. 工具箱　　D. 工具栏

2. 以下窗口中（　　）可用来在设计时修改窗体的默认运行位置。
   A. 属性窗口　　B. 立即窗口
   C. 窗体布局窗口　　D. 工程资源管理器窗口
3. 工程文件的扩展名是（　　）。
   A. .vbg　　B. .vbw　　C. .frm　　D. .vbp
4. Visual Basic 主要用于开发（　　）系统下的文件。
   A. DOS　　B. Windows　　C. DOS 和 Windows　　D. UNIX
5. 以下叙述中错误的是（　　）。
   A. 工程文件中除了窗体文件是可选的外，其他文件都是必需的
   B. 以 .bas 为扩展名的文件是标准模块文件
   C. 一个工程中可以包含多个标准模块文件
   D. 一个工程中可以包含多种类型的文件
6. 启动 Visual Basic 后，就意味着要建立一个新的（　　）。
   A. 窗体　　B. 程序　　C. 工程　　D. 文件
7. 下列选项中，不属于 Visual Basic 特点的是（　　）。
   A. 可视化程序设计　　B. 面向图形对象
   C. Visual Basic 窗口中包含菜单栏和工具栏　　D. 事件驱动编程机制
8. 对象窗口是用来设计（　　）的。
   A. 应用程序的代码段　B. 应用程序的界面　C. 对象的属性　　D. 对象的事件

二、填空题

1. Visual Basic 6.0 有________、________、________3 种版本，其中________功能最强。
2. 一个 Visual Basic 工程文件包含________文件、________模块文件和________模块文件等。
3. 在设计时用于设置控件属性的窗口是______，用于列出一个程序所包含的所有文件的窗口是______。
4. Visual Basic 采用________驱动的编程机制，程序员只需要编写相应用户动作的程序，而不必考虑按精确次序执行的每一个步骤。
5. 通过________窗口可以在设计时直观地调整窗体在屏幕上的位置。
6. 窗体的属性可以在属性窗口中设置，也可以在________窗口的程序中设置。
7. 当对窗体中的对象进行________操作时，Visual Basic 就会显示该对象的代码窗口。
8. 属性窗口显示方式分为两种，即按________顺序和按________顺序显示，分别通过单击相应的按钮来实现。

三、简答题

1. 用 Visual Basic 编程的优点是什么？
2. 什么是工程？什么是工程文件？
3. Visual Basic 6.0 集成开发环境中包含哪些主要窗口？它们的主要功能分别是什么？如何打开这些窗口？

习题解答

一、选择题

1. C　2. C　3. D　4. B　5. A　6. C　7. B　8. B

二、填空题

1. 学习版；专业版；企业版；企业版　2. 窗体；标准；类
3. 属性窗口；工程资源管理器　4. 事件　5. 窗体布局
6. 代码　7. 双击　8. 字母；分类

三、简答题

1. 答案要点：

（1）Visual Basic 语言是一种可视化编程语言。

（2）Visual Basic 是编制图形化用户界面的程序。

（3）Visual Basic 采用事件驱动的编程模式。

2. 答案要点：

（1）工程：对一个应用程序的描述，也是一个集合管理器，用来管理一个应用程序的全部文件。

（2）工程文件：描述一个工程的纯文本文件，它仅仅是一个描述文件，包含与该工程有关的全部文件和对象库清单以及有关选项的设置。

3. 答案要点：

（1）工程资源管理器，对象和代码窗口，属性窗口，窗体布局窗口，对象浏览器，立即窗口，本地和监视窗口。

（2）工程资源管理器：对所有的工程资源实现可视化管理。

打开方式：单击工具栏中的该按钮或者选择【视图】→【工程资源管理器】命令。

（3）对象和代码窗口：对象窗口是窗体界面设计器，代码窗口用来进行代码的编写。

打开方式：对象窗口在工程资源管理器中双击该菜单或选择【视图】→【对象窗口】命令；代码窗口可以在工程资源管理器中使用该快捷菜单或选择【视图】→【代码窗口】命令。

（4）属性窗口：属性窗口中显示的是当前窗体中选中控件的属性列表。

打开方式：通过单击工具栏中的该按钮或选择【视图】→【属性窗口】命令。

（5）窗体布局窗口：设计窗体时指定窗体在整个屏幕上的显示位置。

打开方式：通过单击工具栏中的该按钮或选择【视图】→【窗体布局窗口】命令。

（6）对象浏览器：显示出对象库以及工程中和过程中的可用类、属性、方法、事件等。

打开方式：通过单击工具栏中的该按钮或选择【视图】→【对象浏览器】命令。

（7）立即窗口：调试程序。

打开方式：选择【视图】→【立即窗口】命令。

（8）本地和监视窗口：在程序运行的过程中随时监视某些重要的变量值。

打开方式：本地窗口为选择【视图】→【本地窗口】命令打开；监视窗口为选择【视图】→【监视窗口】命令打开。

第 2 章 面向对象编程基础

2.1 本章知识要点

1. Visual Basic 的对象

（1）对象的概念：对象是系统中的基本运行实体。在 Visual Basic 6.0 中，对象分预定义对象和用户自定义对象两类。

（2）对象的属性：属性是一个对象的特性，不同的对象有不同的属性。常见的属性有标题（Caption）、名称（Name）、颜色（Color）、字体大小（FontSize）、是否可见（Visible）等。格式如下：

```
对象名.属性名称=新设置的属性值
```

（3）对象的事件：由 Visual Basic 预先设置好的、能够被对象识别的动作。一个对象可有一个或多个事件过程，格式如下：

```
Private Sub 对象名称_事件名称()
    …
    事件响应程序代码
    …
End Sub
```

（4）对象的方法：在传统的程序设计中，过程和函数是编程语言的主要组件，而在面向对象程序设计（OOP）中，引入了称为方法的特殊过程和函数。方法的操作与过程、函数的操作相同，并且是特定对象的一部分，调用格式如下：

```
对象方法.方法名称
```

2. 对象属性的设置

对象属性可以通过程序代码设置，也可以在设计阶段通过属性窗口设置。

在属性窗口设置对象的属性，必须先选择要设置属性的对象，然后激活属性窗口。属性不同，设置新属性的方式也不一样。通常有以下 3 种方式：

- 直接输入新属性值。
- 选择输入，即通过在下拉列表中选择所需要的属性值。
- 利用对话框设置属性值。

3. 标准控件

控件以图标的形式放在工具箱中，Visual Basic 6.0 的控件分为两类：标准控件（也称内部控件）和 ActiveX 控件。

启动 Visual Basic 后，工具箱中列出内部控件，它们既不能添加，又不能删除，这些控件包括指针（Pointer）、图片框（PictureBox）、标签（Label）、文本框（TextBox）、框架（Frame）、命令按钮（CommandButton）、复选框（CheckBox）、单选按钮（OptionButton）、组合框（ComboBox）、列表框（ListBox）、水平滚动条（HScrollBar）、垂直滚动条（VScrollBar）、计时器（Timer）、驱动器列表框（DriveListBox）、目录列表框（DirListBox）、文件列表框（FileListBox）、形状（Shape）、直线（Line）、图像框（Image）、数据（Data）、OLE 容器（OLE Container）。

4．控件的命名

每个窗体或控件都有一个名字，即窗体或控件的 Name 属性值，默认情况下窗体或控件的名称以数字区分，如 Form1、Form2、Command1、Label1 等。

为了提高程序的可读性，在应用程序中使用约定的前缀（用 3 个小写字母）为控件命名，如 Form 前缀为 frm，ListBox 的前缀为 lst 等。

5．控件的通用属性

控件值：Visual Basic 为每个控件规定了一个默认属性，在设置这样的属性时，不必给出属性名，则这样的属性称为控件的值。如 Data 控件的控件值为 Caption，则赋值 Data.Caption=12 时，可直接写成 Data=12。使用控件值可节省代码，但会影响程序的可读性。

控件的位置和尺寸属性：Left、Top、Width、Height。

控件的颜色和字体属性：BackColor、ForeColor、Font，还可以用 RGB()函数来指定任何颜色。

控件的可见与可用属性：Enabled、Visible。

6．控件的通用方法

Move 方法：利用该方法可以移动控件或者改变控件的大小。

SetFocus 方法：该方法可以使窗体或控件获取输入焦点。

7．控件的事件

事件就是对象能识别的一个动作或内部状态的改变，事件过程就是响应该事件时需要执行的代码。通用事件包括单击事件（Click）和双击事件（DblClick）、键盘事件（KeyPress、KeyDown、KeyUp）、鼠标事件（MouseMove、MouseDown、MouseUp）、焦点事件（GotFocus、LostFocus）和 Change 事件。

8．控件的画法

在设计用户界面时需要在窗体上画出各种控件，画控件是建立界面的主要工作。有两种方法来画控件：一种是单击工具箱中的控件之后在窗体中拖动，另一种是双击工具箱中的控件。

9．用 Visual Basic 开发应用程序的一般步骤

Visual Basic 开发应用程序的主要步骤如下：

（1）新建一个工程。要建立一个新的 Visual Basic 应用程序，首先要创建一个新工程。

（2）在该工程中添加窗体、设计界面、添加控件、设置控件属性并进行格式调整。

（3）编写代码。

（4）运行程序，反复对程序进行测试和调试（重复步骤（2）、（3）），使之达到预期效果。

（5）编译程序，生成.exe 可执行文件，使程序能在关闭了 Visual Basic 后独立运行。

（6）生成安装包。

2.2　典型例题解析

2.2.1　选择题解析

1. 在 Visual Basic 中，(　　) 被称为对象。

A. 窗体　　B. 控件　　C. 窗体和控件　　D. 窗体、控件、属性

【解析】 在 Visual Basic 中，窗体和控件被称做对象，而属性是针对对象来说的。

【答案】 C

2. 以下说法正确的是（　　）。

A. 对象是有特殊属性和行为方法的实体

B. 属性是对象的特性，所有的对象都有相同的属性

C. 属性的一般格式为：对象名_属性名称

D. 属性值只可以在属性窗口中设置

【解析】 属性是一个对象的特性，不同的对象有不同的属性。属性的一般格式为：对象名.属性名称，对象名与属性名称之间要用“.”隔开。属性值不但可以在属性窗口中设置，还可以在程序语句中设置。

【答案】 A

3. 以下说法错误的是（　　）。

A. 方法是对象的一部分　　B. 方法是一种特殊的过程和函数

C. 方法的调用格式与对象相同　　D. 在调用方法时，对象名是不可缺少的

【解析】 方法是对象的一部分，其调用格式为：对象名称.方法名称，与属性的使用格式相同，在调用方法时，可以省略对象名。在这种情况下，Visual Basic 所调用的方法作为当前对象的方法，当前窗体作为当前对象。

【答案】 D

4. 针对下列程序代码，说法正确的是（　　）。

```
Text1.Top=2000
Text1.Left=800
```

A. Text1 对象左边界距窗体的左边界 800twip，上边界距窗体的上边界 2 000twip

B. Text1 对象左边界距屏幕的左边界 800twip，上边界距屏幕的上边界 2 000twip

C. Text1 对象的高度为 800twip，宽度为 2 000twip

D. Text1 对象的高度为 800 点，宽度为 2 000 点

【解析】 若对象为窗体时，Left 指的是窗体的左边界与屏幕左边界的相对距离，Top 指的是窗体的顶边与屏幕顶边的相对距离；而当对象为控件时，Left 和 Top 分别指控件的左边和顶边与窗体的左边和顶边的相对距离。另外，Top 和 Left 属性值的单位为 twip，是 1 点的 1/20。Height 和 Width 是指定对象的高度和宽度的属性。

【答案】 A

5. 任何控件都有（　　）属性。

A. Name　　B. Caption　　C. BackColor　　D. BorderStyle

【解析】 本题的 4 个选项中只有 Name 属性适用于所有控件，其他属性都只是适用于部分或大部分控件。

【答案】 A

6. 确定一个窗体或控件大小的属性是（　　）。

A. Width 和 Height　　B. Width 或 Top　　C. Top 和 Left　　D. Top 或 Left

【解析】 Top 和 Left 是控制窗体或控件的顶边和左边的坐标值，用以控制对象的位置；窗体或控件的大小要由高、宽两个属性来共同设置。

【答案】 A

2.2.2 填空题解析

1. 对象分为________和________两类。

【解析】 预定义对象是由系统设计好的，可以直接使用或对其进行操作；而用户定义对象中的对象可由程序员自己定义，建立用户自己的对象。

【答案】 预定义对象；用户定义对象

2. Label 的控件值是 Caption，CommandButton 的控件值是________，Data 的控件值是________，Timer 的控件值是________。

【解析】 在一般情况下，通过“控件.属性”的格式设置一个控件的属性值，为了方便使用，Visual Basic 为每个控件规定了一个默认属性，在设置属性时，不必给出属性名称，通常把该属性称为控件值，则“控件.属性”可直接写成“属性”。

【答案】 Value；Caption；Enabled

3. 现有一个窗体，通过其他命令按钮打开后，却不能进行任何操作，可能的原因是________。

【解析】 窗体的 Enabled 属性用于设置激活或禁止对象，默认情况下的属性值为 True，即激活状态。

【答案】 该窗体的 Enabled 属性为 False

2.3 习题与解答

一、选择题

1. 在窗体上放置的控件是（　　）。

A. 类　　B. 属性　　C. 对象　　D. 事件过程

2. 根据“属性窗口”中的（　　）属性来区分窗体中的控件。

A. Text　　B. Name（名称）　　C. Caption　　D. Index

3. 设置颜色属性：Form1.BackColor=vbRed 中，vbRed 表示的是（　　）。

A. 一个字符串　　B. 255　　C. 代表颜色值的常量　　D. 用户定义的变量

4. 要改变控件显示的大小，可以采取的通用方法是（　　）。

A. 修改控件的 Left 或 Top 属性　　B. 调用控件的 Move 方法

C. 修改控件的 Width 或 Height 属性　　D. 以上都可以

5. 要将输入焦点放在某个控件上，可以采取（　　）的方法。
A. 使用鼠标直接单击该控件　　B. 使用【Tab】键将焦点移到该控件上
C. 调用该控件的 SetFocus 方法获得焦点　　D. 以上都可以

6. “一只美丽的大雁被打伤了”，则“美丽”、“大雁”、“打”和“伤了”依次是下面的（　　）项。
A. 对象、属性、事件、方法　　B. 对象、属性、方法、事件
C. 属性、对象、方法、事件　　D. 属性、对象、事件、方法

7. 对象是将数据和操作（　　）起来的逻辑实体。
A. 封装　　B. 串接　　C. 连接　　D. 伪装

8. 下面哪一项属性用于显示对象的标题（　　）。
A. Text　　B. Caption　　C. Name（名称）　　D. ForeColor

9. 假定一个 Visual Basic 应用程序由一个窗体模块和一个标准模块构成，为了保存该应用程序，以下正确的操作是（　　）。
A. 只保存窗体模块文件　　B. 分别保存窗体模块、标准模块和工程文件
C. 只保存窗体模块和标准模块文件　　D. 只保存工程文件

10. 下列（　　）是窗体对象的方法而不是属性。
A. Name　　B. Move　　C. Caption　　D. Enabled

11. 以下叙述中错误的是（　　）。
A. Visual Basic 是事件驱动型可视化编程工具
B. Visual Basic 应用程序不具有明显的开始和结束语句
C. Visual Basic 工具箱中的所有控件都具有宽度（Width）和高度（Height）属性
D. Visual Basic 中控件的某些属性只能在运行时设置

12. 一个对象可执行的动作与可被一个对象所识别的动作分别是（　　）。
A. 事件、方法　　B. 方法、事件　　C. 属性、方法　　D. 过程、事件

13. 以下关于对象属性的说法中正确的是（　　）。
A. 对象所有的属性都罗列在属性窗口列表中
B. 不同对象不可能有同名属性
C. 不同对象的同名属性取值一定相同
D. 对象的某些属性既可在属性窗口中设置，也可通过程序代码设置或改变

14.（　　）在用户的应用程序执行期间发生，例如单击鼠标或按键盘中的键。
A. 方法　　B. 属性　　C. 事件　　D. 工程

15. 只有一个对象的 Visible 和 Enabled 属性均为（　　）时，它才能接收焦点。
A. 0　　B. 1　　C. False　　D. True

16. 决定控件上文字的字体、字形、大小、效果的属性是（　　）。
A. Text　　B. Caption　　C. Name（名称）　　D. Font

17. 当新建一个工程并启动 Visual Basic 后，工具箱中显示的控件是（　　）。
A. 内部控件　　B. Active X 控件
C. 内部控件和 Active X 控件　　D. 内部控件或 Active X 控件

18. 打包是将应用程序文件封装为一个或多个可以展开到选中位置的（　　）文件。
    A. CAB　　B. COM　　C. CTL　　D. EXE

二、填空题

1. Visual Basic 是一种面向________的程序设计开发工具。
2. 对象的属性是指________，方法是指________。
3. 一个包含两个窗体的新工程在保存时至少应该有______个文件，分别是______文件和______文件。
4. Visual Basic 中可以使用的控件包括________和________。
5. 在下面这行代码中，Form2 是________，Caption 是________，“登录”是________。
```
Form2.Caption="登录"
```
6. 用 Visual Basic 开发的应用程序，可以生成独立于 Visual Basic 的可执行程序文件的扩展名是________。
7. 对象是数据和操作的集合，如 Visual Basic 中________、________和________等都是对象。
8. 开发一个 Visual Basic 应用程序必须完成以下两项工作：一是设计______，二是编写______代码。
9. 在默认状态下，Visual Basic 窗体设计器中布满了网格点，主要是方便用户________。
10. 表示控件与窗体左侧距离的属性是________。
11. 通过程序设置当前窗体 Form1 的标题为“欢迎使用 Visual Basic!”的语句是________。
12. 在 Visual Basic 6.0 的发行光盘中，提供了一组独立的实用工具，其中有一个________可以用来制作符合 Windows 标准的应用程序安装盘。

三、简答题

1. KeyPress 和 KeyUp、KeyDown 事件有什么区别？
2. 举例解释事件驱动的程序设计原理。
3. 在 Visual Basic 开发环境中，程序没有编写完毕能不能运行？如果能，应该怎么做？
4. Visual Basic 编写的程序只要有编译后的 EXE 可执行文件就肯定能在任意一台计算机上运行，这个说法对吗？请解释。
5. 用 Visual Basic 开发程序的步骤有哪些？
6. 下面使用的设置属性语句有何错误？
```
Caption="Name"
BackColor=RGB(0,255,255)
```
7. 如何制作应用程序的安装盘？

四、设计题

1. 在窗体上画一个命令按钮，通过属性窗口设置下列属性。
    - Caption：这是命令按钮。
    - Font：宋体、粗体、三号。
    - Visible：False。
    - Style：1-Graphical。

2. 创建一个窗体，在窗体界面上放置两个按钮（Command1、Command2）和一个标签（Label1）控件，单击按钮 Command1，则在标签 Label1 上显示“你好!”，单击按钮 Command2，则在标签 Label1 中显示“再见!”，并且标签 Label1 的背景和文字的颜色分别改成“黄色”和“蓝色”，字体改成“粗体”和“小二”。参考界面如图 2–1 所示。

3. 设计界面如图 2–2 所示。在窗体 Form1 中已经放置好 4 个控件，请将 Command2 和 Command3 两个按钮与 Command1 按钮底端对齐，并保持 3 个按钮的水平间距相同；将窗体的标题设置为“学习 VB 编程”；文本框默认“第一个 VB 程序”；3 个按钮上的文字分别是“立即显示”、“文本改变”和“退出”。

图 2–1 设计题 2 的参考界面

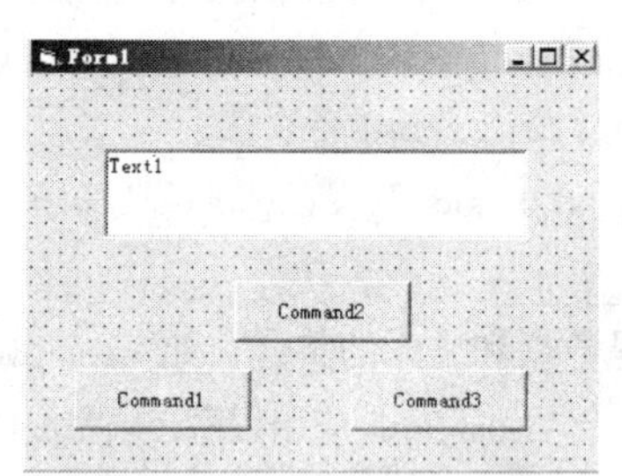

图 2–2 设计题 3 的参考界面

习题解答

一、选择题

1. C　2. B　3. C　4. C　5. D　6. C　7. A　8. B　9. B
10. B　11. C　12. B　13. D　14. C　15. D　16. D　17. A　18. D

二、填空题

1. 对象
2. 对象的性质和状态特征；对象所能做的事情
3. 三；一个工程；两个窗体
4. 内部标准控件；Active X 控件
5. 对象名；属性；属性值
6. .exe
7. 窗体；控件；数据库
8. 应用程序界面；应用程序
9. 设计时对控件定位
10. Left
11. Form1.Caption="欢迎使用 Visual Basic!"
12. 打包工具（Package & Deployment 向导）

三、简答题

1. 答案要点：

KeyPress 事件：按一个对应某 ASCII 字符的键时，触发该事件。

KeyDown 事件：按键盘的任意键，触发该事件。

KeyUp 事件：放开键盘的任意键，触发该事件。

2. 答案要点：事件驱动就是程序不指定严格的执行顺序，而是对各种各样的事件分别进行处理，当没有事件发生时，它不会动作，只有发生有意义的事件时，才会针对该事件做相应的处理。

3. 答案要点：可以运行，选择【运行】→【启动】命令或是单击工具栏中的小三角形图标，程序可以开始运行。

4. 答案要点：问题中的说法是正确的。因为.exe 可执行文件是独立于 Visual Basic 环境而存在的，任何一台计算机只要它安装了 Visual Basic 软件都可以运行。

5. 答案要点：

(1) 新建一个工程。
(2) 在该工程中添加窗体，设计界面。
(3) 编写代码。
(4) 运行程序，进行测试和调试。
(5) 编译程序，生成 EXE 文件。
(6) 生成安装包。

6. 答案要点：没有写属性所属的对象的名称。

7. 答案要点：

(1) 选择要打包的工程。
(2) 启动打包程序。
(3) 指定打包文件夹。
(4) 加载指定文件。
(5) 选择压缩文件类型。
(6) 指定安装程序的标题。
(7) 运行安装程序。

四、设计题

1. 在属性窗口中设置相关属性后效果如图 2–3 所示。

2. 程序代码如下：

```
'单击【开始】按钮
Private Sub Command1_Click()
   Label1.Caption="你好！"
   Label1.FontBold=True
   Label1.FontSize=20
End Sub

'单击【结束】按钮
Private Sub Command2_Click()
   Label1.Caption="再见！"
   Label1.BackColor=vbYellow
   Label1.ForeColor=vbBlue
   Label1.FontBold=True
   Label1.FontSize=20
End Sub
```

注意：小二号字体可以在属性窗口的 Font 中设置，也可以在代码中设置 FontSize=20，运行效果见图 2-1。

3. 选定 3 个按钮后选择【格式】→【对齐】→【底端对齐】命令，再选择【格式】→【水平间距】→【相同间距】命令即可按要求对齐。然后将窗体的 Caption 属性设置为“学习 VB 编程”，将文本框的 Text 属性设置为“第一个 VB 程序”，并将 3 个按钮的 Caption 属性分别设置为“立即显示”、“文本改变”和“退出”，界面设计效果如图 2–4 所示。

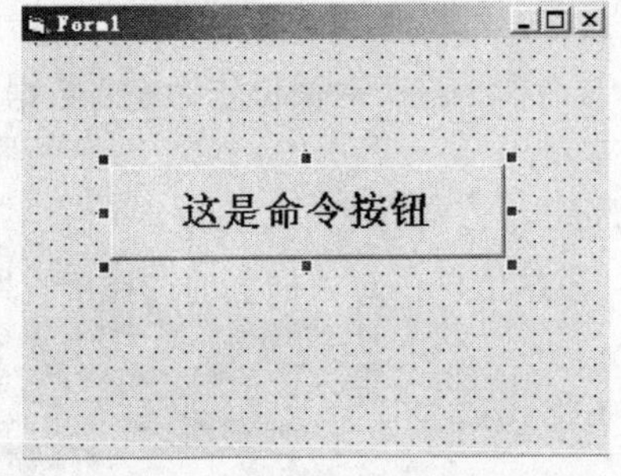

图 2–3　设计题 1 设计效果

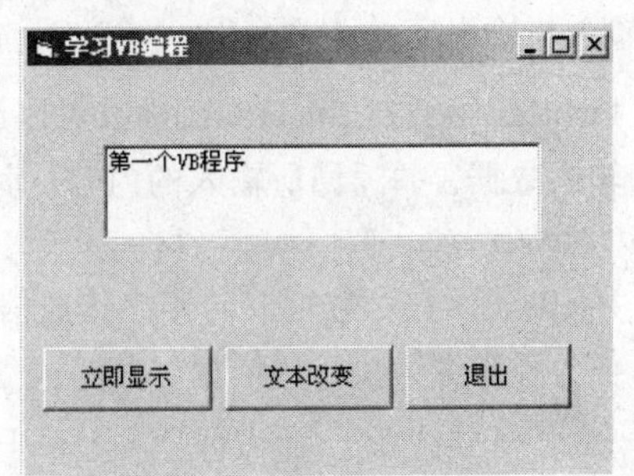

图 2–4　设计题 3 设计效果

第 3 章　窗体、命令按钮、标签和文本框

3.1　本章知识要点

1. 窗体

（1）窗体的结构：窗体结构与 Windows 中的窗口十分类似。在程序运行前，即设计阶段称为窗体；在程序运行后称为窗口。窗体分为系统菜单、标题栏、“最大化”按钮、“最小化”按钮、“关闭”按钮等几部分。

（2）窗体的属性：窗体的属性决定了窗体的外观和操作。可用两种方法来设置窗体属性：一是通过属性窗口设置；二是在窗体事件过程中通过程序代码设置。常用属性既适用于窗体，也适用于其他对象，包括自动重画（AutoRedraw）、背景颜色（BackColor）、边框类型（BorderStyle）、标题（Caption）、控制框（ControlBox）、可用性（Enabled）、字形属性设置（Font）、前景颜色（ForeColor）、高（Height）、宽（Width）、图标（Icon）、最大化按钮（MaxButton）、最小化按钮（MinButton）、名称（Name）、图形（Picture）、顶边位置（Top）、左边位置（Left）、可见性（Visible）、窗口状态（WindowState）等。

（3）窗体的事件：与窗体有关的事件较多，其中常用的有单击（Click）事件、双击（Dblclick）事件、装载（Load）事件、卸载（Unload）事件、活动（Activate）事件、非活动（Deactivate）事件、绘画（Paint）事件。

（4）多窗体设计：可添加多个新窗体和指定启动窗体。

（5）窗体的打开和关闭：当要显示一个窗体时，使用该窗体的 Show 方法；需要隐藏时则使用 Hide 方法；而彻底卸载一个窗体应使用 Unload 语句。窗体的关闭可以通过单击窗体的【关闭】按钮或执行 Unload 语句完成，也可以使用 End 语句完成。

2. 输入与输出

（1）InputBox()函数：InputBox()函数可以产生一个对话框，这个对话框作为输入数据的界面，等待用户输入数据，并返回所输入的内容。其格式如下：

```
InputBox(prompt[,title][,default][,xpos,ypos][,helpfile,context])
```

（2）MsgBox()函数：它可以向用户传送信息，并可通过用户在对话框上的选择接收用户所做的响应，作为程序继续执行的依据。其格式如下：

```
MsgBox Msg$[,type%][,title][,helpfile,context]
```

（3）Print 方法：可以在窗体上显示文本字符串和表达式的值，也可以在其他图形对象或打印机上输出信息。其格式如下：

```
[对象名称.]Print[表达式][,/;]
```

3. 命令按钮控件

Visual Basic 中的命令按钮控件通常用来在单击时执行指定的操作。其默认名称及标题（Caption 属性）为 Command*X*（其中 *X* 为 1，2，3，…）。

命令按钮的属性包括 Cancel、Caption、Default、Enabled、FontBold、FontItalic、FontName、FontSize、FontUnderline、Height、Left、Name、Top、Visible、Width 等。

4. 标签控件

标签控件主要用来显示文本信息，其属性只能用 Caption 属性来设置或修改，不能直接编辑。

标签的默认名称（Name）是 Label*X*（其 *X* 为 1，2，3，…）。

标签属性主要包括如下类型：

- 外观属性：BackColor、BackStyle、Caption 和 ForeColor。
- 字体属性：Font、FontBold、FontItalic、FontName、FontSize 和 FontUnderline。
- 位置属性：Height、Left、Top 和 Width。
- 行为属性：Enabled 和 Visible。

5. 文本框控件

TextBox 控件主要用于用户输入信息，有时也会在设计或运行时为控件的 Text 属性赋值以显示某些信息。

文本框的主要属性包括：Text、MaxLength、MultiLine、ScrollBars 等。

文本框的常用事件为 Change 事件。

6. Visual Basic 代码的书写规则

Visual Basic 中的语句是执行具体操作的指令，每个语句以回车键结束。Visual Basic 有自己规定的语句格式，如命令词的第一个字母大写，一般情况下，一行一句程序，复合语句放在一行用“:”隔开。如果一句过长，可用续行符（一个空格+下画线）把程序分放在几行等。

7. 注释语句

注释语句可提高程序的可读性，在程序的适当位置可加上必要的注释。其格式如下：

```
Rem 注释内容
```

或

```
'注释内容
```

3.2　典型例题解析

3.2.1　选择题解析

1. 实现从键盘输入一个双精度变量 a 的值的语句是（　　）。

　A. Val(InputBox("请输入一个值"))　　　　B. InputBox("请输入一个值")

　C. InputBox()　　　　D. Val(InputBox())

【解析】 InputBox()函数的格式如下:

```
InputBox(prompt[,default][,xpos,ypos][,helpfile,context])
```

其中，prompt 是一个字符串，用于提示用户输入，是在对话框中显示的信息，不可省略。而 Val(字符串)函数的功能是把自变量中的第一个字符串转换为数值，其中的数值是一个双精度的实数。

【答案】 A

2. 下面关于 InputBox()函数的叙述，不正确的是（ ）。

A. 在默认情况下，InputBox()函数的返回值是一个字符串

B. InputBox()函数可以写成 InputBox$的形式

C. 执行一次 InputBox()函数可以输入多个数值

D. 执行一次 InputBox()函数时，不可以同时输入多个数值

【解析】 在默认情况下，InputBox()的返回值是一个字符串，而不是变体或其他类型。和其他返回字符串的函数一样，InputBox()函数也可以写成 InputBox$的形式，这两种形式是完全等价的。每执行一次 InputBox()函数只能输入一个值，如果需要输入多个值，则必须多次调用 InputBox()函数。

【答案】 C

3. MsgBox()函数返回值的类型为（ ）。

A. 数值型　　B. 日期型　　C. 字符型　　D. 变体

【解析】 MsgBox()函数的返回值是一个整数，这个整数与所选择的命令按钮有关。MsgBox()所显示的对话框中有 7 种命令按钮，返回值与这 7 种命令按钮相对应，分别为 1~7 的整数，如表 3-1 所示。

表 3-1 命令按钮的返回值

返回值	操作	符号常量
1	单击“确定”按钮	vbOk
2	单击“取消”按钮	vbCancel
3	单击“终止”按钮	vbAbort
4	单击“重试”按钮	vbRetry
5	单击“忽略”按钮	vbIgnore
6	单击“是”按钮	vbYes
7	单击“否”按钮	vbNo

【答案】 A

4. Print 方法可以在对象上输出数据，这些对象包括（ ）。

A. 窗体　　B. 标题栏　　C. 状态栏　　D. 代码窗口

【解析】 Print 方法可以在窗体、立即窗口、图片框、打印机等这些对象上输出数据。

【答案】 A

5. 下面语句的输出结果是（ ）。

```
Print"www";Spc(1);"QQQ"
```

A. www□QQQ　　B. wwwQQQ　　C. www□□QQQ　　D. False

【解析】 Spc()函数指定在输出的过程中所跳过的空格数。其格式为Spc(n)。其中n为参数，它可以是一个数值表达式，取值范围为0～32 767的整数，Spc()函数与输出项之间用分号隔开。本题中指定前面的字符和后面的字符之间需要跳过一个空格。

【答案】 A

6. 下面语句的输出结果是（　　）。

```
Print Format$(12345.67,"000,000.000")
```

A. 1234567　　B. 123,456.700　　C. 012,345.670　　D. 1234567.0

【解析】 用Format()函数可以使数值按“格式字符串”指定的格式输出，包括在输出字符串前面加$，字符串后面补0及加千位分隔符等。本题是指定1234567按照给定的格式输出，不足的部分补0，即012,345.670。

【答案】 C

7. 以下语句的输出结果是（　　）。

```
a=Sqr(3)
Print Format(a," $$####.###")
```

A. $1.732　　B. $$1.732　　C. $1732　　D. $$0001.732

【解析】 使用Format()函数可以使数值按“格式字符串”指定的格式输出，其中“#”表示一个数字位。“#”的个数决定了显示区段的长度。如果要显示的数值的位数小于格式字符串指定的区段长度，则该数值靠区段左端显示，多余的位不补0。如果要显示的数值的位数大于指定的区段长度，则数值照原样显示。$是美元符号，通常作为格式字符串的起始字符，在所显示的数值前加上一个“$”。

【答案】 B

8. 标签控件能够显示文本信息，文本内容只能用（　　）来设置。

A. Alignment　　B. Visible　　C. Caption　　D. BorderStyle

【解析】 标签（Label）主要用于显示一小段不需要用户修改的文本，被显示文本内容只能由Caption（标题）属性来定义或修改。Alignment、Visible、BorderStyle也是标签的属性，它们的作用如下：

Alignment：确定标签标题的放置方式，可以设置为0、1或2，其作用如下。

- 0：从标签的左边开始显示标题，是系统默认值。
- 1：标题居右显示。
- 2：标题居中显示。

Visible：决定程序运行后，控件是否在屏幕上显示出来。当一个控件的Visible属性值等于True（默认值），该控件在程序运行后是可见的；当Visible等于False，该控件运行后是不可见的。

BorderStyle：一般情况下设置为True。但如果要屏蔽鼠标事件，可将其设为False，此时文本变为灰色。

【答案】 C

9. 在窗体上添加标签控件Label1之后，标签控件默认的名称Name为（　　）。

A. Label　　B. Label1　　C. Text　　D. Text1

【解析】 在Visual Basic中，标签的默认名称（Name）和标题（Caption）为Label*X*（*X*为1，2，3，…）。Text是文本框的默认名称。在Visual Basic中，文本框的默认名称（Name）为Text*X*（*X*为1，2，3，…）。

【答案】 B

10. 在 Visual Basic 中，要使标签的标题靠右显示，则将其 Alignment 属性设置为（　　）。

A. 0　　B. 1　　C. 2　　D. 3

【解析】本题考查的知识点是标签的 Alignment 属性的设置。Alignment 属性用来设置标签中标题的位置，可将其值设置为 0、1、2，作用如下：

- 0：标题靠左显示（默认）。
- 1：标题靠右显示。
- 2：标题居中显示。

【答案】B

11. 在 Visual Basic 中，（　　）属性只适用于标签。

A. Alignment　　B. BackColor　　C. Caption　　D. WordWrap

【解析】在 Visual Basic 中，WordWrap 属性只适用于标签，它用来设置标签标题属性的显示方式，其值有两种：True 和 False。设置为 True，标签将在垂直方向变化大小以与标题文本相适应；设置为 False，标签将在水平方向上扩展到标签的标题中最长的一行。

Alignment 属性用于设置文本的对齐，除了可以应用于标签外，还可以应用到文本框、复选框、单选按钮等。

BackColor 属性用于设置控件的背景色，除了可以应用于标签外，还可以应用到文本框、复选框、单选按钮等控件。

Caption 属性用于设置标题栏中或图形下面的文本，除了可以应用于标签外，还可以应用于复选框、单选按钮等。

【答案】D

12. 如果想使标签保持设计时定义的大小，则应将 AutoSize 属性设置成（　　）。

A. 0　　B. 1　　C. False　　D. True

【解析】AutoSize 属性用来决定是否能自动调整大小以显示所有的内容。可以将该属性设置为 False 和 True，设置为 True 时，可以根据 Caption 属性指定的标题自动调整标签的大小；如果把 AutoSize 属性设置为 False，则标签将保持设计时定义的大小，这种情况下，如果标题太长，则只能显示一部分。

【答案】C

13. 在 Visual Basic 中，命令按钮的 Style 属性的作用是（　　）。

A. 用来指定控件的显示类型和操作

B. 为命令按钮指定一个图形

C. 设置当控件被单击并处于按下状态时在控件中显示的图形

D. 用来设置对一个图形的引用

【解析】本题考查的知识点是命令按钮的 Style 属性的作用。

在 Visual Basic 中，命令按钮的 Style 属性通常用在单击时执行指定的操作。Style 属性用来设置或返回一个值，该值用来指定控件的显示类型或操作。该属性在运行时是只读的。Style 属性用于命令按钮时，可以取两个值：0 和 1。

0：标准样式，表示控件按 Visual Basic 旧版本中的样式显示，即在命令按钮中只显示文本，不显示相关的图形。

1：图形格式，表示控件用图形样式显示，在命令按钮中不仅显示文本，而且显示图形。

Picture 属性用来为命令指定一个图形。DownPicture 属性用来设置当控件被单击并处于按下状态时在控件中显示的图形。DisabledPicture 属性用来设置对一个图形的引用。

【答案】 A

14. 设置命令按钮的属性时，只有将（　　）属性设置为 1，Picture 属性才有效，否则无效。

A．Style　　B．Cancel　　C．Default　　D．Caption

【解析】 Picture 属性是用来为命令按钮指定一个图形。为了使用该属性，必须将 Style 属性设置为 1（图形格式），Style 属性可以用于多种控件（如复选框、列表框、单选按钮等），当用于命令按钮，可以有两种值：0 和 1。当取 0 时，控件只显示文本，不显示相关图形；当取 1 时，控件用图形样式显示，在命令按钮中不仅显示文本，而且显示图形。

Cancel 属性用来指出命令按钮是否为窗体的"取消"按钮。

Default 属性用来决定窗体的默认按钮。

Caption 属性用来设置对象的标题栏中或图标下面的文本。

【答案】 A

15. 以下有关注释语句的格式或举例中，错误的是（　　）。

A. Rem 注释内容

B. '注释内容

C. a=3:b=2　'对 a、b 赋值

D. Private Sub Command1_MouseDown(Button As Integer,Shift As Integer,_ Rem 鼠标按下事件的命令调用过程 X As Single, Y As Single)

【解析】 注释语言是为了提高程序的可读性，一般格式如下：

```
Rem 注释内容
```

或

```
'注释内容
```

注释语句是非执行语句，仅对程序的有关内容起注释作用，它不被解释和编译。任何字符都可以在注释行中作为注释内容，注释语句通常放在过程、模块的开头作为标题用，也可放在执行语句（单行或复合语句行）的后面。

注释语句不能放在续行符的后面。

【答案】 D

3.2.2 填空题解析

1. 新建一个工程，包括有两个窗体，窗体 Form1 上有一个命令按钮 Command1，单击该按钮，Form1 窗体消失，显示 Form2 窗体，程序如下：

```
Private Sub Command1_Click()
    ______
    Form2.______
End Sub
```

试补充完整。

【解析】 解答此题首先要了解以下方法：

- Show 方法：将窗体加载到内存并显现。

- Hide 方法：将窗体加载到内存并隐藏。
- Load 方法：加载窗体到内存。
- Unload 方法：从内存卸载窗体。Unload Me 意为卸载本窗体。

【答案】 Unload Me；Show

2. 在窗体上画一个命令按钮，然后编写如下事件过程：

```
Private Sub Command1_Click()
    a=InputBox("请输入一个整数")
    b=InputBox("请输入一个整数")
    Print a+b
End Sub
```

程序运行后，单击命令按钮，在输入对话框中分别输入 123 和 321，输出结果为________。

【解析】 该程序运行后出现如图 3-1 所示的对话框。在该对话框中输入 123 后单击【确定】按钮，再次出现输入对话框，输入 321，单击【确定】按钮，则窗体中显示输出结果，如图 3-2 所示。由此可见，程序运行后输出的结果为 123321。

Print 可以输出数值表达式或字符串。对于数值表达式，打印出表达式的值；而对于字符串则照原样输出。

【答案】 123321

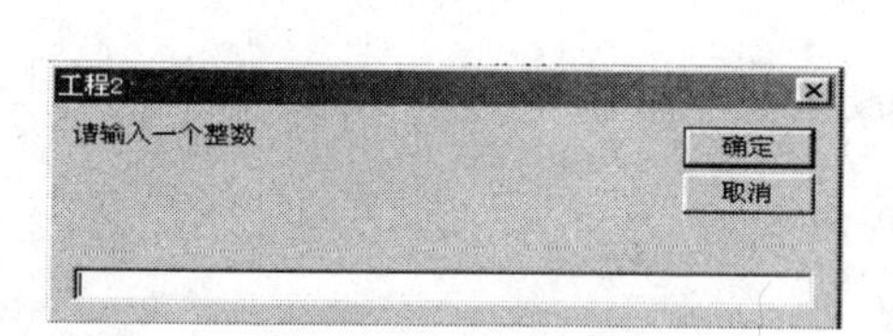

图 3-1 输入对话框

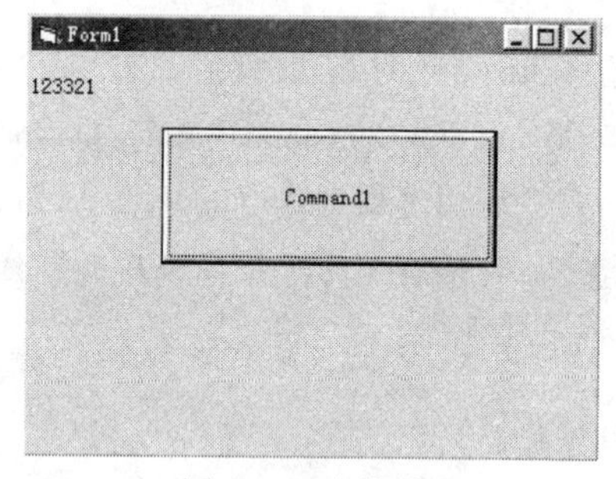

图 3-2 窗体输出

3. 下面程序段的输出结果为________。

```
Print"10+10=",
Print 10+10
Print"20+20=";
Print 20+20
```

【解析】 在一般情况下，每执行一次 Print 方法都要自动换行，也就是说，后面执行 Print 时将在新的一行上显示信息。为了仍在同一行上显示信息，可以在末尾加上一个分号或逗号。当使用分号时，下一个 Print 输出的内容将紧跟在当前 Print 所输出的信息后面；如果使用逗号，则在同一行上跳到下一个显示区段显示下一个 Print 所输出的信息。所以本题的输出结果为：

```
10+10=20
20+20=40
```

【答案】 10+10=20

20+20=40

4. 使用 Input 语句输入一个字符存放到字符串变量 A$中。若想只允许输入一个字符，使用语句________。

【解析】如果想使用 Input 语句在输入字符的时候只输入一个字符，则只需要在 Input 后面加上一个参数$即可。

【答案】 A$=Input$

5. 在窗体中添加一个命令按钮，编写如下程序代码：

```
Private Sub Command1_Click()
    a=InputBox(a)
    b=Len(a)
    Print"The Length Of ";a;"is";b
End Sub
```

在 InputBox 对话框中输入“MONDAY”，运行结果为________。

【解析】通过 InputBox 对话框输入“MONDAY”后，通过使用 Len()函数计算包含字符串内字符的数目，程序结果如图 3-3 所示。

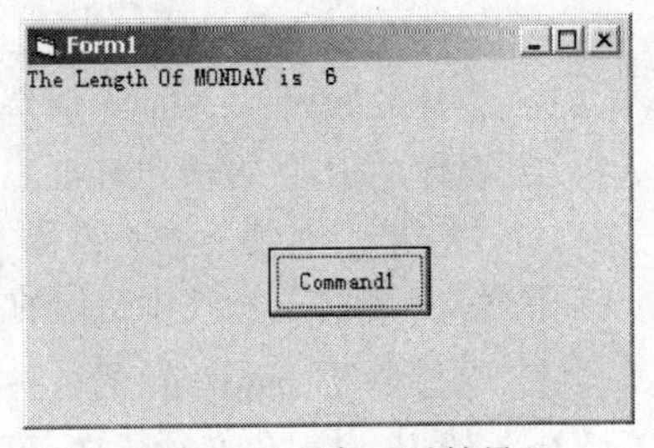

图 3-3　程序显示结果

【答案】 The Length Of MONDAY is 6

3.3　习题与解答

一、选择题

1. Visual Basic 窗体在整个生命周期中有 4 种状态，它们依次是（　　）。
   A. 创建（Initialize）、加载（Load）、可见（Activate 等）和卸载（Unload 等）
   B. 加载（Load）、创建（Initialize）、可见（Activate 等）和卸载（Unload 等）
   C. 加载（Load）、可见（Activate 等）、创建（Initialize）和卸载（Unload 等）
   D. 创建（Initialize）、可见（Activate 等）、加载（Load）和卸载（Unload 等）
2. 以下关于窗体的描述中错误的是（　　）。
   A. 在 Visual Basic 中每次运行时可以指定不同的启动窗体
   B. 要让窗体以最大化方式打开，应设置 MaxButton 属性值为 True
   C. 窗体第一次显示时也会发生 Resize 事件
   D. 第一次显示时窗体的位置可以不是设计时所指定的位置
3. 如果要改变窗体的标题，需要设置窗体对象的（　　）属性。
   A. Caption　　B. Name　　C. BorderStyle　　D. Title
4. 如果希望一个窗体在显示的时候没有边框，应该（　　）。
   A. 将窗体的 Caption 属性设置成空字符　　B. 将窗体的 Enabled 属性设置成 False
   C. 将窗体的 BorderStyle 属性设置成 None　　D. 将窗体的 ControlBox 属性设置成 False
5. 在程序代码中，如果要更改一个窗体的背景图，下面（　　）正确。
   A. Set Form1.Picture = LoadPicture(文件名)　　B. Set Form1.Picture = Load(文件名)
   C. Set Form1.Picture = SavePicture(文件名)　　D. Set Form1.Picture =文件名
6. 启动窗体在程序运行后，不进行任何操作的情况下会发生（　　）事件。
   A. Initialize 和 Load　　B. Show　　C. Activate　　D. A 和 C

7. 执行多窗体应用程序时，(　　)。

A. 打开一个窗体后，其他窗体都会被关闭

B. 允许同时打开多个窗体

C. 打开一个窗体后，其他窗体都会被隐藏起来

D. 在某一时刻只能打开一个窗体

8. 以下叙述中错误的是(　　)。

A. 一个工程中只能有一个 Sub Main 过程

B. 窗体的 Show 方法的作用是将指定的窗体装入内存并显示该窗体

C. 窗体的 Hide 方法和 Unload 方法的作用完全相同

D. 若工程文件中有多个窗体，则可以根据需要指定一个窗体为启动窗体

9. 下列关于窗体的叙述中错误的是(　　)。

A. 窗体是 Visual Basic 的一种对象

B. 各种控件对象必须建立在窗体上

C. 可以用鼠标改变窗体的大小，所以窗体没有属性

D. 可以把窗体看做是一个对象的容器

10. 当一个工程中含有多个窗体时，其中的启动窗体是(　　)。

A. 启动 Visual Basic 时建立的窗体　　B. 第一个添加的窗体

C. 最后一个添加的窗体　　D. 在工程属性窗口中指定的窗体

11. 在一个工程中建立一个窗体，Name 属性为 Form1，要求单击 Form1 时隐藏 Form1，并弹出一个对话框，显示"窗体被隐藏"。代码应为(　　)。

A.
```
Private Sub Form1_Load()
    Me.Hide
    MsgBox("窗体被隐藏")
End Sub
```

B.
```
Private Sub Form1_Click()
    Me.Hide
    MsgBox("窗体被隐藏")
End Sub
```

C.
```
Private Sub Form1_Load()
    MsgBox("窗体被隐藏")
    Me.Hide
End Sub
```

D.
```
Private Sub Form1_Click()
    MsgBox("窗体被隐藏")
    Me.Hide
End Sub
```

12. 终止应用程序的正确方法是(　　)。

A. 卸载窗体，然后执行 End 语句　　B. 卸载窗体

C. 执行 End 语句　　D. 执行 Stop 语句

13. 能显示窗体的方法是(　　)。

A. Visible　　B. Show　　C. Hide　　D. Open

14. 窗体最小化的示意图标可用(　　)属性来设置。

A. Picture　　B. Image　　C. Icon　　D. MouseIcon

15. 窗体 Form1 的 Caption 属性为 frm，它的 Load 事件过程名为(　　)。

A. Form_Load　　B. Form1_Load　　C. Frm_Load　　D. Me_Load

16. 在一个容器对象内可以容纳其他对象，下面(　　)对象是容器。

A. Command　　B. Form　　C. Label　　D. Textbox

17. 显示如图 3-4 所示的输入框的语句是（　　）。
    A. A=InputBox("请输入一个正整数：","示例","1")
    B. A=InputBox("示例","请输入一个正整数：","1")
    C. A=InputBox("1","示例","请输入一个正整数：")
    D. A=InputBox("请输入一个正整数"：,"1","示例")

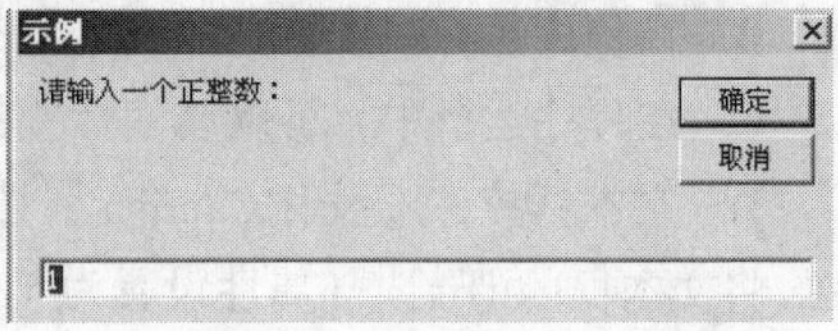

图 3-4　选择题 17 运行界面

18. MsgBox 函数中有 4 个参数，其中必须写明的参数是（　　）。
    A. 指定对话框中显示按钮的数目　　B. 设置对话框标题
    C. 所有参数都是可选的　　D. 提示信息
19. 定义【查找】按钮的访问键为【F】键，正确的设置方法是（　　）。
    A. 设置按钮的 Default 属性为“F”　　B. 设置按钮的 Caption 属性为“查找F”
    C. 设置按钮的 Caption 属性为“查找&F”　　D. 设置按钮的 Name 属性为“查找&F”
20. 如果希望一个按钮仅显示图片，正确的设置是（　　）。
    A. 将按钮的 Style 属性设置为 1-Graphical
    B. 设置按钮的 Caption 属性为空
    C. 将按钮的 Picture 属性指定为一个图片文件
    D. 以上都必须设置
21. Visual Basic 为命令按钮提供的 Cancel 属性是（　　）。
    A. 用来指定命令按钮是否为窗体的取消按钮
    B. 用来指定命令按钮的功能是停止一个程序的运行
    C. 用来指定命令按钮的功能是关闭当前的窗体
    D. 用来指定命令按钮的功能是中断一个程序的运行
22. 将命令按钮的（　　）属性设置为 True，当用户按【Esc】键时可以激发该命令按钮的 Click 事件。
    A. Name　　B. Enable　　C. Default　　D. Cancel
23. 以下选项中，不属于标签的属性是（　　）。
    A. Enabled　　B. Caption　　C. MaxLength　　D. WordWrap
24. 若要使标签控件显示时不覆盖其背景内容，应设置标签控件的（　　）属性。
    A. BackColor　　B. BorderStyle　　C. ForeColor　　D. BackStyle
25. 当标签的标题内容太长，需要根据标题自动调整标签的大小时，应设置标签的（　　）属性为 True。
    A. AutoSize　　B. WordWrap　　C. Enabled　　D. Visible
26. 设置标签边框的属性是（　　）。
    A. BorderStyle　　B. BackStyle　　C. AutoSize　　D. Alignment
27. 程序中要在文本框中插入一段文字，应当使用的属性是（　　）。
    A. SelText　　B. Name　　C. Text　　D. Caption
28. 若要求在文本框中输入密码时只显示“#”号，则应在此文本框的属性窗口中设置（　　）。
    A. Text 属性值为#　　B. Caption 属性值为#
    C. Passwordchar 属性值为#　　D. Password 属性值为 True
29. 关于标签和文本框的区别，以下叙述中错误的是（　　）。
    A. 在程序运行中，标签和文本框都可以用来输出数据

B. 在程序运行中，标签和文本框都可以用来输入数据

C. 在程序运行中，可以改变标签的内容

D. 文本框控件不设有 Caption 属性

30. 将文本框的（　　）属性设置为 True 时，文本框可以输入或显示多行文本，且会在输入的内容超出文本框的宽度时自动换行。

A. MultiLine　　B. ScrollBars　　C. Text　　D. Enabled

31. 当文本框的 ScrollBars 属性设置为非零值时却没有效果，原因是（　　）。

A. 文本框中没有内容　　B. 文本框的 MultiLine 属性值为 False

C. 文本框的 MultiLine 属性值为 True　　D. 文本框的 Locked 属性值为 True

32. 运行时当用户在文本框中输入新的内容，或在程序代码中对文本框的 Text 属性进行赋值从而改变了文本框的 Text 属性时，将触发文本框的（　　）事件。

A. Click　　B. DblClick　　C. GotFocus　　D. Change

33. 窗体上有一个名为 Txt1 的文本框，为了使该文本框的内容能够换行，并且具有水平和垂直滚动条，正确的属性设置为（　　）。

A. Txt1.MultiLine=True
   Txt1.ScrollBars=0

B. Txt1.MultiLine=True
   Txt1.ScrollBars=3

C. Txt1.MultiLine=False
   Txt1.ScrollBars=0

D. Txt1.MultiLine=False
   Txt1.ScrollBars=3

34. 关于语句行，下列说法中正确的是（　　）。

A. 一行只能写一条语句　　B. 一条语句可以分多行书写

C. 每行的首字符必须大写　　D. 长度不能超过 255 个字符

二、填空题

1. 假设在当前工程中有 Form1 和 Form2 两个窗体，系统默认的启动窗体为 Form1，如果要将 Form2 设为启动窗体，可以执行______菜单中的______命令，在弹出的对话框中设置启动对象为 Form2。

2. 一个应用程序可以有多个窗体，使用______菜单下的______命令，可以添加一个新的窗体。

3. 为了使一个窗体从屏幕中消失但仍停留在内存中，所使用的方法或语句为______。

4. 使用 MsgBox 显示如图 3-5 所示的对话框，则程序语句为______。

5. 写出下列语句的输出结果：

（1）Print "25+32=",25+32　　______。

（2）x=12.5
　　Print "x=";x　　______。

（3）在窗体上添加一个命令按钮，然后编写如下事件过程：

```
Private Sub Command1_Click()
    a=InputBox("输入第一个整数: ")
    b=InputBox("输入第二个整数: ")
    Print b+a
End Sub
```

程序运行后，单击命令按钮，先后在两个输入对话框中分别输入 456 和 123，则输出结果是______。

图 3-5　填空题 4 运行界面

6. 下面程序的功能是当装载窗体时，弹出消息框显示“欢迎你!”字样。请在空格处填入适当的内容，将程序补充完整。

```
Private Sub Form________()
    ________("欢迎你！")
End Sub
```

7. 要是按钮表面上显示的文字为“确定（O）”（其中“O”为快捷键），则按钮的________属性的值应为________。
8. 控件中最适合做标题的控件是________。
9. 在运行状态下，用户无法对文本框中已有内容进行编辑，是由于________的属性值为True。
10. 通过文本框的________属性可以获得当前文本插入点所在的位置。
11. Visual Basic 中的注释语句采用________；Visual Basic 的续行符采用________；若要在一行中书写多条语句，则各语句间应加分隔符，Visual Basic 的语句分隔符为________。
12. 如图 3-6 所示的界面是由________个控件组成的，控件的类型包括：________、________、________。

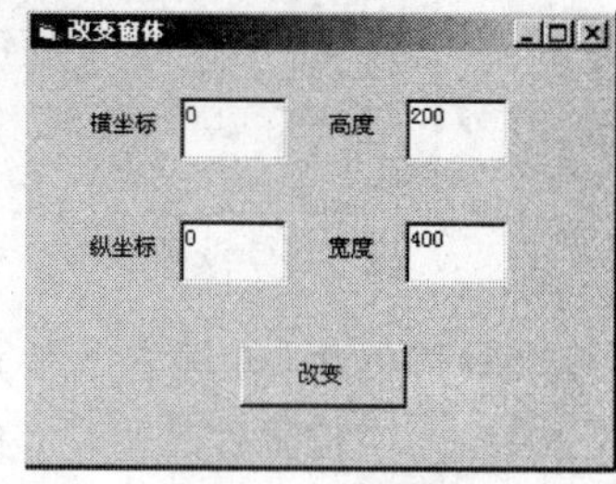

图 3-6　填空题 12 的设计界面

三、简答题

1. 用标签和文本框都可以显示文本信息，二者有什么区别?
2. 所有的控件都有 Name 属性，大部分控件有 Caption 属性，对于同一个控件来说，这两个属性有何区别?

四、设计题

1. 设计一个程序，让窗体每次接受鼠标单击后随机改变窗体背景颜色。（提示：背景颜色 BackColor 可以使用 QBColor()函数指定，该函数能接受数字 0～15，随机数可以用函数 Rnd()产生）。
2. 编写程序使窗体每次启动时总显示在屏幕的右上角。
3. 编写程序让窗体响应键盘事件，利用【↑】、【↓】、【←】、【→】键控制窗体随之向上、下、左、右方向移动。
4. 利用 InputBox()函数编写程序，可以输入两个字符串，对它们进行合并连接并显示连接结果。设计参考界面如图 3-7 所示。

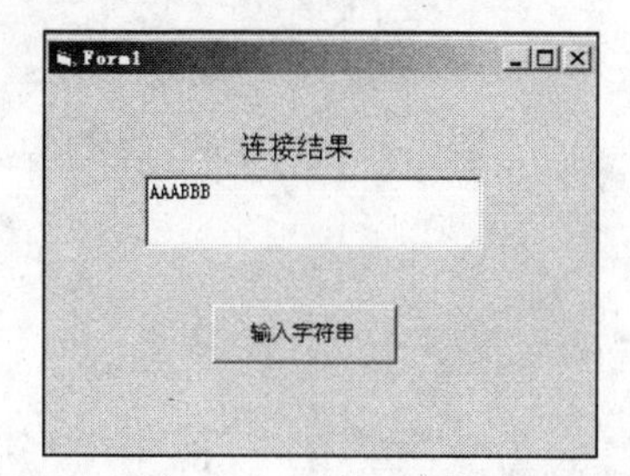

图 3-7　设计题 4 参考界面

5. 设计一个窗体，使用两个文本框来接收用户输入的两个数，使用 4 个按钮【加】、【减】、【乘】、【除】来执行这两个数的加、减、乘、除运算，利用标签显示结果。设计参考界面如图 3-8 所示。

6. 有这样一个窗体，仅放置一个按钮用来改变窗体的背景颜色。窗体第一次打开的默认背景颜色为白色，按钮文字为“背景色改为红色”，当单击按钮后，窗体背景颜色变为红色，同时按钮文字变为“背景色改为白色”，如此可以反复改变背景颜色。编写程序完成上述功能。（提示：按钮的 Click 事件过程要判断 Caption 属性决定执行的操作，操作中要正确地修改按钮的 Caption 属性）。
7. 编写程序输入语文、数学、英语三门功课的成绩，每科成绩要大于等于 0 且小于 100 的整数，要求在输入的同时计算平均成绩并输出，界面如图 3-9 所示。

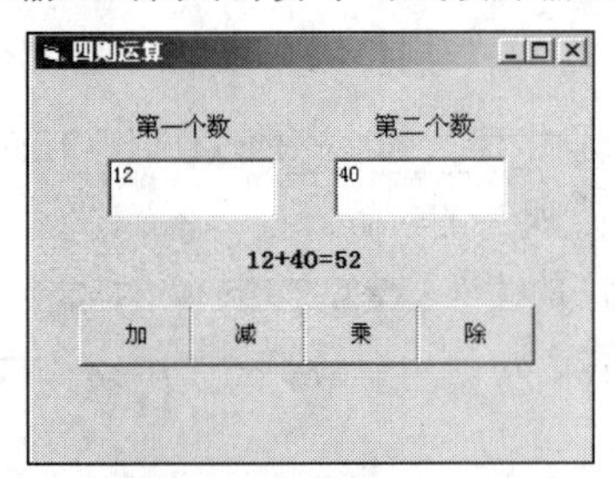

图 3-8 设计题 5 参考界面

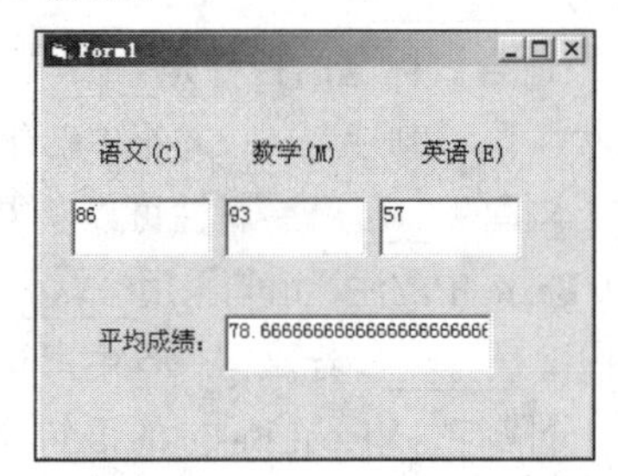

图 3-9 设计题 7 参考界面

8. 设计窗体包含一个输入某人生日的文本框和一个【确定】按钮，保证输入正确的日期格式，单击【确定】按钮后在另一个文本框中输出该人的年龄。设计参考界面如图 3-10 所示。（提示：可以使用函数 IsDate()判断文本是否为日期格式。）
9. 在窗体上建立 3 个文本框和一个命令按钮，程序运行后，单击命令按钮，在第一个文本框中显示由 Command1_Click 事件过程设定的内容“欢迎来到 VB 世界”，同时在第 2 个、第 3 个文本框中分别显示粗体和斜体的“欢迎来到 VB 世界”文字，设计界面如图 3-11 所示。（提示：用第一个文本框的 Change 事件过程在第 2 个、第 3 个文本框中显示指定的内容）。
10. 设计一个窗体 Form1，窗体标题为“第三章习题”，并在窗体中放置一张图片，当单击窗体时，出现第二个窗体 Form2 并同时隐藏 Form1，在 Form2 中放置一个【退出】按钮，如果单击 Form2 的【退出】按钮则卸载 Form2 并显示 Form1，单击 Form1 的【关闭】按钮结束程序。

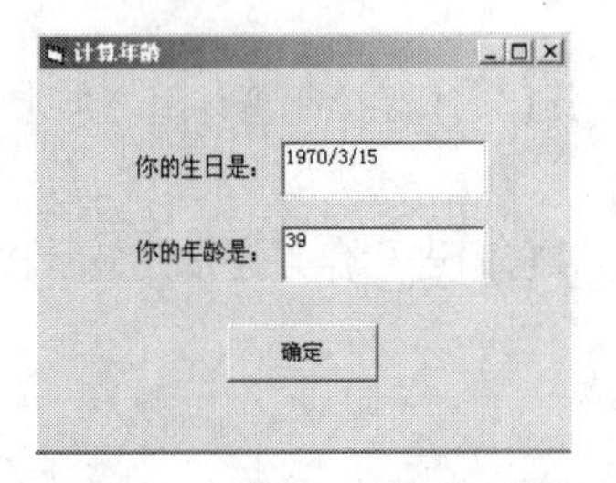

图 3-10 设计题 8 参考界面

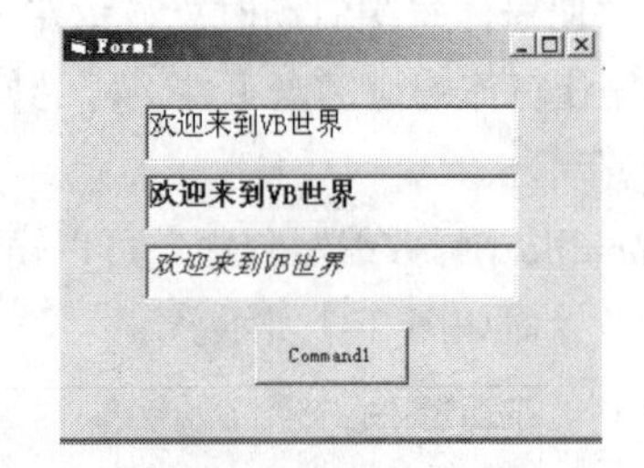

图 3-11 设计题 9 参考界面

习题解答

一、选择题

1. A　2. D　3. A　4. C　5. A　6. D　7. B　8. C　9. C　10. D
11. B　12. A　13. B　14. C　15. A　16. B　17. A　18. D　19. C　20. D
21. A　22. D　23. C　24. D　25. A　26. A　27. C　28. C　29. B　30. A
31. B　32. D　33. B　34. B

二、填空题

1. 工程；工程属性　　2. 工程；添加窗体　　3. Hide

4. MsgBox("是否删除？",vbOKCancel+vbQuestion,"删除")

5. 25+32=57；x=12.5；123456　　6. _Load；MsgBox

7. Caption；确定&O　　8. 标签　　9. Locked

10. SelStart　　11. '（单引号）；_（下画线）；:（冒号）

12. 9；标签；文本框；按钮

三、简答题

1. 答案要点：标签通常用来标注本身不具有 Caption 属性的控件，标签控件有 Caption 属性，多用于提示信息。文本框无 Caption 属性，有 Text 属性，通常用于输入信息。

2. 答案要点：Name 表示控件的名称，在程序内部会被调用。Caption 是一些控件（某些需要显示文字的控件）才会有的属性，它的值显示在界面上。

四、设计题

1. 程序代码如下：

```
'单击【窗体】
Private Sub Form_Click()
    Dim a As Integer
    Randomize                       '设置随机变量使之每次取值不同
    a=15*Rnd                        '设置随机变量取值在 0~15 之间
    Form1.BackColor=QBColor(a)      '使用 QBColor()函数改变颜色
End Sub
```

2. 程序代码如下：

```
'启动【窗体】
Private Sub Form_Load()
    Form1.Top=0
    Form1.Left=Screen.Width-Form1.Width
                    '以屏幕宽度减去窗体宽度的值为 Left 属性值即可使窗体满足最右显示要求
End Sub
```

界面设计及运行效果如图 3-12 所示。

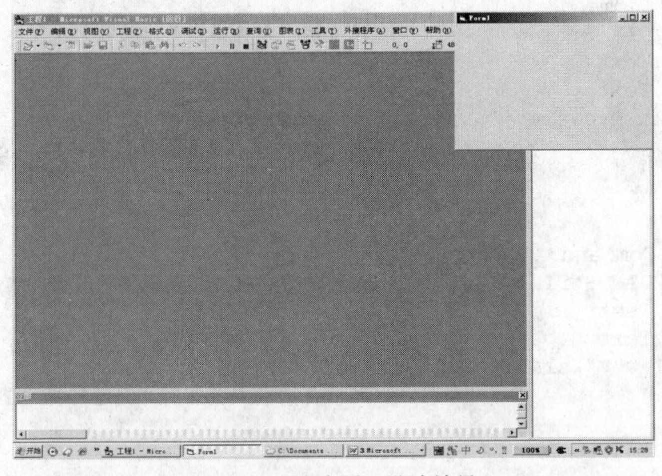

图 3-12　设计题 2 设计效果

3. 程序代码如下：

```
'单击【键盘】
Private Sub Form_KeyDown(KeyCode As Integer,Shift As Integer)
    Select Case KeyCode
       Case 38                         '上箭头的键盘代码为 38
          Top=Top-10                   '定义每次按键窗体向上移动 10 像素
       Case 40                         '下箭头的键盘代码为 40
          Top=Top+10                   '定义每次按键窗体向下移动 10 像素
       Case 37                         '左箭头的键盘代码为 37
          Left=Left-10                 '定义每次按键窗体向左移动 10 像素
       Case 39                         '右箭头的键盘代码为 39
          Left=Left+10                 '定义每次按键窗体向右移动 10 像素
    End Select
End Sub
```

注意：Select…End Select 为分支结构语句。键盘上下左右相应的 ASCII 码为 38，40，37，39。

4. 程序代码如下：

```
'单击【输入字符串】按钮
Private Sub Command1_Click()
    Dim str1,str2 As String       '设置两个字符串变量以接收输入框的内容
    str1=InputBox("输入第一个字符串","字符串")
    str2=InputBox("输入第二个字符串","字符串")
    Text1.Text=str1+str2          '连接字符串
End Sub
```

界面设计及运行效果见图 3-7。

5. 程序代码如下：

```
'单击【加】按钮
Private Sub Command1_Click()
    Dim s1,s2 As String            '设置两个字符串变量以接收两个文本框的内容
    s1=Text1.Text
    s2=Text2.Text
    Label1=s1 &"+"&s2&"="&Val(s1)+Val(s2)
                                   '用 Val()函数将字符串变量转换为整型变量并进行运算
End Sub

'单击【减】按钮
Private Sub Command2_Click()
    Dim s1,s2 As String            '设置两个字符串变量以接收两个文本框的内容
    s1=Text1.Text
    s2=Text2.Text
    Label1=s1 &"-"&s2&"="&Val(s1)-Val(s2)
                                   '用 Val()函数将字符串变量转换为整型变量并进行运算
End Sub

'单击【乘】按钮
Private Sub Command3_Click()
    Dim s1,s2 As String            '设置两个字符串变量以接收两个文本框的内容
    s1=Text1.Text
    s2=Text2.Text
    Label1=s1 &"*"&s2&"="&Val(s1)*Val(s2)
                                   '用 Val()函数将字符串变量转换为整型变量并进行运算
End Sub

'单击【除】按钮
Private Sub Command4_Click()
```

```
   Dim s1,s2 As String               '设置两个字符串变量以接收两个文本框的内容
   s1=Text1.Text
   s2=Text2.Text
   Label1=s1 &"/"&s2&"="&Val(s1)/Val(s2)
                                     '用 Val()函数将字符串变量转换为整型变量并进行运算
End Sub
```

界面设计及运行效果见图 3-8。

6. 程序代码如下：

```
'启动窗体
Private Sub Form_Load()
   Form1.BackColor=vbWhite           '设置默认颜色为白色
End Sub
'单击【背景改变为白色】或【背景改变为红色】按钮
Private Sub Command1_Click()
   Dim str As String                 '设置 str 字符串变量接收按钮的 Caption 属性值
   str=Command1.Caption              '按钮的 Caption 属性值不同时进行不同的操作
   If str="背景色改为红色" Then
      Form1.BackColor=vbRed
      Command1.Caption="背景色改为白色"
      ElseIf str="背景色改为白色" Then
      Form1.BackColor=vbWhite
      Command1.Caption="背景色改为红色"
   End If
End Sub
```

界面设计及运行效果如图 3-13 所示。

图 3-13 设计题 6 设计效果

7. 程序代码如下：

```
'定义模块级变量
Option Explicit
Dim sum As Double                    '模块级变量，用于计算总分
'当"英语"文本框输入完成时
Private Sub txtEnglish_Change()
   sum=0
   If txtChinese>=0 And txtChinese<=100 Then sum=sum+Val(txtChinese)
   '设置约束 0~100，在输入不符合范围的数值时不予采纳
   If txtMath>=0 And txtMath<=100 Then sum=sum+Val(txtMath)
   If txtEnglish>=0 And txtEnglish<=100 Then sum=sum+Val(txtEnglish)
   txtAvg=sum/3
End Sub
```

界面设计效果见图 3-9。

8. 程序代码如下：

```
'单击【确定】按钮
Private Sub Command1_Click()
   Dim str,s1,s2 As String
   str=Text1
   If IsDate(str) Then
     s1=Year(str)                    '获取输入日期的年份信息
     s2=Year(Now)                    '获取当前日期的年份信息
     Text2=Val(s2)-Val(s1)           '将年份信息转换为整型数并进行运算
   Else
     Text2="输入日期格式错误！"
   End If
End Sub
```

界面设计及运行效果见图 3-10。

9. 程序代码如下：

```
'单击【Command1】按钮
Private Sub Command1_Click()
   Text1="欢迎来到 VB 世界"
   Text1.FontSize=15
End Sub

'当第一个文本框内容输入完成时
Private Sub Text1_Change()
   Text2="欢迎来到 VB 世界"
   Text2.FontSize=15
   Text2.FontBold=True
   Text3="欢迎来到 VB 世界"
   Text3.FontSize=15
   Text3.FontItalic=True
End Sub
```

界面设计及运行效果见图 3-11。

10. 窗体 1 代码如下：

```
'当启动窗体时
Private Sub Form_Load()
   Set Form1.Picture=LoadPicture("D:\03.jpg")
End Sub

'单击窗体
Private Sub Form_Click()
   Form1.Hide
   Form2.Show
End Sub

'单击【关闭】按钮
Private Sub Command1_Click()
   Unload Me
End Sub
```

窗体 2 代码如下：

```
'单击【退出】按钮
Private Sub Command1_Click()
   Unload Me
   Form1.Show
End Sub
```

界面设计及运行效果如图 3-14 所示。

图 3-14　设计题 10 设计效果

第4章 语法基础

4.1 本章知识要点

1. 基本数据类型

Visual Basic 6.0 提供的基本数据类型主要有字符串型和数值型，此外还有字节型、货币型、对象型、日期型、布尔型、变体数据类型等。

（1）布尔型（Boolean）：统一使用“真”和“假”来表示，是一种基于逻辑判断的数据，这种类型的数据取值只有 True 和 False 两种情况。

（2）数值型：数值型数据分为整型数和浮点数两类。整型数分为整数和长整数；浮点数分为单精度浮点数和双精度浮点数。

（3）字符串型（String）：是一个字符序列，放在双引号内的若干个字符，由 ASCII 码组成，包括 ASCII 字符和扩展 ASCII 字符。长度为 0 的字符串称为空字符串。

（4）日期型（Date）：日期和时间是具有特殊格式的数据，必须由年、月、日以及时、分、秒组成。

（5）对象型（Object）：将事物的属性和可执行的操作封装起来作为一个整体来看待。与简单的数据类型不同，对象是无法用一个单一的数字或文字来表达清楚的，所有这样复杂的数据或事物都可以使用对象类型来表示。

（6）变体型（Variant）：是一种可变的数据类型，可以表示任何值，包括数值、字符串、日期、时间等。

（7）自定义数据类型：用 Type 语句可自定义数据类型。

2. 常量

常量是指在程序执行期间其值不发生变化的数据。Visual Basic 6.0 中的常量分为文字常量和符号常量两种。

（1）文字常量：可以分为字符串和数值两种。

（2）符号常量：在 Visual Basic 中可以定义符号常量，用来代替数值或字符串。

3. 变量

变量的值在程序执行期间是可变的，它代表内存中指定的存储单元。每个变量都有一个名字和数据类型，通过名字来引用变量，而数据类型则决定了该变量的存储方式。

（1）变量的命名规则：Visual Basic 的变量命名有一定的规则，变量命名时应遵循这些规则。

（2）声明变量：在使用变量之前，可先使用关键字 Dim 来声明变量，也可使用 Option Explicit 语句声明。

（3）使用变量：使用已定义的变量时只要直接书写变量名即可。

（4）变量的作用域：即变量的有效范围。

根据变量的定义位置和所使用的变量定义语句的不同，可以将变量分为 3 类：局部变量、模块变量和全局变量。

- 局部变量：在过程（事件过程）内定义的变量称为局部变量，它的作用域是变量所在的过程。局部变量在过程内用 Dim 或 Static 定义。
- 模块变量：作用域是窗体模块或标准模块。模块变量在模块的声明部分用 Private 或 Dim 声明。在声明模块变量时，Private 和 Dim 没有什么区别，由于使用 Private 可以和声明全局变量的 Public 区别开来，所以使用 Private 更好些。
- 全局变量：变量可以在工程的每个模块、每个过程中使用。全局变量需要在标准模块中用 Public 或 Global 语句声明，不能用 Dim 或 Private 语句在过程或窗体模块中声明。

4．运算符

运算是对数据的加工，最基本的运算形式通常用一些简洁的符号来描述，这些符号就称为运算符。

（1）赋值运算符：赋值运算符“=”，赋值就是将表达式的运算结果存放到左边的元素或对象的属性中。

（2）算术运算符：有^（幂运算符）、-（取负）、*（乘）、/（浮点除）、\（整除）、Mod（取模）、+（加）、-（减）、&（字符串连接）等 9 种。

（3）字符串运算符：

- &运算符：强制两个表达式进行字符串连接。
- +运算符：如果两个表达式都是字符串，进行连接运算，如果有数字，则进行算术的加法运算。

（4）比较运算符：常用的比较运算符有=、<、>、<>、<=、>= 等。将两个表达式进行比较，如果比较的关系成立，则表达式返回 True，否则返回 False。

（5）逻辑运算符：常用的逻辑运算符有 Not（非）、And（与）、Or（或）、Xor（异或）、Eqv（等价）、Imp（蕴含）等 6 种。

5．正确书写表达式

在 Visual Basic 中，表达式必须按照规定的原则进行书写。

4.2 典型例题解析

4.2.1 选择题解析

1．在 Visual Basic 中，长整数的取值范围是（　　）。

A．-32 768～32 767　　B．-2 147 483 648～+2 147 483 647

C．-32 768～32 768　　D．-2 147 483 648～+2 147 483 648

【解析】 Visual Basic 中的数值型数据分为整型数和浮点数两类。其中，整型数分为整数和长整数，浮点数分为单精度浮点数和双精度浮点数。

整数(Integer)以两个字节(16位)的二进制码表示参加运算，它的取值范围是–32 768～32 767。

长整数(Long)以带符号的4个字节(32位)的二进制数存储，它的取值范围是–2 147 483 648～+2 147 483 647。

【答案】 B

2. 以下关于 Visual Basic 6.0 数据类型的说法，错误的是（　　）。

A. Visual Basic 6.0 提供的数据类型主要有字符串型和数值型，此外还有字节型、货币型、对象型、日期型、布尔型和变体型等

B. 目前 Decimal 数据类型只能在变体类型中使用

C. 用户不能定义自己的数据类型

D. 布尔型数据只能取两种值，用两个字节存储

【解析】 从以上题目的分析中，可以得知变体型（Variant）是一种可变的数据类型，可以表示任何值，包括数值、字符串、日期、时间等。目前 Decimal 数据类型只能在变体类型中使用，也就是用户不能把一个变量声明为 Decimal 类型；用户可以用 Type 语句定义自己的数据类型；布尔型数据用两个字节存储，只能取两种值：True（真）或 False（假）。

【答案】 C

3. 可以在常量的后面加上类型说明符以表示常量的类型，可以用（　　）表示字符串型常量。

A. %　　B. #　　C. !　　D. $

【解析】 以下列出了常量类型及其类型说明符：

整型　%
长整型　&
单精度浮点数　!
双精度浮点数　#
货币型　@
字符串型　$

字节型、布尔型、日期型、对象及变体型常量没有类型说明符。

【答案】 D

4. 以下不合法的常量是（　　）。

A. 1000　　B. 100^5　　C. 123.45　　D. 10E+3

【解析】 Visual Basic 中的常量有文字常量和符号常量两种。文字常量分为字符串和数值两种。字符串常量由字符组成，可以是除双引号和回车符之外的任何 ASCII 码字符；数值常量分为整型数、长整型数、货币型数和浮点数4种。

【答案】 B

5. Visual Basic 中的数值可以用十六进制或八进制表示，十六进制数以&H 开头，八进制数以（　　）开头。

A. $O　　B. &O　　C. $E　　D. &E

【解析】 整型常数有十进制、十六进制和八进制 3 种形式。十进制整型数由一个或几个十进制数字（0~9）组成，可以带有正号或负号；十六进制整型数由一个或几个十六进制数字（0~9 及 A~F）组成，前面以&H 开头；八进制整型数由一个或几个八进制数字（0~7）组成，前面以&O 开头。由此可见，以$开头的数值不是合法的数值常量。

【答案】 B

6. 如果一个变量未经定义而直接使用，则该变量为（　　）类型的变量。

A. Integer　　B. Byte　　C. Boolean　　D. Variant

【解析】 Variant 是一种特殊的数据类型，Variant 变量中可以存放任何类型的数据，如数值、文本字符串、日期和时间等。向 Variant 变量赋值时不必进行任何转换，系统将自动进行必要的转换。如果一个变量未经定义而直接使用，则该变量为 Variant 类型。

【答案】 D

7. 以下各项可以作为 Visual Basic 变量名的是（　　）。

A. English　　B. 11_English　　C. 123.45　　D. English-1

【解析】 变量名的第一个字符必须是字母，不能是数字，而且变量名只能由字母、数字和下画线组成，不包括“-”。

【答案】 A

8. 在 Visual Basic 中，认为（　　）中的两个变量名是相同的。

A. English 和 Engl_ish　B. English 和 ENGLIsh　C. English 和 Engl　D. English 和 England

【解析】 在 Visual Basic 中，组成变量名的英文字母不区分大小写，例如 Visual、VISUAL 和 VisuAL 都是指的同一个名字。在定义了一个变量之后，只要字符相同，则不管它大小写是否相同，指的都是同一个变量。本题选项 A、C、D 中的两个变量名所包含的字符不是完全相同，所以不是相同的变量名。

【答案】 B

9. 如果要将变量 a 在过程中定义为静态变量，并将它的类型定义为整型，应使用的语句是（　　）。

A. Dim a As Integer　B. Public a As Integer　C. Static a As Integer　D. Redim a As Integer

【解析】 Dim、Static、Redim 和 Public 都可以定义变量，它们的区别是：

- Dim 用于在标准模块（Module）、窗体模块（Form）或过程（Procedure）中定义变量或数组。
- Static 用于在过程中定义静态变量或数组，与 Dim 不同之处是，用 Static 定义的变量，每次引用该变量时，其值会继续保留；而 Dim 定义的变量，变量值在引用时会被重新设置（如果是数值变量则重新设置为 0，字符串变量则设置为空）。因此，通常称 Dim 定义的变量为动态变量，Static 定义的变量为静态变量。
- Public 用于在标准模块中定义全局变量或数组。
- Redim 主要用于定义数组。

【答案】 C

10. P 的值为-3 时，-P^2 的值是（　　）。

A. 9　　B. -9　　C. 6　　D. -6

【解析】 符号“^”为幂运算符，用来计算乘方和方根。在使用幂运算符时，如果指数是一个表达式，则必须加上括号。例如：

10^2:　　　　表示 10 的平方，即 10*10，结果是 100。

10^（-2）:　　表示 10 的平方的倒数，即 1/100，结果是 0.01。

100^0.5:　　　表示 100 的平方根，结果为 10。

27^(1/3):　　　表示 27 的立方根，结果为 3。

在本题中，P^2 即 3 的平方，值为 9，所以-P^2 的值为-9。

【答案】 B

11. 表达式(3/2+1)*(5/4+2)的值是（　　）。

A. 8.125　　B. 6　　C. 6.125　　D. 8

【解析】 本题主要考查运算符“/”的使用。在 Visual Basic 中，符号“/”为浮点数除法运算符，执行标准的除法操作，运算的结果为浮点数。在本题中，3/2 的结果是 1.5，5/4 的结果是 1.25，所以可得：(3/2+1)*(5/4+2)=(1.5+1)*(1.25+2) = 8.125

【答案】 A

12. 表达式(7\4+1)*(8\3-1)的值是（　　）。

A. 4.58333333333333　B. 4.58　　C. 2　　D. 3

【解析】 本题主要考查运算符“\”的使用。在 Visual Basic 中，符号“\”是整数除法运算符，运算的结果为整型数值，例如表达式 3\2 的结果为 1，5\4 的结果也是 1。如果操作数带有小数点时，首先被四舍五入为整型数或长整型数，然后再进行整除运算。对于本题，7\4 的结果为 1，8\3 的结果为 2，所以可得：(7\4+1)*(8\3-1)=(1+1)*(2-1) = 2

【答案】 C

13. 表达式 6^4 Mod 34\3^2 的值是（　　）。

A. 1　　B. 0　　C. 2　　D. 3

【解析】 在做本题之前首先要了解各种运算符的优先级，Visual Basic 中一共有 9 种运算符，幂运算符（^）优先级最高，其次是取负（-）、乘（*）、浮点除（/）、整除（\）、取模（Mod）、加（+）、减（-）、字符串连接（&）等。其中，乘和浮点除是同级运算符，加和减是同级运算符。此外，如果表达式中有括号，则先计算括号内表达式的值；如果有多层括号，则先计算内层括号，再计算外层括号。对于本题，先进行幂（^）运算，再进行整除（\）运算，最后进行取模运算。可得：

6^4 Mod 34\3^2 = 1296 Mod 34\9 = 1296 Mod 3 =0

【答案】 B

14. Visual Basic 中的逻辑运算符 Xor、Or、Eqv 和 And 中，级别最高的运算符是（　　）。

A. Xor　　B. Or　　C. Eqv　　D. And

【解析】 逻辑运算符也称为布尔运算符，用来连接两个或多个关系式，组成一个逻辑表达式。Visual Basic 中的逻辑运算符共有 6 种，它们按运算级别的高低依次是 Not（非）、And（与）、Or（或）、Xor（异或）、Eqv（等价）、Imp（蕴含）。

【答案】 D

15. 用 X、Y、Z 表示三角形的三条边，条件“三角形任意两边之和大于第三边”的逻辑表达式可以用（　　）表示。

A. X+Y>Z And X+Z>Y And Y+Z>X　　B. X+Y<Z Or X+Z<Y Or Y+Z<X

C. Not (X+Y<Z Or X+Z<Y Or Y+Z<X)　　D. X+Y>=Z Or X+Z>=Y Or Y+Z>=X

【解析】 首先，根据“三角形任意两边之和大于第三边”的特点，可知：X+Y>Z，X+Z>Y，Y+Z>X 3个条件必须同时满足。其次，看看布尔运算符 Or 和 And。Or（或）用来对两个关系表达式进行比较，如果其中一个为真，结果就为真。只有两个表达式的值均为假时，结果才为假；And（与）也用来对两个关系表达式进行比较，如果两个表达式的值均为真，结果才为真，否则结果为假。显然本题中的3个条件只有用 And 连接才能满足要求。另外，Not (X+Y<Z Or X+Z<Y Or Y+Z<X)写成 Not (X+Y<=Z Or X+Z<=Y Or Y+Z<=X)也是正确的。

【答案】 A

16. 一元二次方程 $ax^2+bx+c=0$ 有实根的条件是 $a\neq0$，且 $b^2-4ac\geqslant0$，表示该条件的逻辑表达式是（　　）。

A. a<>0 And b*b-4*a*c≥0　　B. a<>0 Or b*b-4*a*c≥0

C. a<>0 And b*b-4*a*c>=0　　D. a<>0 Or b*b-4*a*c>=0

【解析】 在 Visual Basic 中，a≠0 的表达式为 a<>0，b^2-4ac 表示为 b*b-4*a*c，大于或等于号为>=。由题意可知，a≠0 和 $b^2-4ac\geqslant0$ 两个条件应该同时满足，所以是“与”的逻辑关系，应该用 And 连接。

【答案】 C

17. 以下关于运算符的说法，错误的是（　　）。

A. 表达式中的乘号“*”不能省略，但可以用符号“·”代替

B. 通常不允许两个运算符相连，两个运算符应当用括号隔开

C. 括号可以改变运算符的运算顺序

D. 在表达式中只能用圆括号，不能使用方括号

【解析】 在书写表达式时，用户应该注意以下几点：

- 表达式中的乘号“*”不能省略，也不能用符号“·”或“×”代替。
- 在一般情况下，不允许两个运算符相连，两个运算符之间应该用括号隔开。
- 在表达式中只能用圆括号，不能用方括号或花括号。
- 表达式中如果含有括号，应该先计算括号内的表达式。如果有多层括号，应该先计算内层括号，再计算外层括号。

【答案】 A

18. 以下有关赋值语句错误的是（　　）。

A. Num=88:Num=Num+1　　B. Flower$="The number is 88"

C. Text1.Text=89　　D. StartTime=Now

【解析】 赋值语句兼有计算与赋值的双重功能，并且“目标操作数”和“源操作数”必须类型一致。Text1.Text 属性是字符串表达式，而非数值类型。

【答案】 C

4.2.2 填空题解析

1. 浮点数由3部分组成，即符号、指数和________。

【解析】 Visual Basic 中的数值型数据分为整型数和浮点数两类。浮点数也称实型或实数，是带有小数部分的数值，它由符号、指数和尾数3部分组成。单精度浮点数和双精度浮点数的指数分别

用“E”（或“e”）和“D”（或“d”）来表示。例如：

123.4E5: 表示单精度数，相当于123.4乘以10的5次幂。

123.4567D5: 表示双精度数，相当于123.4567乘以10的5次幂。

以上两个数值中，123.4或123.4567就是尾数部分，E5或D5即为指数部分。

【答案】尾数

2. 表达式"12"+"34"的值是________，表达式"12"&"34"的值是________，表达式 12&34 的值是________，表达式12+34的值是________。

【解析】算术运算符“+”用在算术表达式中表示加法运算，例如12+34 = 46。算术运算符“+”也可以用做字符串连接符，把两个字符串连接在一起，生成一个新的字符串，例如"12"+"34" = 1234。Visual Basic中的“&”专门用于字符的连接，例如"12"&"34" = 1234。

【答案】1234；1234；12 34；46

3. 设A=2，B=3，C=4，D=5，逻辑表达式A>B And C>=D Or 3*A>D的值是________。

【解析】本题中，关系表达式A>B的值为False，C>=D的值为False，3*A>D的值为True。对于逻辑运算，运算顺序是运算And，再运算Or。由于And运算符两边的值都为False，所以值为False（假）。这样一来，Or运算符两边的值有一个为True，所以最后的结果为True。

【答案】True

4. 执行下列程序段后，A的值为________，B的值为________，达到________的目的。

```
A=100
B=50
A=A+B
B=A-B
A=A-B
```

【解析】这道题主要考查赋值语句的使用，并实现两个变量相互换值的目的。

【答案】50；100；两个变量值互换

4.3 习题与解答

一、选择题

1. 下面（ ）变量名是错误的。

A. 姓名　　B. a　　C. a123　　D. a.1

2. 下面（ ）是字符串数据的类型声明字符。

A. %　　B. $　　C. &　　D. !

3. 要声明一个全局变量，应该（ ）。

A. 将变量声明放在某个过程中，并使用Public关键字

B. 将变量声明放在任何一个模块的通用声明段，并使用Public关键字

C. 将变量声明放在标准模块的通用声明段，并使用Private关键字

D. 将变量声明放在标准模块的通用声明段，并使用Public关键字

4. 如果变量赋值为str1="练习"，var1=5，则语句Print "第" & var1 & "次" & str1输出的结果为（ ）。

A. 第5次练习　　B. 第5次str1　　C. 第var1次练习　　D. 第var1次str1

5. 以下正确的 Visual Basic 表达式是（　　）。

A. 5/2+4　　B. xyz Mod abc　　C. 128÷4+sin(60)　　D. 2^4+sin(500)

6. 下列数据中（　　）是 Boolean 型常量。

A. 123　　B. And　　C. True　　D. Or

7. i 被 j 整除的逻辑表达式是（　　）。

A. i/j=0　　B. i\j=0　　C. i<>j　　D. i mod j=0

8. 表达式 4+5\6*7/8 Mod 9 的值为（　　）。

A. 4　　B. 5　　C. 6　　D. 7

9. 下面的运算符中优先级最高的是（　　）。

A. Not　　B. \　　C. <　　D. *

10. 在窗体上放置一个命令按钮 Command1 和一个文本框 Text1，把 Text1 的 Text 属性设置为空，运行下面的事件过程代码：

```
Private Sub Command1_Click()
    Dim a,b
    a=InputBox("输入一个整数")
    b=Text1.Text
    Text1.Text=a+b
End Sub
```

运行程序，在 Text1 文本框中输入 456，单击按钮 Command1，然后在出现的输入框中输入 123，单击【确定】按钮，在 Text1 中显示的内容是（　　）。

A. 579　　B. 123　　C. 123456　　D. 456

11. 在默认情况下，InputBox()函数返回值的类型为（　　）。

A. 字符串　　B. 变体　　C. 数值　　D. 数值或字符串

12. 下列（　　）是日期常量。

A. “2/1/02”　　B. 2/1/02　　C. #2/1/02#　　D. {2/1/02}

13. 下列叙述中不正确的是（　　）。

A. 变量名的第一个字符必须是字母

B. 变量名的长度不超过 255 个字符

C. 变量名可以包含小数点或者内嵌的类型声明字符

D. 变量名不能使用关键字

14. 要强制显式声明变量，可在窗体模块或标准模块的通用声明段中加入语句（　　）。

A. Option Base　　B. Option Explicit　　C. Option Base 1　　D. Option Compare

15. 表示条件“身高 T 超过 1.7m 且体重 W 小于 62.5kg”的逻辑表达式是（　　）。

A. T>=1.7 And W<=62.5　　B. T<=1.7 Or W>=62.5

C. T>1.7 And W<62.5　　D. T>1.7 Or W<62.5

16. 如果希望用变量 X 来存放数据 1 234.567 8912，应将 X 定义为（　　）类型。

A. 单精度型　　B. 双精度型　　C. 长整型　　D. 字符型

17. Visual Basic 认为下面的变量是同一个变量的是（　　）。

A. A1 和 a1　　B. SUM 和 SUMMARY

C. AVER 和 AVERAGE　　D. A1 和 A-1

18. 语句 X=X+1 的正确含义是（　　）。

A. 变量 X 的值与 X+1 的值相等　　B. 将变量 X 的值存到 X+1 中去

C. 将变量 X 的值加 1 后赋给变量 X　　D. 变量 X 的值为 1

二、填空题

1. 设有以下定义语句：

```
Dim max,min As Single,d1,d2 As Double,abc As String*5
```

则变量 max 的类型是________，变量 min 的类型是________，变量 d1 的类型是________，变量 d2 的类型是________，变量 abc 的类型是________。

2. 存储 3.2345 可用________数据类型且内存容量最小。

3. 字符串运算符“+”两旁的操作数应均为________类型数据。

4. 用________关键字可以声明过程级变量，用________或者________关键字来声明模块级变量，用________关键字来声明全局变量。

5. 设 A=2，B=-4，则表达式 3*A >5 OR B+8<0 的值是________。

6. 请写出下列语句的运行结果：

① 设 A=5，B=6，Print 3<2 OR A<=B　________________。

② Print "12" + 50　________________。

③ 设 A=5，Print A + "10"　________________。

④ Print 78\10 + 78/10　________________。

⑤ Print #1991/1/31# +1　________________。

7. 将下面的条件用 Visual Basic 的逻辑表达式表示：

① X 是小于 100 的非负数　________________。

② X+Y 小于 10，且 X-Y 大于 0　________________。

③ X、Y 都是正整数或都是负整数　________________。

④ X、Y 之一为 0 但不得同时为 0　________________。

⑤ X 为能被 5 整除的偶数　________________。

三、简答题

1. 隐式声明和显式声明各代表什么意思，编程时使用哪种方式更有优势？

2. 下面符号名中哪些是合法的 Visual Basic 符号常量和变量名？

x1　2a　If　x&2　y%x　x>y　Form1.frm　x_y

3. Visual Basic 中是否可以出现下列形式的数？

D32　3.457E-10　.368　2.5E　1.87E+5　12E3.8　8.75D+6

4. 写出下面数学表达式对应的 Visual Basic 算术表达式。

$\frac{a}{a+\frac{c}{d}}$　$\frac{2y}{(ax+by)(ax-cz)}$　$a^{bc}+c^{ab}$　$\sqrt[3]{x+\sqrt{x^2+1}}$

5. 在 Visual Basic 中 Xor 表示一种什么运算？举例说明。

6. Visual Basic 中有几类运算？其运算符的优先顺序如何排列？

四、设计题

1. 根据华氏温度计算摄氏温度。使用输入框输入华氏温度，用 Print 方法显示摄氏温度结果。设计界面如图 4-1 所示。（提示：计算公式为 C=5/9*(F-32)，其中 F 表示华氏温度，C 表示摄氏温度。）
2. 在文本框中分别输入被除数和除数，当单击【执行除法运算】按钮时，在下面 3 个文本框中分别显示计算结果。其设计界面如图 4-2 所示。

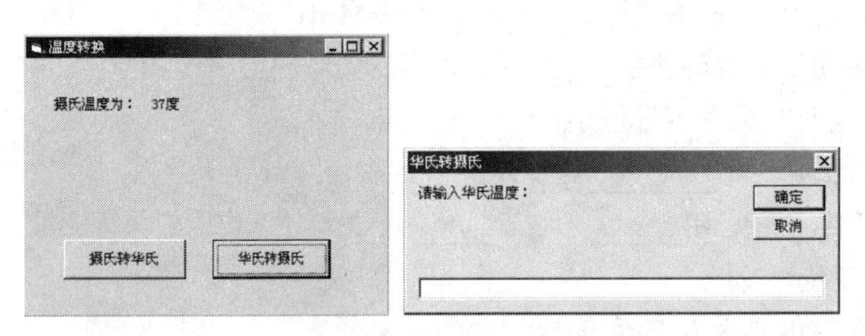

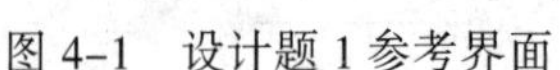
图 4-1 设计题 1 参考界面

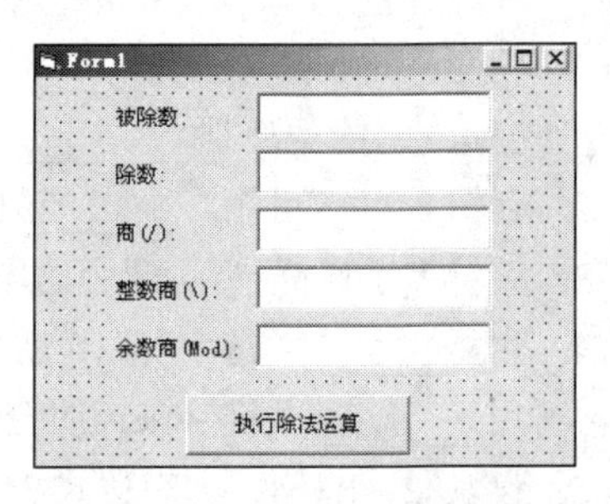

图 4-2 设计题 2 参考界面

习题解答

一、选择题

1. D　2. B　3. D　4. A　5. A　6. C　7. D　8. B　9. D　10. C
11. A　12. C　13. C　14. B　15. C　16. B　17. A　18. C

二、填空题

1. 单精度型；单精度型；双精度型；双精度型；长度为 5 的字符串型
2. 单精度型　3. 字符串　4. Dim；Private；Dim；Public
5. True　6. ①True　②62　③15　④14.8　⑤1991/2/1
7. ①X>=0 And X<100　②X+Y<10 And X-Y>0　③X*Y>0 And X=Int(X) And y=Int(Y)
　④X*Y=0 And X<>Y　⑤(X Mod 2 = 0) And (X Mod 5 = 0)

三、简答题

1. 答案要点：隐式声明是指用户未做任何声明就使用一个变量，显式声明是指先声明变量后使用变量。编程时使用显式声明有优势。

2. x1 和 x_y 是合法的 Visual Basic 符号名。

3. 可以出现的有：3.457E-10，.368，1.87E+5，8.75D+6。

4. a/(a+c/d)　(2*y)/((a*x+b*y)*(a*x-c*z))　a^(b*c)+c^(a*b)　(x+Sqr(x^2+1))^(1/3)

5. 答案要点：Xor 是逻辑异或，表示当一个表达式为真，另一个表达式为假，就返回 True，否则返回 False。例如，3>2 Xor 5<1 返回 True，3<2 Xor 5<1 返回 False，3>2 Xor 5>1 返回 False。

6. 答案要点：

Visual Basic 中有 3 类运算：算术运算、比较运算、逻辑运算。

优先级顺序是：算术运算符、比较运算符、逻辑运算符。

四、设计题

1. 程序代码如下：

```
'定义模块级变量
Option Explicit
Dim F,C As Integer                    '用于记录温度值

'装载窗体
Private Sub Form_Load()
    F=InputBox("请输入华氏温度: ","华氏转摄氏")
    C=5/9*(F-32)
    Label1="摄氏温度为: "&C&"度"
End Sub

'单击【摄氏转华氏】按钮
Private Sub Command1_Click()
    Label1="华氏温度为: "&F&"度"
End Sub

'单击【华氏转摄氏】按钮
Private Sub Command2_Click()
    Label1="摄氏温度为: "&C&"度"
End Sub
```

界面设计及运行效果见图 4-1。

2. 程序代码如下：

```
'单击【执行除法运算】按钮
Private Sub Command1_Click()
    Dim bcs, cs As Integer
    bcs=Text1
    cs=Text2
    Text3=bcs/cs
    Text4=bcs\cs
    Text5=bcs Mod cs
End Sub
```

界面设计及运行效果见图 4-2。

第 5 章 程序结构

5.1 本章知识要点

1. Visual Basic 程序的几种主要结构

Visual Basic 中主要有 3 种程序控制结构：顺序结构、条件结构和循环结构。

2. 单行结构条件语句

格式如下：

```
If 条件 Then Then 部分[Else else 部分]
```

3. 多行块结构条件语句

一般格式如下：

```
If 条件 1  Then
    语句块 1
[ElseIf 条件 2  Then
    语句块 2]
[ElseIf 条件 3  Then
    语句块 3]
    …
[Else
    语句块 n]
End If
```

4. IIf 函数

格式如下：

```
result=IIf(条件,True 部分,False 部分)
```

5. 多分支结构

在 Visual Basic 中，多分支结构程序通过情况语句来实现。情况语句也称 Select Case 语句或 Case 语句。情况语句的一般格式如下：

```
Select Case 测试表达式
   Case  表达式表列 1
     语句块 1
   [Case 表达式表列 2
     语句块 2]
     …
```

```
    [Case 表达式表列 n
      语句块 n]
    [Case Else
      语句块 n+1]
End Select
```

6. For 循环控制结构

For 循环也称 For...Next 循环或计数循环，其一般格式如下：

```
For 循环变量=初值 To 终值 [Step 步长]
   [循环体]
   [Exit For]
Next [循环变量] [,循环变量]…
```

7. 当循环控制结构

一般格式如下：

```
While 条件
   [语句块]
Wend
```

8. Do...Loop 循环控制结构

Do 循环语句的功能是：当指定的“循环条件”为 True 或直到指定的“循环条件”变为 True 之前重复执行一组语句（即循环体）。

Do 循环的格式如下：

（1）
```
Do
    [语句块]
    [Exit Do]
Loop
```

（2）
```
Do While|Until 循环条件
    [语句块]
    [Exit Do]
Loop
```

9. 多重结构

循环体内不含有循环语句的循环叫单层循环，而循环体内又含有循环语句的循环称为多重循环。

10. GoTo 语句

GoTo 语句可以改变程序执行的顺序，跳过程序的某一部分去执行另一部分，或者返回已执行的某语句使之重复执行。所以，GoTo 语句可以构成循环。GoTo 语句的一般格式如下：

```
GoTo{标号|行号}
```

5.2 典型例题解析

5.2.1 选择题解析

1. 下列程序段的执行结果为（　　）。

```
X=5
Y=-20
If Not X>0 Then X=Y-3 Else Y=X+3
Print X-Y;Y-X
```

A. -3 3　　B. 5-8　　C. 3-3　　D. 25-25

【解析】 把程序具体分析一下，可知：程序开始时分别为 X，Y 赋值 5 和–20，If 语句 Not X>0 相当于 X<=0，现在 X 的值为 5，5 比 0 大，所以条件值为 False，执行 Else 语句 Y=X+3，此时 Y 为 8。执行 Print 方法，即输出 X-Y 和 Y-X 的值。X-Y= -3，Y-X=3，所以最后输出的结果应为–3 和 3。

【答案】 A

2. 下列程序段的执行结果为（　　）。

```
X=Int(Rnd()+4)
Select Case X
   Case 5
      Print "优秀"
   Case 4
      Print "良好"
   Case 3
      Print "通过"
   Case Else
      Print "不通过"
End Select
```

A. 优秀　　B. 良好　　C. 通过　　D. 不通过

【解析】 我们可以看到 X=Int(Rnd()+4)语句，其中 Rnd()函数是用来产生随机数的，其值在 0～1 之间。而在(Rnd()+4)前面有 Int 进行强制类型转换，所以 X 总是为 4。即执行 Select Case X…End Select 语句体中的语句：

```
Case 4
   Print "良好"
```

【答案】 B

3. 下列程序段的执行结果为（　　）。

```
X=1
Y=1
For I=1 To 3
   F=X+Y
   X=Y
   Y=F
   Print F
Next I
```

A. 2 3 6　　B. 2 2 2　　C. 2 3 4　　D. 2 3 5

【解析】 下面分析此程序段是怎样运行的：

（1）开始 X=1，Y=1。For 循环中步长默认值为 1，循环变量 I 的初值为 1，终值为 3，所以此循环结构语句可以循环 3 次。

（2）第一次循环结束后，F=2，X=1，Y=2。

（3）第二次循环结束后，F=3，X=2，Y=3。

（4）第三次循环结束后，F=5，X=3。

所以每循环一次，便输出 F 当前值，循环 3 次便输出 3 个 F 值分别为 2，3，5。

【答案】 D

4. 下列程序段的执行结果为（ ）。

```
I=4
A=5
Do
  I=I+1
  A=A+2
Loop Until I>=7
Print "I=";A
Print "A=";A
```

A. I=4 A=5　　B. I=7 A=13　　C. I=8 A=7　　D. I=7 A=11

【解析】 此题用的是 Do 循环结构，其格式如下：

```
Do
   [语句块]
   [Exit Do]
Loop Until 循环条件
```

此循环由于为“先执行后检查”，所以至少执行一次。

此题程序段运行直到循环条件表达式 I>=7 的值为 True 才停止。已知 I=4，A=5。而只有当 I 的值大于或等于 7 时，程序段才结束，开始 I=4，每执行一次 Do 循环，I=I+1，I 值增加 1，所以当程序运行到第 3 次时，I=7，循环条件表达式 I>=7 的值为 True 时结束。所以，最后 I=7，A=11。

【答案】 D

5. 下列程序段的执行结果为（ ）。

```
A=0:B=1
Do
  A=A+B
  B=B+1
Loop While A<10
Print A;B
```

A. 10 5　　B. A B　　C. 0 1　　D. 10 30

【解析】此题内容比较简单。开始 A 为 0，B 为 1。执行 Do 语句，具体运行过程为：执行 A=A+B:B=B+1 语句，A 为 1，B 为 2。

这样运行到 A=10，程序终止循环，此时 B=5，所以最后输出结果为 10 和 5。

【答案】 A

5.2.2 填空题解析

1. 以下程序所对应的函数表达式是________。

```
x=InputBox("Enter an Integer")
x=Int(x)
Select Case x
   Case Is<=1
      y=1
   Case Is<=15
      y=3*x+1
   Case Is<=20
      y=x+2
   Case Is>20
      y=1
End Select
```

【解析】（1）InputBox()函数可以产生一个对话框，这个对话框等待用户输入数据，并返回所输入的内容。

（2）将输入的数据转换为整数作为 Select Case 的测试条件。

（3）情况语句的执行过程是：先对“测试表达式”求值，然后测试该值与哪一个 Case 子句中的“表达式表列”相匹配；如果找到了，则执行与该 Case 子句有关的语句块，并把控制转移到 End Select 后面的语句；如果没找到，则执行与 Case Else 子句有关的语句块，然后把控制转移到 End Select 后面的语句。

（4）“表达式表列”如果使用关键词 Is，则只能用关系运算符。语句 Case Is<=1:y=1，表示如果 x 小于或等于 1，那么 y 的值为 1，同理可得其他答案。

【答案】

$$
y=\begin{cases} =1 & (x<=1) \\ =3*x+1 & (1<x<=15) \\ =x+2 & (15<x<=20) \\ =1 & (x>20) \end{cases}
$$

2. 执行下面的程序段后，a 的值是______。

```
a=5
For i=2.0 To 4.2 Step0.4
   a=a+2
Next i
```

【解析】（1）For 循环语句的执行过程是：首先把“初值”赋给“循环变量”，接着检查“循环变量”的值是否超过终值，如果超过就停止执行“循环体”，跳出循环去执行 Next 后面的语句；否则执行一次“循环体”，然后把“循环体变量+步长”的值赋给“循环变量”，重复上述的过程。

（2）在本程序中循环变量的初值 i=2.0，循环变量的终值 i=4.2，步长为 0.4，即每循环一次，循环变量的值加 0.4，所以循环次数为(4.2−2)\0.4+1=6 次。

（3）a 的初值为 5，每循环一次将 a 的值加 2 赋给 a，此循环次数为 6 次，所以等价于将 a 的值加 12 后赋给 a，所以 a 最后的值是 5+12=17。

【答案】 17

3. 设有以下的循环：

```
x=1
Do
   x=x+1
   Print x
Loop Until _____
```

程序运行后，要求执行 3 次循环体，请填空。

【解析】（1）Do…Loop Until 不管条件是否满足，先执行一次循环体，然后再判断条件以决定其后面的操作，因此在任何情况下，它至少执行一次。

（2）本程序中只定义了一个变量 x，所以只能用它来控制循环，x 的初值为 1，每执行一次循环 x 的值加 1（x=x+1），第 3 次循环后 x 的值是 4，当 x 的值大于等于 4 时终止循环，所以“循环条件”是 x>=4。

【答案】 x>=4

4. 以下程序的功能是：从键盘输入若干个学生的考试成绩，统计并输出最高分和最低分，当输入负数时结束输入，输出结果。请填空。

```
Private Sub Form_Click()
    Dim x,amax,amin As Single
    x=InputBox("Enter a score")
    amax=x
    amin=x
    Do While(1)
       If x>amax Then
         amax=x
       End If
       If(2)Then
         amin=x
       End If
       x=InputBox("Enter a score")
    Loop
    Print"Max=";amax,"Min=";amin
End Sub
```

【解析】（1）本程序先定义了3个变量x、amax、amin，它们分别用来接受从键盘输入的字符、最大值和最小值，先用InputBox()函数从键盘接受一个整数并赋给x。

（2）先将x的值赋给amax、amin，作为它们的初值，因为当输入的值为负值时结束循环，所以Do While的控制语句就是判断x的值是否大于等于0。

（3）当x大于等于0时，执行形式条件语句，当x大于amax时，将x的值赋给amax，显然当x的值小于amin时，将x的值赋给amin。

（4）每循环一次，就要给x赋一次值，然后接着循环直到当x的值是负数时跳出循环，输出amax和amin的值。

【答案】（1）x>=0 （2）x<amin

5. 阅读程序：

```
Private Sub Form_Click()
    mun=0
    Do While mun<=3
      mun=mun+1
      Print mun
    Loop
End Sub
```

程序运行后，输出结果为______。

【解析】（1）程序首先定义了一个 mun 并赋了初值 0，然后执行循环语句，它的控制条件是（mun<=3），在循环体中，每执行一次循环，mun的值就加1，所以可以执行4次循环。

（2）每执行一次循环就输出一次mun的值，它们依次是1，2，3，4。

【答案】 1
2
3
4

6. 在窗口上添加一个命令按钮，然后编写如下事件过程：

```
Private Sub Command1_Click()
    k=0
```

```
      For i=1 To 5
        For j=1 To 3
          If j Mod 2<>0 Then
            k=k+1
          End If
          k=k+1
        Next j
      Next i
    Print k
End Sub
```

程序运行后，输出结果是______。

【解析】（1）本程序首先将 0 赋给 k，接下来是一个 For 循环控制结构，它的步长是 1，循环变量的初值和终值分别是 1 和 5，所以共执行 5 次循环。

（2）在 For...Next 循环体中又嵌套循环，第 2 个循环的步长也是 1，循环变量初始和终值分别是 1 和 3，所以执行 3 次循环。

（3）在第二个循环体中，如果 j 的值不能被 2 整除（j Mod 2<>0），执行 Then 后面的语句，将 k 的值加 1 赋给 k，下一条语句也是将 k 的值加 1 赋给 k，不能被 2 整除有两次。

（4）在第二个循环中变量是从 1～3，两次不能被 2 整除，一次能被 2 整除，所以共执行 5 次 k=k+1，而第一个循环执行 5 次，每执行一次循环就执行 5 次 k=k+1，所以共执行 25 次 k=k+1，执行完循环后 k 的值是 25。

（5）循环的下一条语句是输出 k 的值为 25。

【答案】 25

7. 以下程序判断从文本框 Text1 中输入的数据，如果该数据满足条件：除以 3 余 2，除以 5 余 3，除以 7 余 4，则输出；否则，将焦点定位在文本框 Text 中，选中其中的文本。

```
Private Sub Command1_Click()
    x=Val(Text1.Text)
    If____Then
       Print x
    Else
       Text1.SetFocus
       Text1.SelStart=0
    End If
End Sub
```

【解析】（1）程序调用 Val()函数从文本中得到数据，Val(s)函数是返回表达式 s 中所含的数据，若遇到字母（指数符号除外）则停止转换。

（2）按照题意先判断这个整数是否满足条件，如果满足，则输出 x 的值，所以先要写出求余表达式，用函数 Mod，x 除 3 余 2 即为（x Mod 3=2），同理可得其他几个表达式，它们之间是“与”的关系，所以用 And 将它们连接起来。

（3）如果不满足条件那么将执行 Else 中的语句，SetFocus 方法的作用是把焦点移到指定对象上，使对象获得焦点。该方法适用于文本框、窗体及大部分当前可见控件。

（4）SelStart 是一种数值型，程序运行期间设定或返回当前选择文本的起始位置，若未选择任何文本则为插入点位置。0 表示选择第一个字符。

【答案】 x Mod 3=2 And x Mod 5 = 3 And x Mod 7 = 4

8. 下面程序是用来打印九九乘法表的，请填空。

```
Private Sub Form_click()
    Dim Flag As Integer,i As Integer,j As Integer,Strl$
    str1=""
    For i=1 To 9
      (1)
        For j=1 To 9
           If (2)Then
              str1=str1+Str$(j)+"*"+Str$(i)+"="+Str$(Val(i*j))
           Else
              str1=str1&Chr(13)
              Exit For
           End If
        Next j
    Next i
    Print str1
End Sub
```

【解析】（1）Exit 语句总是出现在 If 语句或 Select Case 语句内部，而 If 语句或 Select Case 语句在循环内嵌套，用 Exit 语句中断循环时：①在完成循环时，计数器的值等于上限值加上步长值。②在提前退出循环时，计数器变量保持其值，并遵从有关取值范围的一般规则。

（2）函数首先定义了 3 个 Integer 型变量 Flag、i、j，并将空格赋给 Str1。

（3）第一个 For 循环的变量 i 从 1～9 步长为 1，第二个循环的变量 j 也是从 1～9 步长为 1，循环体为选择结构，它是用来输出 i*j 的值，所以 j 的值应该小于此时 i 的值，如果将 i 的值赋给 Flag，那么 If 的判断语句为 j<Flag，当满足条件时执行 Then 后面的语句，即输出 i*j 的值，如果不满足则执行 Else 后面的语句，并跳出内循环。其运行结果如图 5-1 所示。

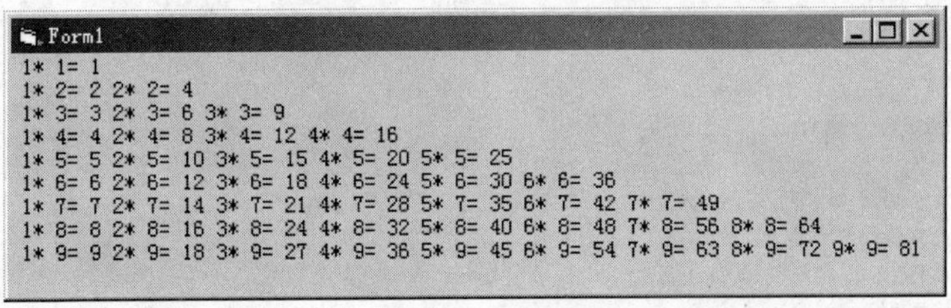

```
Form1
1* 1= 1
1* 2= 2 2* 2= 4
1* 3= 3 2* 3= 6 3* 3= 9
1* 4= 4 2* 4= 8 3* 4= 12 4* 4= 16
1* 5= 5 2* 5= 10 3* 5= 15 4* 5= 20 5* 5= 25
1* 6= 6 2* 6= 12 3* 6= 18 4* 6= 24 5* 6= 30 6* 6= 36
1* 7= 7 2* 7= 14 3* 7= 21 4* 7= 28 5* 7= 35 6* 7= 42 7* 7= 49
1* 8= 8 2* 8= 16 3* 8= 24 4* 8= 32 5* 8= 40 6* 8= 48 7* 8= 56 8* 8= 64
1* 9= 9 2* 9= 18 3* 9= 27 4* 9= 36 5* 9= 45 6* 9= 54 7* 9= 63 8* 9= 72 9* 9= 81
```

图 5-1 运行结果

【答案】（1）Flag=i

（2）j<Flag

9. 下面的程序用于根据文本框 Text 中输入的内容进行以下处理：

若 Text 为 2，4，6，则打印“Text 的值为 2，4，6”；若 Text 的值为 1，3，5，则打印“Text 的值为 1，3，5”；若 Text 的值为 8，9，则打印“Text 的值为 8，9”；否则打印“Text 的值不在范围内”。

```
Private Sub Command1_Click()
    Select Case Val(Text.Text)
      Case(1)
         Print"Text 的值为 2,4,6"
      Case(2)
         Print"Text 的值为 1,3,5"
```

```
        Case(3)
           Print"Text 的值为 8,9"
        Case(4)
           Print"Text 的值不在范围内"
     End Select
End Sub
```

【解析】（1）首先调用 Val（Text.Text）函数将从文本框中得到的字符串转化为数据，将转化来的数据作为情况语句的测试条件。

（2）当输入的是 2，4，6 时，输出是同一个结果，所以要用到“表达式列表”，其中各“表达式”的值为“或”关系，当测试表达式的值与其中之一相同时，就执行该 Case 分支语句。

【答案】（1）2,4,6　（2）1,3,5　（3）8,9　（4）Else

5.2.3 设计题解析

1. 编写程序求一元二次方程 $ax^2+bx+c=0$ 的根，其中 a 不等于 0。

【解析】（1）在求一元二次方程的根时，要使用判别式 b^2-4ac，如果 a 不等于 0，则有以下 3 种情况:

当 $b^2-4ac>0$ 时，方程有两个实根;

当 $b^2-4ac<0$ 时，方程有两个虚根;

当 $b^2-4ac=0$ 时，方程有两个相同的实根。

（2）可调用 InputBox()接受从键盘输入的值，并分别赋给 a、b、c，计算出 b*b−4*a*c 的值，并赋给一个变量 d。

（3）因为要判断 d 的值是否大于等于零，所以要用到 If 语句，因为 d 大于等于零时还有两种情况，所以又要用到 If 语句。

（4）如果 d 的值小于零的话，那么输出的是两个虚根，并且要计算 Sqr (−d)/(2*a)的值来作为虚部。

程序代码如下:

```
Private Sub Command1_Click()
    Dim a As Integer,b As Integer,c As Integer
    a=InputBox("请输入 a 的值")
    b=InputBox("请输入 b 的值")
    c=InputBox("请输入 c 的值")
    d=b*b-4*a*c
    p=-b/(2*a)
    If d>=0 Then
      If d>0 Then
         r=Sqr(d)/(2*a)
         X1=p+r
         X2=p-r
      Else
         X1=p
         X2=p
      End If
      Print "x1=";X1,"x2=";X2
    Else
      q=Sqr(-d)/(2*a)
      Print "x1=";p;"+";q;"i","x2=";p;"-";q;"i"
    End If
End Sub
```

运行程序后，弹出如图 5–2 所示的对话框。输入“1”，单击【确定】按钮，弹出如图 5–3 所示的对话框。输入“2”，单击【确定】按钮，弹出如图 5–4 所示的对话框。最后程序的运行结果如图 5–5 所示。

图 5–2　运行后出现的第一个对话框

图 5–3　运行后出现的第二个对话框

图 5–4　运行后出现的第三个对话框

图 5–5　运行结果

2. 勾股定理中 3 个数字的关系是：$a^2+b^2=c^2$。编写一个程序，输出 30 以内满足上述条件的整数组合，例如 3、4、5 就是一个组合。

【解析】（1）首先，要输出 30 以内满足条件的整数，它可能是其中的任何一个数，所以可以用穷举法一个数一个数地代入到式子中去。如果满足条件，就输出这组数。

（2）先把 a 用循环语句从 1～30 依次寻找满足条件的数，可以用如下语句：

```
For  a=1 To 30
  '满足条件的 b、c
Next a
```

（3）同理，可以写出 b、c 的循环表达式，因为要判断 a、b、c 是否满足条件，所以要用条件语句，如果 $a^2+b^2=c^2$。就输出 a、b、c 的值。所以，可用如下语句：

```
If  a*a+b*b=c*c Then
   Print "a=";a,"b=";b,"c=";c
End If
```

（4）程序代码如下：

```
Private Sub Command1_Click()
    For a=1 To 30
     For b=1 To 30
        For c=1 To 30
           If a*a+b*b=c*c Then
              Print "a=";a,"b=";b,"c=";c
           End If
        Next c
      Next b
    Next a
End Sub
```

程序运行结果如图 5–6 所示。

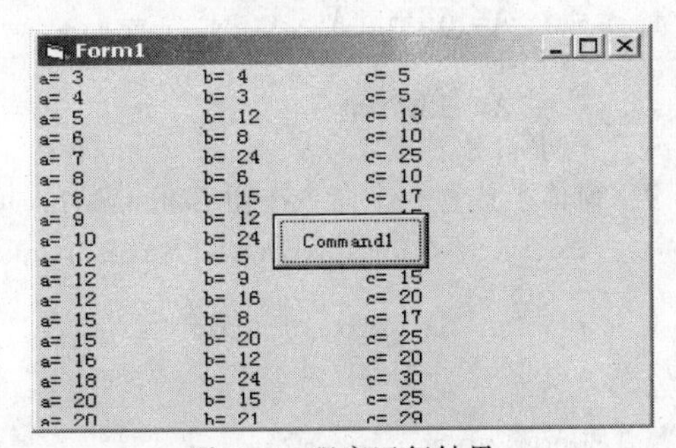

图 5–6　程序运行结果

5.3　习题与解答

一、选择题

1. 当 Visual Basic 执行下面语句后，A 的值为（　　）。

```
A=1
If A>0 Then A=A+1
If A>1 Then A=0
```

A. 0　　B. 1　　C. 2　　D. 3

2. 程序在运行循环“For i=1 to 14 step 3”结束后，i 的值等于（　　）。

A. 16　　B. 13　　C. 14　　D. 15

3. 以下（　　）语句结构是错误的。

A. For…Next　　B. Do…While Loop　　C. For…Loop　　D. Do While…Loop

4. 以下（　　）语句可以跳出 Do Until…Loop 循环。

A. End　　B. Exit Loop　　C. Exit Do　　D. Exit For

5. 对 Do 循环结构的作用说明，正确的是（　　）。

A. 不能用 Do 循环设计出预先知道循环次数的循环

B. While 和 Until 关键字必须选择其中之一

C. While 和 Until 关键字可以同时使用

D. While 和 Until 关键字的作用相反

6. 以下叙述中正确的是（　　）。

A. Select Case 语句中的测试表达式可以是任何形式的表达式

B. Select Case 语句中的测试表达式只能是数值表达式或字符表达式

C. 在执行 Select Case 语句时，所有的 Case 子句都按出现的次序被顺序执行

D. Select Case 的测试表达式会多次计算

7. 关于多分支结构的 Case 语句，下列写法中错误的是（　　）。

A. Case 1,5,Is>10　　B. Case 0 To 10　　C. Case Is>10 And Is<50　　D. Case Is>10

8. 下列程序段（　　）能够正确实现条件：如果 X<Y，则 A=15，否则 A= -15。

A.
```
If X<Y Then A=15
   A=-15
   Print A
```

B.
```
If X<Y Then A=15:Print A
   A=-15:Print A
```

C.
```
If X<Y Then
   A=15:Print A
Else
   A=-15:Print A
End If
```

D.
```
If X<Y Then A=15
Else   A=-15
   Print A
End If
```

9. 窗体上放置一个命令按钮 Command1，单击该按钮后，x 的值是（　　）。

```
Private Sub Command1_Click()
    x=5
    For i=1 To 20 Step 2
       x=x+i\5
    Next i
End Sub
```

A. 21　　B. 22　　C. 23　　D. 24

10. 在窗体中放置一个命令按钮 Command1 和一个文本框 Text1，并编写如下程序：

```
Private Sub Command1_Click()
    x="A":y="B":z="C"
    For i=1 To 2
      x=y:y=z:z=x
    Next i
    Text1.Text=x+y+z
End Sub
```

单击按钮后，文本框显示的结果是（　　）。

A. CBA　　B. BCA　　C. BCB　　D. CBC

11. 在窗体中放置一个命令按钮 Command1 和一个文本框 Text1，并编写如下程序：

```
Private Sub Command1_Click()
    Dim i As Integer,n As Integer
    For i=0 To 50
       i=i+3
       n=n+1
       If i>10 Then Exit For
    Next i
    Text1.Text=Str(n)
End Sub
```

单击按钮后，文本框显示的结果是（　　）。

A. 2　　B. 3　　C. 4　　D. 5

12. 下列程序段执行结果为（　　）。

```
X=2
Y=1
If X*Y<1 Then Y=Y-1 Else Y=-1
Print Y-X>0
```

A. True　　B. False　　C. -1　　D. 1

13. 下列程序段执行结果为（　　）。

```
A=75
If A>60 Then I=1
If A>70 Then I=2
If A>80 Then I=3
If A>90 Then I=4
Print "I=";I
```

A. I=1　　B. I=2　　C. I=3　　D. I=4

14. 下列程序执行后，整型变量 C 的值为（　　）。

```
A=24
B=328
Select Case  B\100
    Case 0
      C=A+B
    Case 1
      C=A*10+B
    Case 2
      C=A*100+B
    Case 3
      C=A*1000+B
End Select
```

A. 537　　B. 2 427　　C. 24 328　　D. 240 328

15. 在窗体上添加一个名称为 Command1 的命令按钮和一个名称为 Label1 的标签，然后编写如下事件过程：

```
Private Sub Command1_Click()
    s=0
    For i=1 To 15
       x=2*i-1
       If x Mod 3=0 Then s=s+1
    Next i
    Label1.Caption=s
End Sub
```

程序运行后，单击命令按钮，则标签中显示的内容是（　　）。

A. 1　　B. 5　　C. 27　　D. 45

16. 下列程序段的执行结果为（　　）。

```
A=0
B=1
Do
   A=A+B
   B=B+1
Loop while A<10
Print A;B
```

A. 10　5　　B. 50　10　　C. 20　30　　D. A　B

二、填空题

1. 结构化程序设计包括 3 种基本结构：________、________和________。
2. 设 a=6，则执行下面的语句后，x 的值是________。

```
x=IIf(a>5,-1,0)
```

3. 以下循环结构中循环执行了________次。

```
j=10
Do While j>=1
   j=j-1
Loop
```

4. 下面程序运行后输出的结果依次是________、________。

```
Private Sub Command1_Click()
    Dim A
    For J=1 To 10
       A=J^2
    Next J
    Print A;J^2
End Sub
```

5. 下面程序段在窗体上输出的内容是________。

```
Dim A As Integer
A=20
Do While A>0
    A=A-3
    A=IIf(A\5=A/5,A+2,A)
Loop
Print A
```

6. 在下面的程序中，要求循环体执行4次，请填空。

```
Private Sub Command1_Click()
    X=1
    Do While _____
      X=X+2
    Loop
End Sub
```

7. 下列程序运行的结果为________，执行完程序循环了________次。

```
Dim i As Integer,j As Integer
Dim Sum As Integer
For i=1 To 17 Step 2
    For j=1 To 3 Step 2
      Sum=Sum+j
    Next j
Next i
Print Sum
```

8. 运行下面的程序，单击窗体后在窗体上显示的内容是________；若将程序中的A语句与B语句的位置互换，再次执行程序，单击窗体后在窗体上显示的内容是________。

```
Private Sub Form_Click()
    Dim x As Integer,y As Integer
    x=1:y=0
    Do while x<3
      y=y+x                  'A语句
      x=x+1                  'B语句
    Loop
    Print x,y
End Sub
```

9. 以下程序用于判断输入的年份是否为闰年。如果能被4整除但不能被100整除，或者年份能被400整除，则该年份为闰年，否则不是闰年。

```
Private Sub Command1_Click()
   Y=InputBox("请输入年份")
   If ________ Then
      Print  Y&"年为闰年"
   Else
      Print  Y&"年不是闰年"
   End If
End Sub
```

10. 下列程序的功能是：输出100以内能被3整除且个位数为6的所有整数，但程序不完整，请在空白处填上正确的数据或语句。

```
Private Sub Command1_Click()
   Dim M As Integer,N As Integer
   For M=0 To ________
     N=M*10+6
     If ________Then  Print N
   Next M
End Sub
```

三、设计题

1. 采用循环结构编写一个程序：利用 InputBox()函数打开输入对话框输入一周七日的温度数据，经计算后通过 MsgBox()函数输出一周的平均温度。
2. 输入两个整数，计算它们的最大公因数。
3. 编写程序，计算 $1^2+2^2+3^2+\cdots+100^2$，程序运行效果如图 5-7 所示。
4. 设计一个程序，输入任意一个整数，输出其位数。读者可自己再采用 If...Else 判断结构和 Select 分支结构分别实现。
5. 编写程序，将任意输入的 3 个数字按照从小到大的顺序输出。程序运行效果如图 5-8 所示。

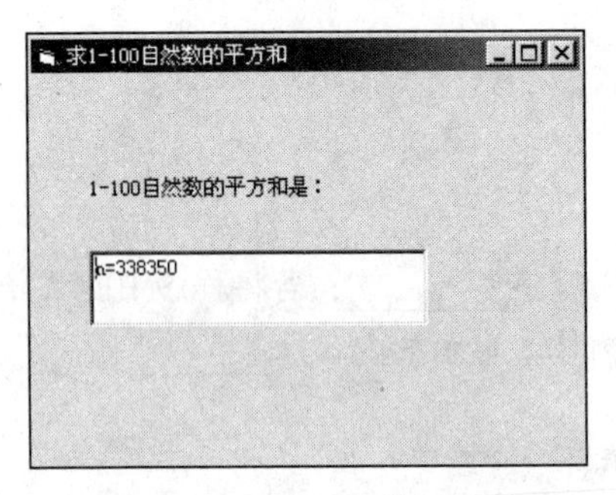

图 5-7 设计题 3 参考界面

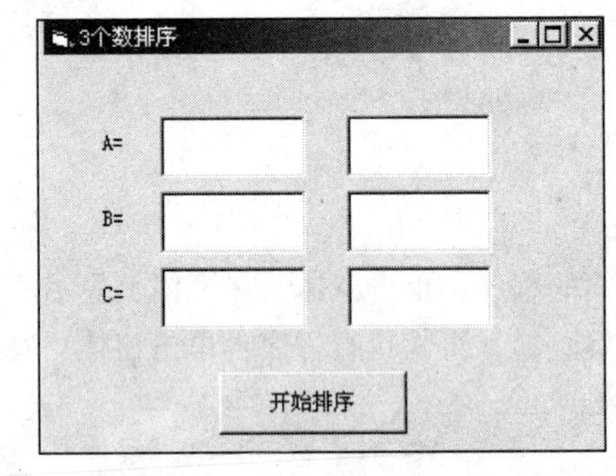

图 5-8 设计题 5 参考界面

6. 单击窗体，使用 Select Case 结构将一年中的 12 个月份分成 4 个季节，并使用 Print 语句输出。
7. 在窗体上有两个按钮【奇数和】和【偶数和】。要求程序运行后，输入正整数 *n*，然后分别单击各个按钮，可以计算 1～*n* 之间的奇数和与偶数和，并将结果显示在窗体的两个文本框中。程序运行效果如图 5-9 所示。
8. 设计如图 5-10 所示的窗体，利用文本框接受学生姓名和 5 门课成绩，单击【计算并输出】按钮，显示相关判断结果。

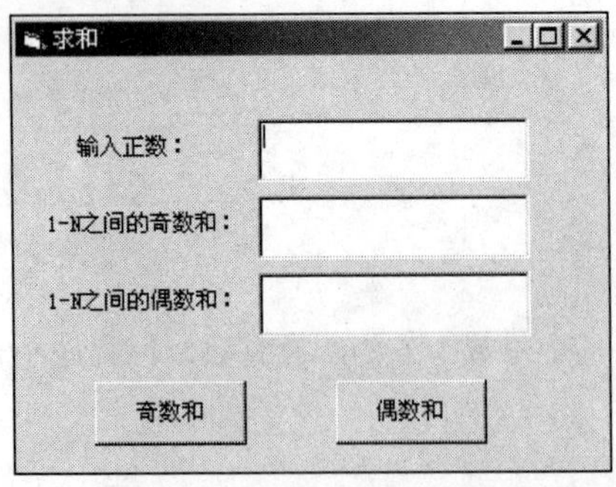

图 5-9 设计题 7 参考界面

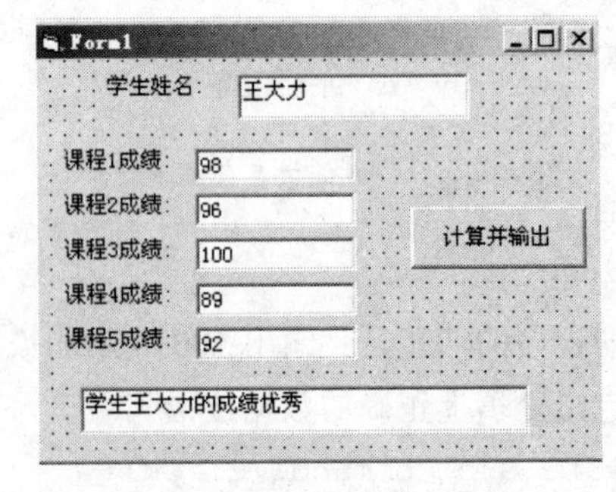

图 5-10 设计题 8 参考界面

判断条件为 5 门课程符合下列条件之一的为成绩优秀：

（1）5 门课成绩总分超过 450 分。

（2）每门课都在 88 分以上。

（3）每门主课（前 3 门）的成绩都在 95 分以上，每门非主课（其他两门）成绩在 80 分以上。

9. 为铁路编写计算运费的程序。假设铁路托运行李，规定每张客票托运的计算方法是：行李重量不超过 50 千克时，每千克 0.25 元；超过 50 千克而不超过 100 千克时，其超过部分每千克 0.35 元；超过 100 千克时，其超过部分每千克 0.45 元。要求输入行李重量，计算并输出托运的费用。

习题解答

一、选择题

1. A　2. A　3. C　4. C　5. B　6. B　7. C　8. C　9. A　10. D
11. B　12. B　13. B　14. C　15. B　16. A

二、填空题

1. 顺序结构；条件结构；循环结构　2. –1　3. 10　4. 100；121
5. –2　6. X<8　7. 36；18　8. 3　3；3　5
9. (Val(Y) Mod 4=0 And Val(Y) Mod 100 <> 0) Or (Val(Y) Mod 400 = 0)　10. 9；N Mod 3 = 0

三、设计题

1. 程序代码如下：

```
'装载窗体，输入每天的温度并计算周平均温度
Private Sub Form_Load()
    Dim counter As Integer
    Dim n1 As Integer
    Dim n2 As Integer
    Dim n3 As Integer
    Dim n4 As Integer
    Dim n6 As Integer
    Dim n7 As Integer
    For counter=1 To 7
      Select Case (counter)
        Case 1
          n1=InputBox("请输入周一的温度: ")
        Case 2
          n2=InputBox("请输入周二的温度: ")
        Case 3
          n3=InputBox("请输入周三的温度: ")
        Case 4
          n4=InputBox("请输入周四的温度: ")
        Case 5
          n5=InputBox("请输入周五的温度: ")
        Case 6
          n6=InputBox("请输入周六的温度: ")
        Case 7
          n7=InputBox("请输入周日的温度: ")
      End Select
    Next
    MsgBox("这周的平均温度是: "&(n1+n2+n3+n4+n5+n6+n7)/7&"度。")
End Sub
'单击【确定】按钮关闭窗体
Private Sub Command1_Click()
    Unload Me
End Sub
```

界面设计及运行效果如图 5-11 所示。

2. 程序代码如下：

```
'装载窗体，输入两个整数并求它们的公因数
Private Sub Form_Load()
    Dim n1 As Integer '用于记录第一个输入的整数
    Dim n2 As Integer '用于记录第二个输入的整数
    Dim gys As Integer'用于记录最大公因数
    Dim n As Integer   '用于设置循环次数
    Dim counter As Integer
    n1=InputBox("请输入第一个整数: ")
    n2=InputBox("请输入第二个整数: ")
    gys=1
    If(n1<n2) Then
      n=n1
    Else
      n=n2
    End If
    For counter=2 To n
      If(n1 Mod counter=0) And (n2 Mod counter=0) Then
        gys=counter
      End If
    Next
    Text1=gys
End Sub
'单击【确定】按钮关闭窗体
Private Sub Command1_Click()
    Unload Me
End Sub
```

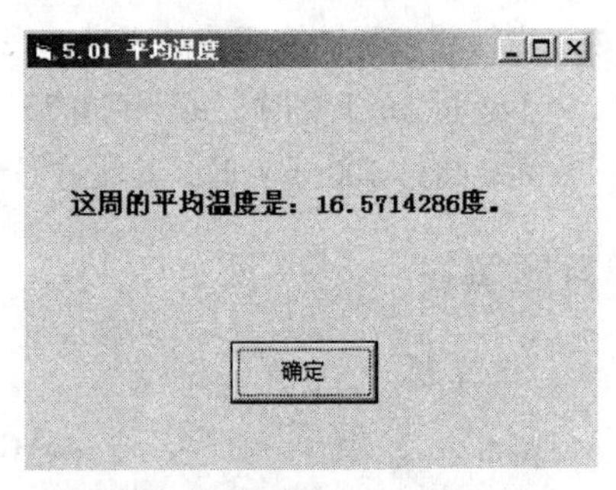

图 5-11　设计题 1 设计效果

界面设计及运行效果如图 5-12 所示。

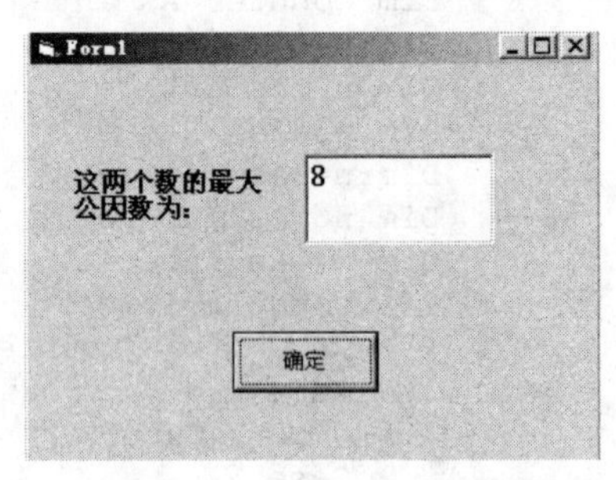

图 5-12　设计题 2 设计效果

3. 程序代码如下：

```
'装载窗体，开始计算
Private Sub Form_Load()
    Dim sum As Double
    Dim counter As Integer
    For counter=1 To 100
      sum=sum+counter*counter
    Next
    Text1="n="&sum
End Sub
```

界面设计及运行效果见图 5-7。

4. 程序代码如下：

```
'单击【计算位数】按钮统计其位数
Private Sub Command1_Click()
    Dim n As Double
    Dim counter As Integer
    n=Val(Text1)
    Do While n>=1'每次用 10 整除 n，当 n<1 时表明位数除尽
      n=n/10
      counter=counter+1
    Loop
    Text2=counter
End Sub
```

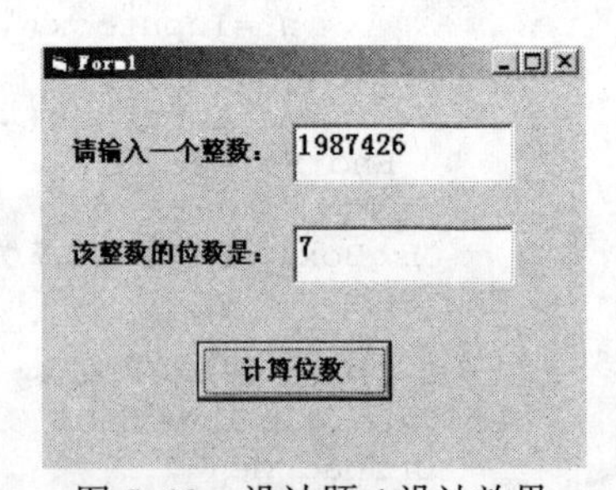

图 5-13　设计题 4 设计效果

界面设计效果如图 5-13 所示。

5. 程序代码如下：

```
'单击【开始排序】按钮，将输入的三个数排序
Private Sub Command1_Click()
   Dim a As Integer
   Dim b As Integer
   Dim c As Integer
   Dim max As Integer          '用于记录最大值
   Dim mid As Integer          '用于记录中间值
   Dim min As Integer          '用于记录最小值
   a=Val(Text1)
   b=Val(Text2)
   c=Val(Text3)
   If(a>b) Then
     max=a
     min=b
     If(a<c) Then
       max=c
       mid=a
     Else
       If(b<c) Then
         mid=c
       Else
         mid=b
         min=c
       End If
     End If
   End If
   If(b>a) Then
     max=b
     min=a
     If(b<c)Then
       max=c
       mid=b
     Else
       If(a<c)Then
         mid=c
       Else
         mid=a
         min=c
       End If
     End If
   End If
   Text4=min
   Text5=mid
   Text6=max
End Sub
```

界面运行效果如图 5-14 所示。

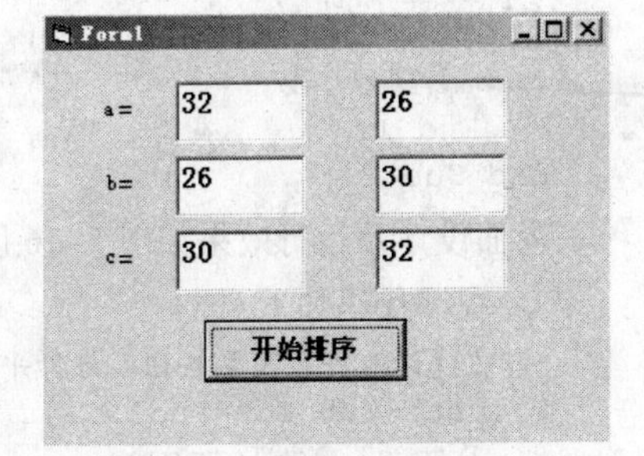

图 5-14　设计题 5 设计效果

6. 程序代码如下：

```
'单击窗体
Private Sub Form_Click()
   Dim a As Integer
   a=InputBox("请输入月份: ")
   Select Case a
```

```
      Case 1,2,12
         Print "该月是冬季。"
      Case 3 To 5
         Print "该月是春季。"
      Case 6 To 8
         Print "该月是夏季。"
      Case 9 To 11
         Print "该月是秋季。"
   End Select
End Sub
```

界面设计及运行效果如图 5-15 所示。

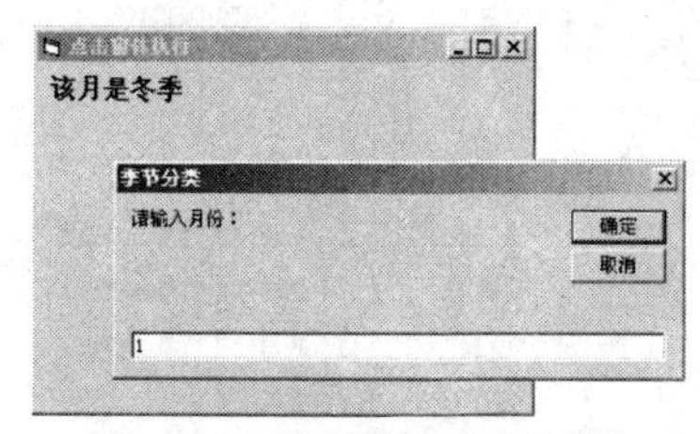

图 5-15 设计题 6 设计效果

7. 程序代码如下：

```
'单击【奇数和】按钮，计算奇数和
Private Sub Command1_Click()
   Dim n As Integer
   Dim a As Double
   n=Val(Text1)
   If(n Mod 2=1) Then
      a=(1+n)*((n-1)/2+1)/2              '等差数列求和公式
      Text2=a
   Else
      a=n*((n-2)/2+1)/2                  '等差数列求和公式
      Text2=a
   End If
End Sub

'单击【偶数和】按钮，计算偶数和
Private Sub Command2_Click()
   Dim n As Integer
   Dim b As Double
   n=Val(Text1)
   If(n Mod 2=0) Then
      b=(2+n)*((n-2)/2+1)/2
      Text3=b
   Else
      b=(1+n)*((n-3)/2+1)/2
      Text3=b
   End If
End Sub
```

界面设计及运行效果如图 5-16 所示。

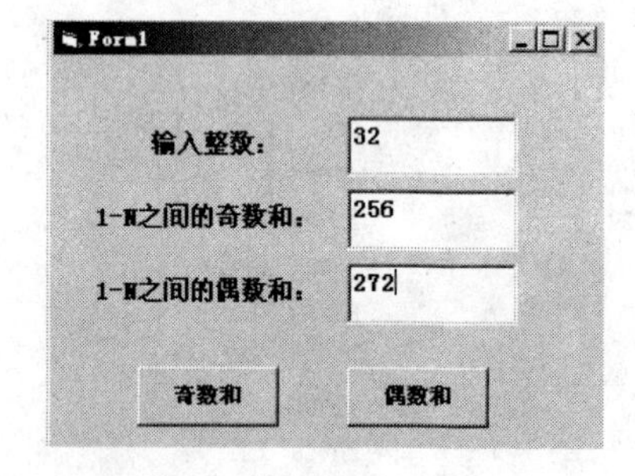

图 5-16 设计题 7 设计效果

8. 程序代码如下：

```
'单击【计算并输出】按钮，计算平均成绩
Private Sub Command1_Click()
   Dim a1 As Integer
   Dim a2 As Integer
   Dim a3 As Integer
   Dim a4 As Integer
   Dim a5 As Integer
   a1=Text1
   a2=Text2
   a3=Text3
   a4=Text4
   a5=Text5
```

```
    If(a1+a2+a3+a4+a5>=450) Or(a1>=88 And a2>=88 And a3>=88 And a4>=88 And_
    a5>=88)  Or (a1>=95 And a2>=95 And a3>=95 And a4>=80 And a5>=80) Then
                                             '定义优秀的评判标准
       Text7="学生"&Text6&"的成绩优秀"
    Else
       Text7="学生"&Text6&"的成绩一般"
    End If
End Sub
```

界面设计及运行效果见图 5-10。

9. 程序代码如下：

```
'单击【计算并输出】按钮，计算运费
Private Sub Command1_Click()
    Dim n As Integer
    Dim a As Integer
    n=Val(Text1)
    Select Case n
       Case Is<=50
         a=0.25*n
         Text2=a
       Case 50 To 100
         a=12.5+(n-50)*0.35
         Text2=a
       Case Is>=100
         a=12.5+16.5+(n-100)*0.45
         Text2=a
    End Select
End Sub
```

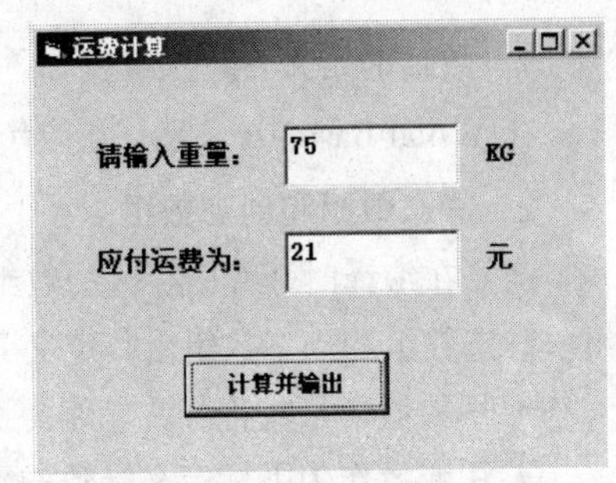

图 5-17 设计题 9 设计效果

界面设计及运行效果如图 5-17 所示。

第6章 数　组

6.1 本章知识要点

1. 数组的定义

在 Visual Basic 中，把一组具有同一名字、不同下标的变量称为数组，一般形式为 S(n)。

2. 静态数组和动态数组

需要在编译时开辟内存区的数组叫做静态数组，需要在运行时开辟内存区的数组叫做动态数组。静态数组和动态数组由其定义方式决定，即：

- 用数值常量或符号常量作为下标定义维数的数组是静态数组。
- 用变量作为下标定义维数的数组是动态数组。

3. 数组元素的声明

在使用一个数组之前，首先需要声明，静态数组声明的语法如下：

```
Dim 数组名 ([下界 To]上界])  As  数据类型
```

动态数组声明的语法如下：

```
Dim  stuName()  As  String
```

使用 ReDim 语句可以改变原来已经声明过的动态数组的大小。

4. 数组元素的赋值

数组元素一般通过 For 循环语句或 InputBox()函数输入进行赋值。多维数组元素可以通过多重循环来实现赋值。

5. 数组元素的输出

数组元素的输出可以用 Print 方法来实现。

6. For Each…Next 语句

For Each…Next 语句类似于 For…Next 语句，它们都可用来执行指定重复次数的一组操作，但 For Each…Next 语句专门用于数组或对象“集合”，一般格式如下：

```
For Each 成员 In 数组
   循环体
   [Exit For]
   …
Next[成员]
```

7. 二维数组

二维数组就是一个矩阵，通过行和列来标识一个元素，在括号中包含了两个维数的上下界。二维数组的声明与一维数组相似。

8. 控件数组

控件数组由一组相同类型的控件组成，这些控件共用一个相同的控件名字，具有同样的属性设置。数组中的每个控件都有唯一的索引号（index number），即下标，以此来区分不同的数组元素。其所有元素的 Name 属性必须相同。

6.2 典型例题解析

6.2.1 选择题解析

1. 以下属于 Visual Basic 合法的数组元素是（　　）。

A. x8　　B. x[8]　　C. x(0)　　D. x{6}

【解析】 在 Visual Basic 中，数组元素一般表示形式为：x(整数)，括号中的整数是一个确定值，而且数组名 x 后的圆括号不能少，也不能由其他括号代替。

【答案】 C

2. 下面的数组声明语句中，正确的是（　　）。

A. Dim MA[1,5] As String　　B. Dim MA[1To5,1To5] As String

C. Dim MA(1To5) As String　　D. Dim MA(1:5,1:5) As String

【解析】 此题要求掌握确定数组上、下界的方法。

数组无论是一维还是二维，或以后遇到更多维，其缺省下界都为 0。但有时为了方便，用户可以自定义数组的上、下界，那就得用关键字 To 来设置。例如，x(2 To 4)，其含义就是有一个名为 x、上界为 4、下界为 2 的数组，有关其他数组格式要求同上题。

【答案】 C

3. 设有声明语句：

```
Option Base 0
Dim B(-1 To 10,2 To 9,20) As Integer
```

则数组 B 中全部元素的个数为（　　）。

A. 2 016　　B. 2 310　　C. 1 800　　D. 1 848

【解析】 从题目的 Dim B(-1 To 10,2 To 9,20) As Integer 中，可以发现数组 B 是一个三维数组，而由第 2 题可知数组缺省下界时，都默认为 0，所以要计算数组 B 中的元素个数十分容易。表达式如下：

$(10-(-1)+1)\times(9-2+1)\times(20-0+1)=2016$

【答案】 A

4. 下列程序段的执行结果为（　　）。

```
Dim A(5)
For I=1 To 5
  A(I)=I*I
```

```
Next I
Print A(I-1)
```

A. 5　　B. 25　　C. 0　　D. 16

【解析】 程序段开始时声明了一个数组 A，其长度为 5。

通过 For...Next 语句为数组 A 赋值，最后程序要输出的是 A(I–1)的值。可以看出当 I=4 时，A(4)=16；而 I 自增 1 为 5 时，A(5)=25；继续执行循环体，I 值变为 6，而 6 大于 5，所以程序跳出循环体，继续执行以下程序语句 Print A(I–1)。因为，此时 I 值为 6，所以 I–1=5，即要输出的是 A(5)的值，即 25。

【答案】 B

5. 执行以下 Command1 的 Click 事件过程在窗体上显示（　　）。

```
Option Base 0
Private Sub Command1_Click()
    Dim a
    a=Array("a","b","c","d","e","f","g")
    Print a(1);a(3);a(5)
End Sub
```

A. abc　　B. bdf　　C. ace　　D. 出错

【解析】 在 Visual Basic 中，一般可用 Array()函数进行数组初始值的输入，格式如下：

```
数组名=Array(要输入的值)
```

本题中声明的数组 a，默认下界为 0，即数组第一个元素为 a(0)。所以，当程序调用 Array()函数后，a(0)=a，a(1)=b，a(2)=c，a(3)=d，a(4)=e，a(5)=f，a(6)=g。不难看出最后 Print 语句要输出的是 a(1)、a(3)和 a(5)的值，即 b、d 和 f，如图 6–1 所示。

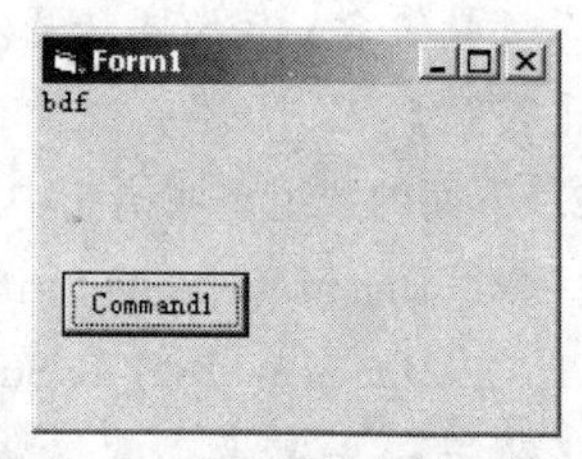

图 6–1　程序输出的字母

【答案】 B

6. 设执行以下程序段时依次输入 1、3、5，执行结果为（　　）。

```
Dim a(4) As Integer,b(4) As Integer
For k=0 To 2
   a(k+1)=Val(InputBox("请输入数据:"))
   b(3-k)=a(k+1)
Next k
Print b(k)
```

A. 1　　B. 3　　C. 5　　D. 0

【解析】 此程序段开始时声明了两个整型数组 a 和 b，其长度均为 4。

程序通过 For...Next 语句结构为这两个数组赋值：a(k+1)=Val(InputBox("请输入数据:"))，b(3–k)=a(k+1)。

（1）当 k=0 时，输入 1，a(1)=1，b(3)=1。

（2）当 k=1 时，输入 3，a(2)=3，b(2)=3。

（3）当 k=2 时，输入 5，a(3)=5，b(1)=5。

（4）当 k=3 时，中断循环，执行 Print 语句，即要求输出 b(k)的值，而 k 的当前值为 3，即要输出的是 b(3)的值为 1。

【答案】 A

7. 下列程序段的执行结果是（　　）。

```
Dim A(10),B(5)
For I=1 To 10
   A(I)=I
Next I
For J=1 To 5
   B(J)=J*20
Next J
A(5)=B(2)
Print "A(5)= ";A(5)
```

A. A(5)=5　　B. A(5)=10　　C. A(5)=20　　D. A(5)=40

【解析】 程序段开始时声明了数组 A，其下标上界为 10；数组 B，其下标上界为 5。

此程序段是用两个 For…Next 语句结构分别为数组 A 和 B 赋值。可以看到最后要输出的数值是 A(5)的值，而其上一条语句 A(5)=B(2)表明此时 A(5)的值是由 B(2)赋予的。所以，只需看第二个 For…Next 语句结构。现在来分析一下第二个 For…Next 语句的运行情况。

（1）当 J=1 时，B(1)=20;

（2）当 J=2 时，B(2)=40;

……

程序段执行完 For…Next 语句后，执行 A(5)=B(2)，即此时 A(5)值为 40，所以最后输出的结果为 A(5)=40。

【答案】 D

8. 下列程序段的执行结果为（　　）。

```
Dim M(2)
For I=1 To 2
   M(I)=0
Next I
k=2
For I=1 To k
  For J=1 To k
     M(J)=M(I)+1
     Print M(k)
  Next J
Next I
```

A.	B.	C.	D.
1	1	0	0
2	2	2	1
2	3	2	2
3	4	3	3

【解析】 此程序段采用的是嵌套 For…Next 语句结构为数组 M 赋值，具体运行步骤如下:

（1）开始时，程序用了一个 For…Next 语句结构为数组 M 每个元素都赋值 0;

（2）执行下一个 For…Next 嵌套结构。

① I=1 时，J=1，M(1)=1，输出 M(k)，即 M(2)的值，由步骤（1）可知此时 M(2)的值为 0。

② I=1 时，J=2，M(2)=2，输出 M(k)，即 M(2)的值，可知此时 M(2)的值为 2。

③ I=2 时，J=1，M(1)=3，输出 M(k)，即 M(2)的值，还是 2。

④ I=2 时，J=2，M(2)=3，输出 M(k)，即 M(2)的值，此时 M(2)的值变为 3。

由如上步骤可以看出，此程序段执行结果应为 0，2，2，3。

【答案】 C

6.2.2 填空题解析

1. 写出下列程序段的功能________。

```
Dim Max As Integer,iMax As Integer
Max=iA(1):iMax=1:sum=iA(1)
For I=2 To 10
  sum=sum+iA(I)
  If iA(I)>Max Then
    Max=iA(i)
    iMax=i
  End If
Next i
```

【解析】（1）程序首先定义了两个变量，从它们的英文意思来看是“最大”的意思，并将 iA(1)赋给 Max 及 sum，将 1 赋给 iMax。

（2）在 For 循环中，变量的初值为 2，终值为 10，在循环体中，将 sum 的值与 iA(i)的值相加后赋给 sum，当 I 从 2～0 循环一次后可知 sum 中的值为数组各元素之和。

（3）在循环体中，如果 iA(i)的值比 Max 的值大，就将 iA(i)的值赋给 Max，并将它的下标赋给 iMax，执行完循环后 Max 中的值为数组中的最大值，iMax 为最大值的下标。

运行结果如图 6-2 所示。

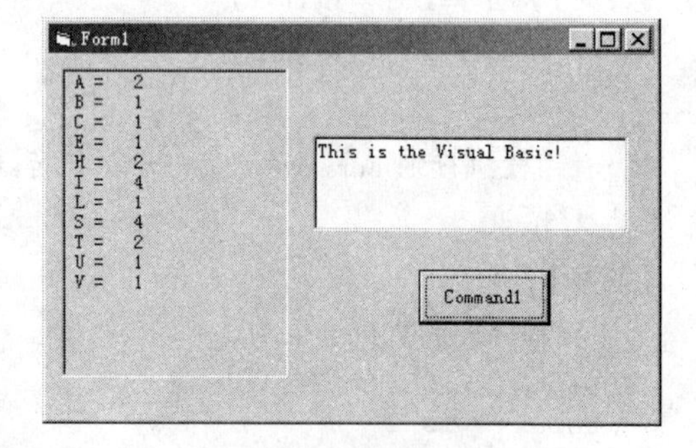

图 6-2 运行结果

【答案】 求数组各元素之和、最大值及下标

2. 下面程序段是有选择地排序：对已知存放在数组中的几个数，有选择地按递增顺序排序，请填空完成程序段。

```
For i=0 To n-1
  iMin=i
  For j=i+1 To n
    If iA(j)<iA(iMin) Then (1)
  Next j
  (2)
  iA(i)=iA(iMin)
  iA(iMin)=t
Next i
```

【解析】（1）对有几个数的序列，从中选出最小的数，与第一个数交换位置。在程序中将 1 赋给 iMin，在第二个循环体中，比较 iA(iMin)是否大于 iA(i)，如果是的话，那么 iA(i)是前 j 个元素中最小的数，将 j 的值赋给 iMin，那么 iA(iMin)即为前 j 个元素中最小的数。

（2）当第二个循环执行完后，iMin 即为最小的数的下标，iA(iMin)即为将 iA(iMin)与 iA(1)相互交换后的 iA(1)得到的值，为最小值，因为要将 iA(iMin)的值赋给 iA(1)，首先要将 iA(i)的值保存起来，所以第二个横线处应为 t=iA(i)。

【答案】（1）t=iA(j):iA(j)=iA(iMin):iA(iMin)=t （2）t=iA(i)

3. 写出下面程序的运行结果________。

```
Option Base 1
Private Sub Command1_Click()
    Dim aa As Variant
    Myweek=Array("Mon","Tue","Wed","Thu","Fri","Sat","Sun")
    myday2=MyWeek(2)
    myday3=MyWeek(4)
    Print myday2,myday3
    aa=Array(1,2,3,4,5,6)
    For I=1 To 6
       Print aa(i);
    Next i
End Sub
```

【解析】（1）因为程序第一行有 Option Base 语句，所以所有数组的下标都是从 1 开始的。

（2）程序调用 Array()给 MyWeek 赋值，Array()函数是用来为数组元素赋值的，即把一个数据集读入某个数组，MyWeek 被称为“数组变量”，因为它作为数组使用，但作为变量定义，它既没有维数，也没有上、下界。“数组元素值”是需要赋给数组各元素的值。各值之间以逗号分开。

（3）MyWeek(2)即是 MyWeek 的第二个元素，因为上面调用 Array()为 MyWeek 赋值，所以 MyWeek(2)的值为“Tue”，程序将它赋给变量 myday2，同时 myday3 的值为“Thu”。

（4）程序再次调用 Array()为数组 aa 赋值，并用 For 循环语句将数组 aa 各元素的值输出。

【答案】 Tue Thu 1 2 3 4 5 6 7

4. 在窗体上添加一个命令按钮（其 Name 属性为 Command1），然后编写如下代码：

```
Private Sub Command1_Click()
    Dim n() As Integer
    Dim a,b As Integer
    a=InputBox("Enter the first number")
    b=InputBox("Enter the Second number")
    ReDim n(a to b)
    For k=Lbound(n,1) To Ubound(n,1)
       n(k)=k
       Print"n(";k;")=";n(k)
    Next k
End Sub
```

输入“2”、“3”，其输出结果为________。

【解析】（1）程序通过调用 InputBox()函数分别给 a、b 赋值，并且输出赋值提示框，然后调用 ReDim n (a To b)定义数组，因为输入的值分别是 2、3，所以数组只是 n(2)和 n(3)两个元素。

（2）在 For 循环语句中变量 k 的初始值和终止值分别是数组的上界和下界，它们分别调用 LBound()和 Ubound()，这两个函数分别返回一个数组指定值的下界和上界。LBound()函数返回“数组”某一“维”的下界值，而 Ubound()函数返回“数组”某一“维”的上界值。

（3）在循环体中为数组 n(k)赋值 k，所以 n(2)的值是 2，而 n(3)的值是 3，给一个元素赋值后，接着就是输出该元素的值。

【答案】 n(2)=2 n(3)=3

5. 在窗体上添加一个命令按钮（其 Name 属性为 Command1），然后编写如下代码，其输出结果是________。

```
Private Sub Command1_Click()
   Dim M(10) As Integer
   For k=1 To 10
     M(k)=12-k
   Next k
   x=6
   Print M(2+m(x))
End Sub
```

【解析】（1）程序首先定义了一个含有 11 个元素的数组 M，并且定义它为 Integer 型。

（2）程序用 For 循环语句为数组赋值，并且规定数组 M 的上界为 1，且 M(k)的值为 12–k。

（3）当 x 的值为 6 时，M(6)=12–6=6，所以 M(2+M(x))=M(2+6)=M(8)=4，所以程序调用 Print 函数输出的结果是 4。

【答案】 4

6.2.3 设计题解析

1. 建立含有 3 个命令按钮的控件数组，当单击某个按钮时，分别执行不同的操作。

【解析】（1）在窗体上建立一个命令按钮，并将其 Name 属性设置为 Comtest，然后选择【编辑】→【复制】命令和【粘贴】命令复制两个命令按钮。

（2）将第一、第二、第三个命令按钮的 Caption 属性分别设置为“命令按钮 1”、“命令按钮 2”、“退出”，如图 6–3 所示。

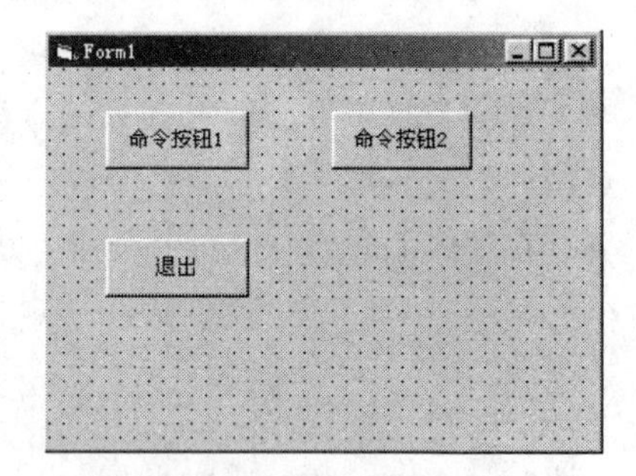

图 6–3 设置按钮名称

（3）双击任意一个命令按钮，打开代码窗口，输入程序。

（4）所建立的控件数组包括 3 个命令按钮，基本下标（Index 属性）分别为 0、1、2。第一个命令按钮的 Index 属性为 0。因为，当单击第一个命令按钮时，执行的是下标为 0 的数组元素的操作，所以可以用条件块语句，用它来判断 Index 的值为 0、1 还是其他。

（5）程序代码如下：

```
Private Sub Comtest_Click(Index As Integer)
   FontSize=12
   If Index=0 Then
      Print "单击第一个按钮"
   ElseIf Index = 1 Then
      Print "单击第二个按钮"
   Else
      End
   End If
End Sub
```

程序及运行结果如图 6–4 所示。

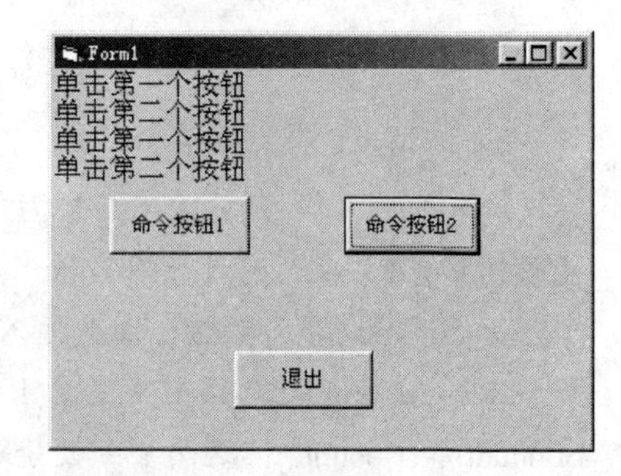

图 6–4 运行结果

2. 编写程序，实现单击命令按钮 Command1 时，形成并输出一个主对角线上元素值为 A，其他元素值为 B 的 9*9 阶方阵。

【解析】（1）设方阵是一个 X 的二维数组，其中 I 代表行。它由 1～9 个数组成，J 代表列，也从 1～9。其中，主对角线上的值为 A，其他对角线上的值为 B。

（2）这里使用了两层循环，使用变量J作为内层循环，变量I作为外层循环。

（3）程序代码如下：

```
Private Sub Command1_Click()
    Dim X(9,9)
    For i=1 To 9
        For j=1 To 9
           If i=j Then
             X(i,j)="a"
           Else
             X(i,j)="b"
           End If
           Print X(i,j);
        Next j
        Print
    Next i
End Sub
```

运行结果如图6-5所示。

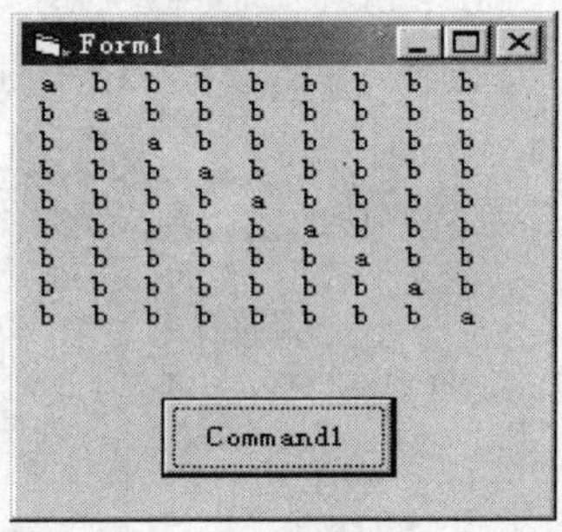

图6-5　输出方阵

6.3　习题与解答

一、选择题

1. 对于Dim X(0 to 4, 4 to 5)，数组X中可以存放（　　）个元素。

   A. 6　　B. 8　　C. 10　　D. 20

2. 下面（　　）语句声明的数组不是动态数组。

   A. Dim X()　　B. Dim X(5)　　C. ReDim X(10)　　D. 以上都不是

3. 要访问数组中的所有元素，通常会使用（　　）。

   A. For…Next　　B. Do…While Loop　　C. For Each…Next　　D. A和C

4. 下面的数组声明语句中（　　）是正确的。

   A. Dim A[3,4] As Integer　　B. Dim A(3,4) As Integer

   C. Dim A[3;4] As Integer　　D. Dim A(3:4) As Integer

5. 在以下的For Each…Next 循环中，A只能是（　　）

```
Dim X(15)
  …
For Each A In X
   Print A;
Next A
```

   A. 已经声明的静态数组　　B. 已经声明的动态数组

   C. Variant类型的变量　　D. 整型变量

6. 使用复制、粘贴的方法建立一个命令按钮数组 Command1，以下对该数组的说法中错误的是（　　）。

   A. 所有命令按钮的Caption属性都是Command1

   B. 在代码中访问任意一个命令按钮只需使用名称Command1

   C. 命令按钮的大小都相同

   D. 命令按钮共享相同的事件过程

7. 在窗体上用复制、粘贴的方法建立了一个命令按钮数组，数组名为 M1，设窗体 Form1 标题为 Myform1，双击控件数组中的第三个按钮，打开代码编辑器，输入如下代码：

```
Private Sub M1_Click(Index As Integer)
   Form1.Caption="Myform2"
End Sub
```

运行时，单击按钮数组中的第一个按钮，则窗体标题为（　　）。

A. Form1　　B. M1　　C. Myform1　　D. Myform2

8. 下列程序段的执行结果为（　　）。

```
Dim M(10)
For I=0 To 10
  M(I)=2*I
Next I
Print M(M(3))
```

A. 12　　B. 6　　C. 0　　D. 4

9. 阅读下面程序，运行结果为（　　）。

```
Option Base 1
Private Sub Form_Load()
   Dim a(10) As Integer,p(3) As Integer
   Dim i As Integer,k As Integer
   k=5
   For i=1 To 10
     a(i)=i
   Next
   For i=1 To 3
     p(i)=a(i*i)
   Next
   For i=1 To 3
     k=k+p(i)*2
   Next
   Print k
End sub
```

A. 33　　B. 28　　C. 35　　D. 37

10. 下列程序段的执行结果为（　　）。

```
Dim M(10),N(10)
  I=3
  For T=1 To 5
    M(T)=T
    N(I)=2*I+T
  Next T
Print N(I);M(I)
```

A. 3　11　　B. 3　15　　C. 11　3　　D. 15　3

11. 下列程序段的执行结果为（　　）。

```
Dim A(10,10)
For I=2 To 4
  For J=4 To5
    A(I,J)=I*J
  Next J
Next I
Print A(2,5)+A(3,4)+A(4,5)
```

A. 22　　B. 42　　C. 32　　D. 52

12. 阅读以下程序，执行该程序后，数组 A 和数组 B 的值分别是（ ）。

```
Private Sub Form_Click()
    Dim A(100),B(100)
    For I=1 To 100
       A(I)=I
    Next I
    For I=1 To 100
       B(I)=A(I)+A(I-1)
    Next I
End Sub
```

A. 数组 A 和数组 B 各存储 1～100 的自然数

B. 数组 A 存储 1～100 的自然数，数组 B 存储 101～200 的自然数

C. 数组 A 存储 1～100 的自然数，数组 B 存储 1～199 的奇数

D. 数组 A 存储 1～100 的自然数，数组 B 存储 2～200 的偶数

二、填空题

1. 设有数组声明语句：

```
Option Base 1
Dim a(2,-1 to 1)
```

以上语句所定义的数组 a 为________维数组；第一维下标从________到________；第二维下标从________到________。共有________个元素。

2. 设某个程序中要用到一个二维数组，要求：数组名为 A，类型为字符串类型，第一维下标从 1 到 5，第二维下标从-2 到 6，则相应的数组声明语句为________。

3. 定义动态数组需要分两步进行，首先在模块级或过程级定义一个没有下标的数组，然后在________使用________语句定义数组的实际元素个数。

4. 下面语句定义的数组中各有多少个元素，请在横线处填写。

（1）Dim a(12) ________________

（2）Dim b(3 To 5,-2 To 2) ________________

（3）Option Base 1

Dim c(3,3) ________________

（4）Option Base 1

Dim d(-8 To -2, 4) ________________

5. 设有数组声明语句：

```
Option Base 1
Dim a(-1 to 2)
```

则函数 LBound(a)的值为________，函数 UBound(a)的值为________。

6. 控件数组的名称由________属性指定，而数组中的每个元素由________属性指定。

7. 给出以下单击命令按钮 Command1 时的输出结果________。

```
Dim A() As Integer
Private Sub Command1_Click(0)
    ReDim A(1 To 5)
    For I=1 To 5
       A(I)=I
```

```
    Next I
    ReDim A(1 To 10)
    For I=6 To 10
      A(I)=2*I
    Next I
    For I=1 To 10
      Print A(I);
    Next I
End Sub
```

8. 以下程序代码将整型动态数组 X 声明为具有 20 个元素的数组，并给数组的所有元素赋值为 1。请填空补充完整。

```
________ As Integer
Private Sub Command1_Click()
    ReDim________
    For I=1 To 20
      X(I)=1
      Print X(I)
    Next I
End Sub
```

9. 在如图 6-6 所示的界面中，4 门课程的成绩由文本框数组 Text1 输入，“最高分”、“最低分”、“平均分”、“总分”为一个命令按钮数组 Command1，以下程序代码运行时，在输入成绩后，单击按钮数组 Command1 中的任意一个按钮，将在 Label5 上显示相应的统计方式（最高分、最低分、平均分、总分），而在 Text2 中显示统计结果。运行界面如图 6-6 所示。请根据要求填空。

```
Private Sub Command1_Click(Index As Integer)
    Label5.Caption= ________
    Select Case ________
      Case 0                          '计算最高分
        Y=Val(Text1(0).Text)
        For I=1 To 3
         If ________ Then Y=Val(Text1(I).Text)
        Next I
      Case 1                          '计算最低分
        Y=Val(Text1(0).Text)
        For I=1 To 3
         If ________Then Y=Val(Text1(I).Text)
        Next I
      Case 2                          '计算平均分
        Y=0
        For I=0 To 3
          Y=Y+ ________
        Next I
        Y= ________
      Case 3                          '计算总分
        Y=0
        For I=0 To 3
          Y= ________
        Next I
     End Select
     Text2.Text= ________
End Sub
```

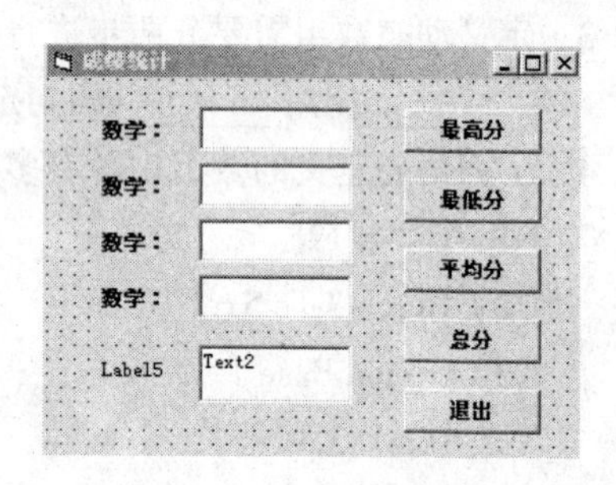

图 6-6 填空题 9 设计界面

三、简答题

1. 大小固定的数组和动态数组在分配内存时有何不同？
2. 使用控件数组有什么好处？建立控件数组有哪些方法？

四、设计题

1. 输入月和日，计算这一天是一年的第几天。（提示：每个月的天数可以用一个整数数组保存）。
2. 接收一个日期，显示该日期的星期名称。可以用以下公式来确定是星期几：
   S=X-1+((X-1)/4)-((X-1)/100)+((X-1)/400)+C 星期数=S\7
   这里，X=年份，如1997年7月1日中的年份是1997；C=从年初起计算的日期总数，如2月2日的日期总数是33。（要求：最后显示采用"星期一"、"星期二"……"星期天"的中文格式）。
3. 让用户输入10个数字，然后按照从大到小的顺序输出。（要求：程序启动后，依次出现10次输入提示框，要求输入数组数据。输入完第10个数字后，在窗体上显示输入的数据和由大到小排列后的结果。运行界面如图6-7所示。

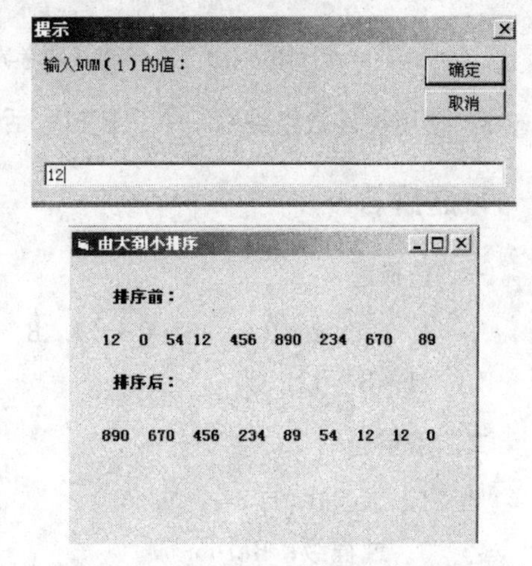

图6-7　设计题3参考设计界面

4. 输入20个数，显示其中奇数的个数和偶数的个数。运行界面如图6-8所示。（提示：采用InputBox()函数输入20个数，奇数和偶数的统计结果分别显示在两个文本框中）。

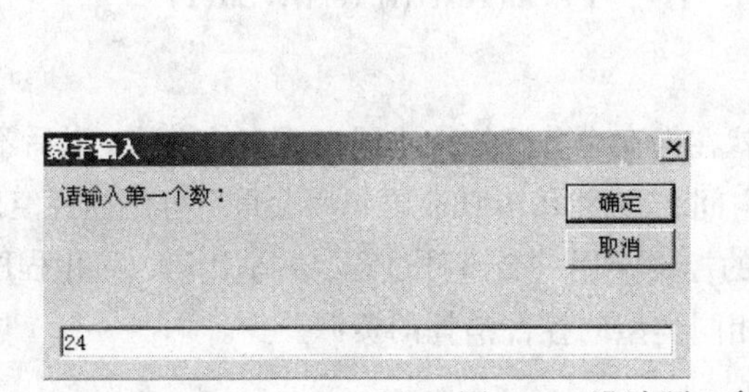

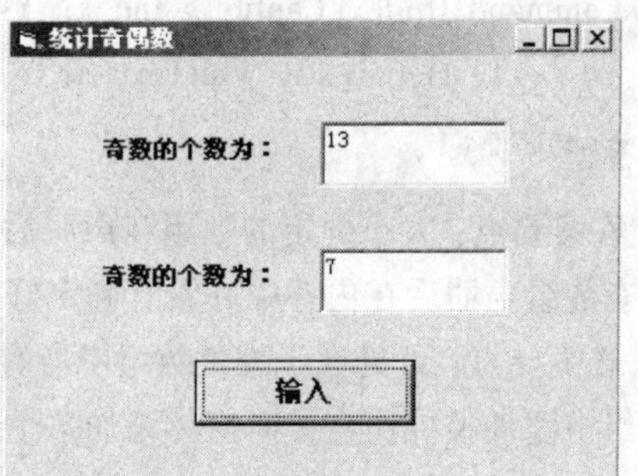

图6-8　设计题4参考设计界面

5. 编写一个程序，先将10位评委对10位参赛歌手的评分（10分制）存入一个二维实型数组score[i,j]中（其中i代表歌手，j代表评委），对每一位歌手，分别去掉一个最高分和一个最低分，计算并输出其余8个分数的平均值。运行界面如图6-9所示。
6. 采用文本框控件数组编写程序，输入语文、数学、英语三门功课的成绩，要求在输入的同时计算平均成绩并输出，界面如图6-10所示。
7. 使用控件数组进行两个数的加法、减法和乘法运算、运

图6-9　设计题5参考设计界面

行界面如图 6-11 所示。

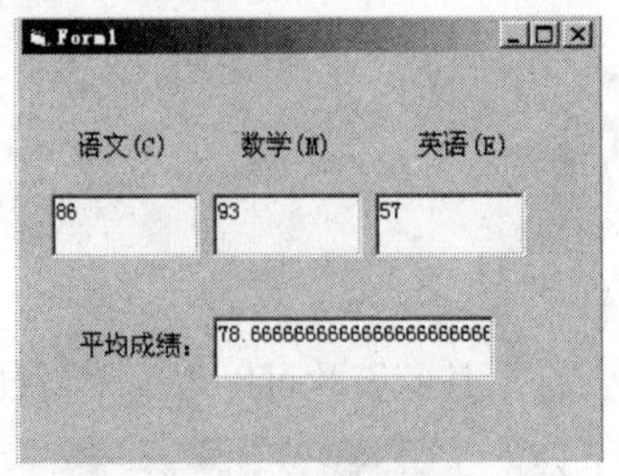

图 6-10 设计题 6 参考界面

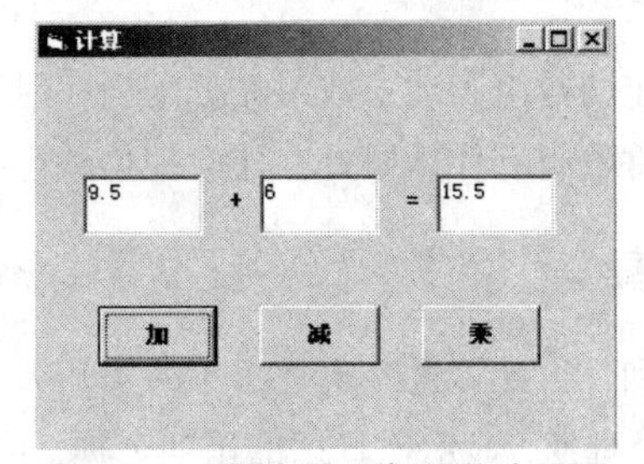

图 6-11 设计题 7 参考设计界面

8. 使用控件数组编写一个“模拟电话”程序，使之具有拨号、重拨、号码记忆等功能。

习题解答

一、选择题

1. C 2. B 3. C 4. B 5. D 6. B 7. D 8. A 9. A 10. C
11. B 12. C

二、填空题

1. 二；1；2；-1；1；6
2. Dim A (1 To 5 , -2 To 6) As String
3. 过程级；ReDim
4. （1）13 （2）15 （3）9 （4）28
5. -1；2
6. Name；Index
7. 0 0 0 0 0 12 14 16 18 20
8. Dim X()；X(1 To 20)
9. Command1(Index).Caption；Index；Y<Val(Text1(I).Text)；Y>Val(Text1(I).Text)；Val(Text1(I).Text)；Y/4；Y+Val(Text1(I).Text)；Str(Y)

三、简答题

1. 答案要点：大小固定的数组在声明后就在内存中分配好大小固定不变的空间，以后不会改变；动态数组声明后在内存中并没有确定好空间，在使用 ReDim 语句后会重新分配内存空间。

2. 答案要点：好处在于控件数组中所有的控件共用一个事件过程，共享代码，简化程序；在控件数组中添加控件比直接向窗体添加多个相同类型的控件消耗的资源要少。

建立方法：

（1）将一组同一类型的控件赋予相同的名称，然后按照顺序号设置控件的 Index 属性。

（2）复制粘贴法：绘制控件数组中的第一个控件，单击该控件，选择【编辑】→【复制】命令。

（3）选择【编辑】→【粘贴】命令，在创建控件数组的对话框中单击【是】按钮。

四、设计题

1. 程序代码如下：

```
'单击【确定并计算】按钮，计算天数
Private Sub Command1_Click()
    Dim month(12) As Integer          '设置数组记录各月天数
    Dim m As Integer                  '设置m记录输入的月份值
    Dim c As Integer                  '设置c记录循环次数
    Dim d As Integer                  '设置d记录总天数
```

```
    month(1)=31
    month(2)=28
    month(3)=31
    month(4)=30
    month(5)=31
    month(6)=30
    month(7)=31
    month(8)=31
    month(9)=30
    month(10)=31
    month(11)=30
    month(12)=31
    m=Val(Text1)
    If(Val(Text1)<=12) And (Val(Text2)<=month(Text1)) Then
                                               '设置月份和日期的输入范围
      For c=1 To m-1
       d=d+month(c)
      Next
      d=d+Val(Text2)
      Text3=d
    Else
      Text3="Error!"
    End If
End Sub
```

图 6-12　设计题 1 设计效果

界面设计及运行效果如图 6-12 所示。

2. 程序代码如下：

```
'单击【确认并计算】按钮，计算星期几
Private Sub Command1_Click()
    Dim month(12) As Integer              '设置数组记录各月天数
    Dim x As Integer                      '设置x记录输入的年份值
    Dim m As Integer                      '设置m记录输入的月份值
    Dim a As Integer                      '设置a记录循环次数
    Dim c As Integer                      '设置c记录总天数
    Dim ly As Boolean                     '设置ly判断是否闰年
    month(1)=31
    month(2)=28
    month(3)=31
    month(4)=30
    month(5)=31
    month(6)=30
    month(7)=31
    month(8)=31
    month(9)=30
    month(10)=31
    month(11)=30
    month(12)=31
    x=Val(Text1)
    m=Val(Text2)
    If(Val(Text2)<=12) And (Val(Text3)<=month(Text2)) Then
                                               '设置月份和日期的输入范围
      For a=1 To m-1
       c=c+month(a)
      Next
    End If
    c=c+Val(Text3)
```

```
    If x Mod 4<>0 Or (x Mod 100=0 And x Mod 400<>0) Then
      ly=False
    Else
      ly=True
    End If
    If(ly=True) And (Val(Text2)>2) Then                    '闰年时天数加 1
      c=c+1
    End If
    s=(x-1+((x-1)\4)-((x-1)\100)+((x-1)\400)+c) Mod 7     '应用公式判断星期
    Select Case s
       Case 0
         Text4="这天是星期日"
       Case 1
         Text4="这天是星期一"
       Case 2
         Text4="这天是星期二"
       Case 3
         Text4="这天是星期三"
       Case 4
         Text4="这天是星期四"
       Case 5
         Text4="这天是星期五"
       Case 6
         Text4="这天是星期六"
    End Select
End Sub
```

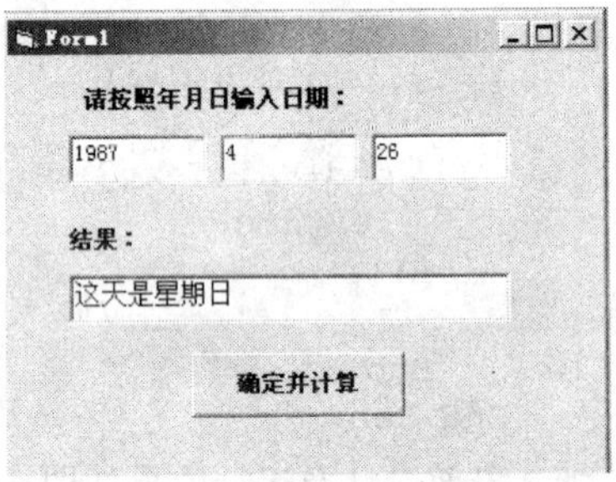

界面设计及运行效果如图 6-13 所示。

图 6-13 设计题 2 设计效果

3. 程序代码如下：

```
'加载窗体，在窗体上显示排序前后数字
Private Sub Form_Load()
    Dim num(10) As Integer
    Dim temp As Integer
    Dim n As Integer
    Dim i As Integer
    Dim j As Integer
    For n=1 To 10                                          '输入 10 个整数
      num(n)=InputBox("请输入第"&n&"个数字")
    Next
    Label2=num(1)&""&num(2)&""&num(3)&""&num(4)&""& num(5)&""&num(6)&""&_
    num(7)&""&num(8)&""&num(9)&""&num(10)
                                                           '显示排序前的数据
    For i=1 To 9
        For j=i+1 To 10
            If (num(i)<num(j)) Then
                temp=num(i)
                num(i)=num(j)
                num(j)=temp
            End If
        Next
    Next
    Label4=num(1)&""&num(2)&""&num(3)&""&num(4)&""&num(5)&""&num(6)&""& _
    num(7)&""&num(8)&""&num(9)&""& num(10)
                                                           '显示排序后的数据
End Sub
```

界面设计及运行效果见图 6-7。

4. 程序代码如下:

```
'单击【输入】按钮，分别显示奇偶数个数
Private Sub Command1_Click()
    Dim num(20) As Integer
    Dim co As Integer
    Dim cj As Integer
    Dim n As Integer
    For n=1 To 20
       num(n)=InputBox("请输入第"&n&"个整数")
       If(num(n) Mod 2=0) Then
          co=co+1
       Else
          cj=cj+1
       End If
    Next
    Text1=cj
    Text2=co
End Sub
```

界面设计及运行效果见图 6-8。

5. 程序代码如下:

```
'单击【确定】按钮，计算平均分
Private Sub Command1_Click()
    Dim score(1 To 10,1 To 10) As Single
    Dim i As Integer
    Dim j As Integer
    Dim max As Single              '用于存储最大值
    Dim min As Single              '用于存储最小值
    Dim sum As Single              '用于存储总分值
    Dim avg As Single              '用于存储平均值
    i=Text1
    For j=1 To 10                  '设置二维数组
      score(i,j)=Text5(j)
    Next
    For j=1 To 10                  '选取最大值
      If(max<score(i,j)) Then
        max=score(i,j)
      End If
    Next
    min=10
    For j=1 To 10                  '选取最小值
      If(min>score(i,j)) Then
        min=score(i,j)
      End If
    Next
    For j=1 To 10                  '计算总分值
      sum=sum+score(i,j)
    Next
    avg=(sum-max-min)/8            '计算平均值
    Text2=max
    Text3=min
    Text4=avg
End Sub
```

界面设计及运行效果见图 6-9。

6. 程序代码如下:

```
'当文本框内容输入完成
Private Sub Text1_Change(Index As Integer)
   Text4=(Val(Text1(0))+Val(Text1(1))+Val(Text1(2)))/3
End Sub
```

界面设计及运行效果如图 6-13 所示。

7. 程序代码如下:

```
'单击按钮数组中的一个，做相应计算
Private Sub Command1_Click(Index As Integer)
    Select Case Command1(Index).Caption
       Case "加"
          Label1="+"
          Text3=Val(Text1)+Val(Text2)
       Case "减"
          Label1="-"
          Text3=Val(Text1)-Val(Text2)
       Case "乘"
          Label1="*"
          Text3=Val(Text1)*Val(Text2)
    End Select
End Sub
```

界面设计及运行效果见图 6-10。

8. 程序代码如下:

```
'定义模块级变量
Option Explicit
Dim num(10) As String
Dim i As Integer
Dim a As Integer

'单击【0-9】按钮，显示相应数字
Private Sub Command1_Click(Index As Integer)
   Text1=Text1+Command1(Index).Caption
End Sub

'单击【拨号】按钮，号码保存
Private Sub Command2_Click()
    Dim j As Integer
    If(i<10) Then     '当已输入号码少于 10 个时，直接存入
       i=i+1
       num(i)=Text1
    Else              '当已输入号码等于 10 个时，清空第一个号码，将之后的号码依次前移
       For j=1 To 9
          num(j)=num(j+1)
       Next
       num(10)=Text1
    End If
    Text1=""          '拨号后清空显示器
    a=i               '设置 a 的值，为查询号码做准备
End Sub

'单击【重拨】按钮，重新输入
Private Sub Command3_Click()
    If(i<=10) Then    '当号码少于 10，显示最后一次输入的号码
       Text1=num(i)
```

```
    Else
       Text1=num(10)        '当号码等于 10 个时，直接输出第 10 个号码
    End If
    a=i                     '设置 a 的值，为查询号码做准备
End Sub

'单击【查询上一个】按钮，查找上一个号码
Private Sub Command4_Click()
    If(a>=1) Then           '向上查询号码
       Text1=num(a)
       a=a-1
     Else
       Text1=""
    End If
End Sub

'单击【清空】按钮，清空记录
Private Sub Command5_Click()
    Dim b As Integer
    Text1=""
    For b=1 To i            '清空记录
       num(b)=""
    Next
End Sub
```

图 6-14　设计题 8 设计效果图

界面设计及运行效果如图 6-14 所示。

第 7 章 子程序和函数

7.1 本章知识要点

1. 子程序与函数

由一系列程序语句封装组成的一个独立的、有特定功能的单元，都可以组成子程序和函数，它们有自己的名称，根据需要可以从程序的其他部分对它们进行调用。其中，函数在其代码执行结束退出时会返回给调用者一个结果值，调用者能得到该值并利用它进行其他运算，而子程序只是去做一件事情，不提供返回值。同时他们在定义方式、调用方式和退出方式上也有所不同。

2. 参数传递方式

参数传递方式有两种：按值传递参数（ByVal）、按地址传递参数（ByRef）。

3. Sub 过程的建立

Sub 过程的一般格式如下：

```
[Static][Private][Public]Sub 过程名[(参数表列)]
    语句块
    [Exit Sub]
    [语句块]
End Sub
```

4. 调用 Sub 过程

Sub 过程的调用有两种方式，一种是把过程的名字放在一个 Call 语句中，另一种是把过程名作为一个语句来使用：

（1）用 Call 语句来调用 Sub 过程的格式如下：

```
Call 过程名[(实际参数)]
```

（2）在调用 Sub 过程时，如果省略关键字 Call，就成为把过程名作为一个语句来使用，与第一种方式相比，有两点不同：一是去掉关键字 Call，二是去掉“实际参数”的括号。

5. Function 过程的定义

Function 过程要返回一个值，通常出现在表达式中。Function 过程定义的格式如下：

```
[Static][Private][Public]Function 过程名[(参数表列)][As 类型]
    [语句块]
```

```
    [过程名=表达式]
    [Exit Function]
    [语句块]
End Function
```

6. 调用 Function 过程

Function 过程的调用比较简单，可以像使用 Visual Basic 内部函数一样来调用 Function 过程。

7. 形参与实参

形参是在 Sub、Function 过程的定义中出现的变量名，实参是在调用 Sub 或 Function 过程时传送给 Sub 或 Function 过程的常数、变量、表达式或数组。

8. 子程序与函数的作用域定义

```
Private  Sub  Find(one As String,all() As String)
Public  Function  change(source As Integer,isCtoF As Boolean) As  Integer
```

9. 通用过程与事件过程

事件过程也是 Sub 过程，但它是一种特殊的 Sub 过程，它附加在窗体和控件上。控件事件过程的一般格式如下：

```
[Private|Public]Sub 控件名_事件名(参数表)
    语句组
End Sub
```

窗体事件过程的一般格式如下：

```
[Private|Public]SubForm_事件名(参数表)
    语句组
End Sub
```

10. 数组参数的传递

Visual Basic 允许把数组作为实参传送到过程中。

在传送数组时，除遵守参数传送的一般规则外，还应注意以下几点：

（1）应将数组名分别传入实参表和形参表中，并省略数组的上下界，但括号不能省略，目的是为了把一个数组的全部元素传送给一个过程。

（2）如果不需要把整个数组传送给通用过程，可以只传送指定的单个元素，这需要在数组名后面的括号中指定元素的下标。

11. Visual Basic 函数

Visual Basic 提供了丰富的内部函数，可以方便地对数字、字符串、日期等数据进行运算和操作。其中包括数值操作类、字符串操作类、日期操作类、数据类型转换类函数。

7.2　典型例题解析

7.2.1　选择题解析

1. 要想在过程调用后返回两个结果，下面的过程定义语句合法的是（　　）。

A. Sub Proc1(Byval n,Byval m)　　B. Sub Proc1(n,Byval m)

C. Sub Proc1(n,m)　　D. Sub Proc1(Byval n,m)

【解析】 题目的意思是想在调用过程后返回两个结果，那么定义此过程时，应设两个参数，且参数传递应该采用按地址传递方式，也就是引用。而“Byval”关键字如果加在形参前面，则表示此形参与实参结合方式为按值传递方式。

【答案】 C

2. 单击命令按钮时，下列程序代码的执行结果为（　　）。

```
Public Sub Proc1(n As Integer,Byval m As Integer)
    n=n Mod 10
    m=m Mod 10
End Sub

Private Sub Command1_Click()
    Dim x As Integer,y As Integer
    x=12:y=34
    Call  Proc1(x,y)
    Print x;y
End Sub
```

A. 12　34　　B. 2　34　　C. 2　3　　D. 12　3

【解析】 此题是简单函数过程的调用。

在调用过程时，一般主调与被调过程之间有数据传递，即将主调过程的实参传递给被调用的过程，完成实参与形参的结合，然后执行被调过程。在 Visual Basic 中，实参与形参的结合有两种方法，即按地址传递和按值传递。这两种方法的特点如下：

按地址传递的结合过程为：当调用一个过程时，它将实参的地址传给形参，因此在被调用过程中，对形参的任何操作都变成了相应实参的操作，因此实参的值会随形参的改变而改变。

按值传递的结合过程为：当调用一个过程时，系统将实参的值复制给形参并断开了联系。被调用过程中的操作是在形参自己的存储单元中进行。当过程调用结束时，这些形参所占用的存储单元也同时被释放，因此在过程中对形参的任何操作不会影响到实参。

而题中被调过程 Proc1 中有两个形参，其中第一个形参 n 为按地址传递方法，第二个形参 m 为按值传递方法。主调过程分别把实参 x，y 传递给 Proc1。所以当过程调用结束后，实参 x 的值应随着被调过程变化而变化，而实参 y 值在主调函数中始终不变。所以最后输出 y 值，仍为 34。

在被调过程中，“n=n mod10”在被调用时，相当于“x=x mod 10”，所以 x 值最终为 2，最后输出 2，34。

【答案】 B

3. 单击一次命令按钮之后，下列程序代码的执行结果为（　　）。

```
Private Sub Command1_Click()
    S=P(1)+P(2)+P(3)+P(4)
    Print S;
End Sub

Public Function P(N As Integer)
    Static Sum
    For I=1 To n
      Sum=Sum+I
    Next I
    P=Sum
End Function
```

A. 20　　B. 35　　C. 115　　D. 135

【解析】 此题不仅考查了有关调用过程的知识，而且也涉及有关静态变量的概念。

主调过程是自定义子过程，被调过程是自定义函数过程。此题正是利用函数过程是带有返回值的特殊过程，来调用函数过程 P 的。

我们不难发现，在被调过程中有这样的语句 Static Sum，因为变量 Sum 是局部变量，局部变量除了用 Dim 语句声明外，还可用 Static 语句将变量声明为静态变量，它在程序运行过程中可保留变量的值。这就是说每次调用过程时，用 Static 说明的变量保持原来的值。

有了以上的知识，我们可以具体分析一下此过程，主调过程共 4 次调用被调过程。

（1）调用 P(1)，在被调过程中 N=1，执行 For Next 循环，P(1)=Sum=1。

（2）调用 P(2)，在被调过程中 N=2，执行 For Next 循环，Sum=1，P(2)=4。

（3）调用 P(3)，在被调过程中 N=3，执行 For Next 循环，P(3)=Sum=10。

（4）调用 P(4)，在被调过程中 N=4，执行 For Next 循环，P(4)=Sum=20。

不难看出最后输出的 S 值应为：1+4+10+20=35。

【答案】 B

4. 单击命令按钮时，下列程序代码的执行结果为（　　）。

```
Function FirProc(x As Integer,y As Integer,z As Integer)
   FirProc=2*x+y+3*z
End Function

Function SecProc(x As Integer,y As Integer,z As Integer)
   SecProc=FirProc(z,x,y)+x
End Function

Private Sub Command1_Click()
   Dim a As Integer,b As Integer,c As Integer
   a=2:b=3:c=4
   Print SecProc(c,b,a)
End Sub
```

A. 21　　　　B. 19　　　　C. 17　　　　D. 34

【解析】 此题程序代码中用了两层调用。我们要更加细心，千万不能把实参和相对应的形参弄混淆。主调过程 Command1_Click 输出的是 SecProc(c,b,a)的返回值，调用过程 SecProc 时，主调过程分别把实参 c，b，a 的地址传给形参 x，y，z。此时在过程 SecProc 中，SecProc =FirProc(a,c,b)+c，由此可看出，程序段执行此语句时，需要调用过程 FirProc。把实参 a，c，b 的地址分别传给形参 x，y，z。此时在过程 FirProc 中，FirProc=2*a+c+3*b，所以 FirProc(a,c,b)=4+4+9=17，SecProc(a,c,b)+c=17+4=21。

【答案】 A

5. 在 Visual Basic 中，可以在（　　）中检测函数或表达式的值。

A. 程序代码窗口　　　　B. 对象浏览器

C. 立即窗口　　　　D. 属性窗口

【解析】 在 Visual Basic 中，可以在立即窗口中检测函数或表达式的值。打开立即窗口的方法是：选择【视图】→【立即窗口】命令。例如，如果要显示表达式“23+12”的值，只要立即窗口中输入“?23+12”，然后按【Enter】键即可，如图 7-1 所示。

图 7-1　在立即窗口内检测表达式的值

【答案】 C

6. 已知 a= –5.96，表达式 Int(a)+Fix(a)的值是（　　）。

A. 10　　B. 11　　C. –10　　D. –11

【解析】 在 Visual Basic 6.0 中，Int()是取整函数，返回一个不大于自变量的最大整数。Fix()函数用来去掉一个浮点数的小数部分。例如，Int(3.57)的值是 3，Fix(3.57)的值是 3；Int(–3.57)的值是–4，Fix(–3.57)的值是–3。对于本题，Int(a)的值是–6，Int(a)的值是–5，因此结果为–11。

【答案】 D

7. 以下表达式中，(　　) 是 Visual Basic 中合法的函数。

A. Exp(X)　　B. SinX　　C. Cos[x]　　D. Int.x

【解析】 一个函数的正确表示方法如下：

函数名(自变量)

其中，自变量应该用圆括号括起来，不能使用方括号或其他的符号。

【答案】 A

8. Int(100*Rnd)产生的随机整数的闭区间是（　　）。

A. [1,100]　　B. [0,100]　　C. [0,99]　　D. [1,99]

【解析】 Rnd()函数产生一个 0~1 之间的随机数，是一个单精度的浮点数。为了生成某个范围内的随机整数，可使用以下公式：

```
Int((upper-lower+1)*Rnd)+lower
```

这里，upper 是随机数范围的上限，而 lower 则是随机数范围的下限。

本题根据上述公式，可得：

```
upper-lower+1=100
lower=0
```

所以亦可得到 upper = 99。因此，得到[lower,upper]闭区间，即[0,99]。

【答案】 C

9. 表达式 Int(–20.1)+Sgn(20.1)的值是（　　）。

A. –19　　B. –20　　C. 19　　D. 20

【解析】 本题主要考查函数 Int()和 Sgn()的应用。前面例题已经介绍了 Int()函数的使用，Int(–20.1)的值是–21。Sgn()函数的作用是返回自变量的符号：

- 如果自变量的值大于 0，函数返回值为 1。
- 如果自变量的值等于 0，函数返回值为 0。
- 如果自变量的值小于 0，函数返回值为–1。

由此可知，函数 Sgn(20.1)的值是 1，因此表达式的结果为–20。

【答案】 B

10. 表达式 Left("This is a book",3)的值是（　　）。

A. Thi　　B. This is a　　C. This　　D. s is

【解析】 Left()是字符串左截取函数，格式如下：

```
Left(字符串,n)
```

函数返回“字符串”的前 n 个字符。对于本题，Left("This is a book",3)返回字符串 This ia book 的前 3 个字符，即 Thi。

【答案】 A

11. 表达式 Abs(-7)+Len("abcdef")的值是（　　）。

A. 12　　B. 13　　C. 7abcedf　　D. -7abcedf

【解析】 在 Visual Basic 中，Abs()是取绝对值函数，返回自变量（必须是数值表达式）的绝对值。本题中，Abs(-7)的值为 7。

Len()是字符串测试函数，用来返回字符串的长度。可知本题中 Len("abcdef")的值是 6。所以最后的答案为 13。

【答案】 B

12. 表达式 Mid("BEIJING",4,2)的值是（　　）。

A. JI　　B. IJ　　C. IJIE　　D. EIJI

【解析】 Mid()是字符串中部截取函数，格式如下：

```
Mid(字符串,p,n)
```

函数返回“字符串”中第 p 个字符开始向右截取的 n 个字符。其中 p 和 n 都是算术表达式。因此，Mid("BEIJING",4,2)返回字符串 BEIJING 中第 4 个字符开始的两个字符，即“JI”。

【答案】 A

13. 表达式 InStr("全国计算机等级考试","等级")的值是（　　）。

A. 4　　B. 5　　C. 6　　D. 7

【解析】 InStr()是字符串匹配函数，格式如下：

```
InStr([首字符位置],字符串1,字符串2[,n])
```

用来在“字符串 1”中查找“字符串 2”。如果找到了，则返回“字符串 2”的第一个字符在“字符串 1”中的位置。函数中的“首字符位置”是可选的，如果含有“首字符位置”，则从该位置开始查找，否则从“字符串 1”的起始位置开始查找。

在本题中，InStr("全国计算机等级考试","等级")返回“等级”的第一个字符在“全国计算机等级考试”中的位置，值为 6，因为“等级”在“全国计算机等级考试”的第 6 个字符处。

【答案】 C

14. 以下说法不正确的是（　　）。

A. 字符串函数必须以类型说明符“$”结尾

B. 字符串函数尾部的符号“$”可以有，也可以省略，其功能相同

C. LTirm()和 Left()函数都是字符串函数

D. Rnd()函数不是一个字符串函数

【解析】 本题中 Rnd()是一个随机数函数，不是一个字符串函数。字符串函数大都以类型说明符“$”结尾，表明函数的返回值为字符串。字符串函数尾部的符号“$”可以有，也可以省略，其功能相同。

【答案】 A

15. 代数式 $|e^2+\lg x+\mathrm{arctg} y|$ 对应的 Visual Basic 表达式是（　　）。

A. Abs(e^2+Lg(x)+1/Tg(y))　　B. Abs(Exp(2)+Log(x)/Log(10)+Atn(y))

C. Abs(Exp(2)+Log(x) +Atn(y))　　D. Abs(Exp(2)+Log(x) +1/Atn(y))

【解析】 要解答本题，首先需要了解以下几个方面：

（1）e^2 即以 e 为底，以 2 为指数的幂应该表示为 Exp(2)，而不应表示为 e^2。

（2）自然对数表示为 Log(x)，如果是以 10 为底的对数，可以使用以下公式进行转换：

$$Log_{10}x = \frac{Log_e x}{Log_e 10}$$

在 Visual Basic 中表示为 Log(x)/Log(10)。

（3）Arctg(反正切函数)在 Visual Basic 中表示为 Atn(y)。

【答案】 B

7.2.2 填空题解析

1. 在窗体上画一个命令按钮，然后编写如下程序：

```
Sub inc(a As Integer)
   Static x As Integer
   x=x+a
   Print x;
End Sub

Private Sub Command1_Click()
   inc 2
   inc 3
   inc 4
End Sub
```

程序运行后，单击命令按钮，输出结果为________。

【解析】（1）在过程 Sub 中，将 Integer 型变量 x 定义为静态变量（Static），Static 语句的格式与 Dim 语句完全一样，但 Static 语句只能出现在事件过程、Sub 过程或 Function 过程中。在过程中的 Static 变量只有局部的作用域，即只能在本过程中可见，但可以和模块级变量传递，即使过程结束后，其值仍能保留。

（2）inc 过程是将变量 a 的值加上 x 赋给 x，然后输出 x 的值。

（3）第一次调用 inc 过程时，x 未赋值，默认为“0”，所以输出结果为 2，第二次调用 inc 过程时，因为 x 是静态变量，所以它的值为上次调用后的值，即为 2，加上 a 后，x 的值变为 5，输出结果为 5，同理，第三次调用后输出结果为 9。

【答案】 2 5 9

2. 假定有下面的过程：

```
Function Func(a As Integer,b As Integer)
    Static m As Integer,i As Integer
    m=0
    i=2
    i=i+m+1
    m=i+a+b
    func=m
End Function
```

在窗体上画一个命令按钮，然后编写如下程序：

```
Private Sub Command1_Click()
    Dim k As Integer,m As Integer
    Dim p As Integer
    k=4
    m=1
    p=Func(k,m)
```

```
    Print p;
    p=Func(k,m)
    Print p
End Sub
```

程序运行后，单击命令按钮，输出结果为________。

【解析】 （1）在Sub过程中，程序先定义3个Integer型变量k，m，p，并给k赋以初值4，m的初值为1，然后调用事件过程Func，并将它的值赋给p。

（2）在事件过程Func中定义了两个形参，参数的传送是通过引用实参，即将k，m的地址作为a，b的地址。

（3）在Func中，将m，i定义为静态变量，所以第一次调用后的值仍然保留，但是m，i分别都有赋值语句，将它们的值变为0，2，所以返回值不变。

【答案】 8 8

3. 阅读程序：

```
Function F(a As Integer)
   b=0
   static c
   b=b+1
   c=c+1
   F=a+b+c
End Function

Private Sub Command1_Click()
   Dim a As Integer
   a=2
   For i=1 To 3
      Print F(a)
   Next
End Sub
```

运行上面的程序，单击命令按钮，输出结果为________。

【解析】 （1）在事件过程F中定义了一个静态变量c，每次调用完过程后，c的值都将被保存直到下一次调用它。

（2）Sub过程中，循环语句For的变量i的初始值和终止值分别是1和3，因为步长为1，所以循环了3次，循环体为调用F过程。

（3）在第一次循环时，将a等于2传给形参，因为是第一次调用F，且c没有赋值，所以程序默认c的值为0，执行b=b+1、c=c+1，b、c的值为1，所以F的值为2+1+1等于4。

（4）第二次循环时，C的初值为1，所以执行F过程后，返回值比原来多1。

（5）第三次循环时，C的初值为2，执行F过程后，返回值为6。

【答案】 4 5 6

4. 给出下列程序代码在单击窗体时输出的结果________。

```
Private Sub Form_Click()
   Dim a(3,3)As Integer,i As Integer,j As Integer,k As Integer
   k=1
   For i=1 To 3
     For j=1 To 3
        A(i,j)=k
        k=k+1
     Next j
```

```
    Next i
    For i=1 To 3
      Call change(a,i)
    Next i
    For i=1 To 3
      For j=1 To 3
        Print a(i,j);
      Next j
      Print
    Next i
End Sub

Private Sub change(a() As Integer,i As Integer)
    C=a(i,Ubound(a))
    For k=Ubound(a)-1 To 1 Step-1
       a(i,k+1)=a(i,k)
    Next k
    a(i,1)=c
End Sub
```

【解析】（1）在程序 Sub 中定义了一个 4 行 4 列的二维数组，定义了 Integer 型变量 i，j，k，并采用二重循环为数组赋值，因为循环体为 a(i,j)=k，且 k=k+1，所以，第一个元素 a(1,1)=1，以后每个元素分别为 2、3、4、5、6、7、8、9。

（2）赋值完成后，程序用一个 For 循环语句来调用 change 过程，当 i=1 时，将数组 a 及 i 为实参传给 change 过程，在 change 过程中，i 的值为 1，a 为原来的数组 a，并将数组 a 的元素 a(1,3) 赋给 c，此时 c 的值为 3。

（3）在循环语句中变量 k 的初始值为 ubound(a)−1 即 3−1 为 2，终值为 1，步长为−1，所以执行 2 次循环，循环体是将 a(i,k)的值赋给 a(i,k+1)，第一次循环时，将 a(1,2)的值赋给 a(1,3)。第二次循环时将 a(1,1) 的值赋给 a(1,2)，然后跳出循环，将 a(1,3)的值赋给 a(1,1)。

（4）change 过程的作用就是将数组同一行中的元素向前移一位，当 Sub 第二次、第三次调用时，分别是对第二行、第三行进行处理。

【答案】 3　1　2

6　4　5

9　7　8

5. 以下是一个计算矩形面积的 Sub 过程，然后调用该过程计算矩形面积，请填空完成程序：

```
Sub RecArea(Rlen,Rwid)
    Dim Area
    Area=Rlen*Rwid
    MsgBox"Total Area is"&Area
End Sub

Private Sub Form_Click()
    Dim A,B
    A=InputBox("What is the length?")
    A=Val(A)
    (1)
    B=Val(B)
    (2)
End Sub
```

【解析】（1）程序通过 RecArea 来计算并输出矩形的面积，它有两个形参，分别为矩形的长和宽。

（2）在 Form_Click 事件过程中，从键盘上输入矩形的长和宽，调用 InputBox()函数分别将输入的数赋给 A 与 B，所以（1）空为 B=InputBox("What is the width?")。

（3）将 A 及 B 作为实参调用 RecArea 过程，它有两种书写方法，一种是把过程的名字放在一个 Call 语句中，格式为 Call 过程名[(实际参数)]，另一种是把过程名作为一个语句来使用。与第一种方式相比，它去掉了关键字 Call 和“实际参数”的括号。

【答案】（1）B=InputBox("What is the width?")

（2）Call RecArea(A,B)

6. 在窗体上画一个命令按钮，然后编写如下程序：

```
Function M(x As Integer,y As Integer) As Integer
   M=IIF(x>y,x,y)
End Function

Private Sub Command1_Click()
   Dim a As Integer,b As Integer
   a=1
   b=2
   Print M(a,b)
End Sub
```

程序运行后，单击命令按钮，输出结果为________。

【解析】（1）事件过程 M 的作用是输出两个数中最大的。他调用了 IIF()函数，条件部分是(x>y)。如果 x>y，那么 M 的值即为 x 的值，否则为 y 的值。

（2）在 Sub 过程中定义两个变量 a，b，并赋给它们初值 1，2。并调用 Print()函数，输出 M(a,b)的值，即在 Print()函数中调用了事件过程 M，并输出 M 的返回值。

【答案】 2

7. 如果存在如下 Function 过程：

```
Private Function FindMax(a() As Integer)
   Dim Start As Integer,Finish As Integer,i As Integer
    Start=LBound(a)
    Finish=UBound(a)
    Max=a(Start)
    For i=Start To Finish
       If a(i)>Max Then Max=a(i)
    Next i
    FindMax=Max
End Function
```

在窗体上画一个命令按钮，然后编写如下代码：

```
Private Sub Form_Click()
   ReDim b(4) As Integer
   b(1)=30
   b(2)=80
   b(3)=243
   b(4)=874
   C=FindMax(b())
   Print C
End Sub
```

其输出结果为________。

【解析】（1）在程序 Sub 中定义了一个含 4 个元素的数组，并且分别给它们赋值，数组上界为 4，下界为 1。

（2）将数组 b()作为实参调用 FindMax 事件过程，并将数组 b()的地址传递给数组 a()，即此时数组 a()与 b()用一个存储空间。

（3）将数组的上界、下界分别赋给变量 Finish 及 Start，在赋值表达式中分别调用了 LBound 函数求数组下界，及 UBound 求数组的上界。

（4）在循环语句中变量的初始值为数组下界即为 1，终止值为数组上界即为 4，循环体是一个条件语句，如果 a(i)中的值大于 Max，那么就将 a(i)的值赋给 Max，当循环结束后，将 Max 作为函数返回值，所以此事件过程的功能即为求数组中的最大值。

【答案】 874

7.2.3 设计题解析

用筛选法求 *m* 以内的所有素数。

【解析】（1）把 2～*m* 以内的所有数放入筛中，即将 2～*m* 所有的数作为一个数组的下标，并将所有数组元素赋值为 1。

（2）在筛中找最小的素数并在筛中去掉该素数的所有倍数，因为最小的素数为 2，所以将数组中下标是 2 的倍数的元素的值设为零。

（3）设 p 中存放的值为 2，将 p+1 赋给 p，看 p 的值是否大于 m，且数组中下标为 p 的元素的值是否不为零，如果满足条件，则将下标为 p 的数组元素的值赋给零，执行完后继续判断 p+1 是否满足条件，直到跳出。

（4）输出筛中的素数，即判断数组中某元素是否为零，不为零则输出其下标。

（5）程序代码如下：

```
Private Sub Text1_KeyPress(KeyAscii As Integer)
   Dim i As Integer,j As Integer
   Dim prime(1000) As Integer
   Dim m As Integer,p As Integer
   Dim flag As Boolean
   If KeyAscii=13 Then
     m=Val(Text1.Text)
     For i=2 To m-1
       prime(i)=1
     Next i
     p=2
     flag=True
   Do
     Do While p<m And prime(p)=0
       p=p+1
     Loop
       If p=m Then flag=False
       For i=p+p To m-1 Step p
         prime(i)=0
       Next i
       p=p+1
```

```
    Loop While flag
      i=0
      For j=2 To m-1
         If prime(j)<>0 Then
             Picture1.Print j;
             i=i+1
             If i Mod 5=0 Then Picture1.Print
         End If
      Next j
    End If
End Sub
```

结果如图7-2所示。

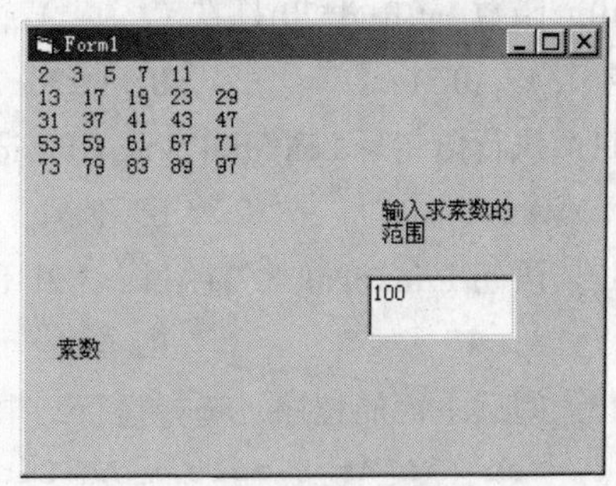

图7-2　运行结果图

7.3　习题与解答

一、选择题

1. 以下（　　）调用子程序的语句是错误的。

   A. Call proc 1,2　　B. proc(1,2)　　C. Call proc(1,2)　　D. proc 1, 2

2. 有一个函数F1(x As Integer, y As Integer) As Integer，以下调用（　　）不会发生错误。

   A. var1= F1(2)　　B. F1(2,3)　　C. Call F1(2,3.5)　　D. Call F1 2,3

3. 子程序定义时使用Private表示（　　）。

   A. 此子程序可以被其他过程调用

   B. 此子程序只可以被本窗体模块中的其他过程调用

   C. 此子程序不可以被任何其他过程调用

   D. 此子程序只可以被本工程中的其他过程调用

4. 系统默认的参数传递方式是（　　）传递。

   A. 按值　　B. 按地址　　C. ByVal　　D. 按实参

5. Sub过程和Function过程最根本的区别是（　　）。

   A. Sub过程可以使用Call语句或直接使用过程名调用，而Function过程不可以

   B. Function过程可以有参数，而Sub过程不可以

   C. 两种过程参数的传递方式不同

   D. Sub过程的过程名不能返回值，而Function过程能通过过程名返回值

6. 把字符串"123"转换为数值123时应该使用的函数是（　　）。

   A. Str　　B. Val　　C. Len　　D. Rnd

7. 可以同时删除字符串前导和尾部空白的函数是（　　）。

   A. LTrim　　B. RTrim　　C. Trim　　D. A和C

8. a="Visual Basic"，下面使b="Basic"的语句是（　　）。

   A. b=Left(a,8,12)　　B. b=Mid(a,8,5)　　C. b=Right(a,5, 8)　　D. b=Left(a,8,5)

9. 可用于设置系统当前时间的语句是（　　）。

   A. Date　　B. Date$　　C. Time　　D. Timer

10. 函数 Int(Rnd*20)是在（ ）范围内的整数。

A. (0,2) B. (1,20) C. (0,20) D. (1,9)

11. 执行语句 s=Len(Mid("VisualBasic",1,6))后，s 的值为（ ）。

A. Visual B. Basic C. 6 D. 11

12. 语句 Print Sgn(-3^2)+Abs (-3^2)+Int (-3^2)运行时输出的结果为（ ）。

A. 17 B. 27 C. 1 D. -1

13. 阅读下面的程序，选择运行结果（ ）。

```
Sub F(x As Single,y As Single)
   Dim t As Single
   t=x
   x=t/y
   y=t Mod y
End Sub

Private Sub Form_Load()
   Dim a As Single
   Dim b As Single
   a=5
   b=4
   F a,b
   Print a,b
End Sub
```

A. 5 4 B. 1 1 C. 1.25 4 D. 1.25 1

14. 在窗体上放置两个标签 Label1，Label2 和一个命令按钮 Command1，编写程序如下：

```
Private Sub Command1_Click()
   Dim a As Single
   a=Val(Label2.Caption)
   Call Func(Label1,a)
   Label2.Caption=a
End Sub

Sub Func(L As Label,ByVal a As Integer)
   L.Caption="1234"
   a=a*a
End Sub

Private Sub Form_Load()
   Label1.Caption="ABCD"
   Label2.Caption=10
End Sub
```

运行程序，单击按钮，在两个标签中分别显示（ ）。

A. ABCD 和 10 B. 1234 和 100 C. ABCD 和 100 D. 1234 和 10

15. 在窗体上放置一个按钮 Command1，程序如下：

```
Private Sub Command1_Click()
   Dim a(1 To 4) As Integer
   Dim i As Integer
   a(1)=5
   a(2)=6
   a(3)=7
   a(4)=8
```

```
    Subp a()
    For i=1 To 4
      Print a(i)
    Next i
End Sub

Sub Subp(b() As Integer)
    Dim i As Integer
    For i=1 To 4
      b(i)=2*i
    Next i
End Sub
```

运行程序，单击按钮在窗体上显示（　　）。

A.	B.	C.	D.
2	5	10	出
4	6	12	错
6	7	14	
8	8	16	

16. 在窗体上画一个名称为 Command1 的命令按钮，再画两个名称分别为 Label1 和 Label2 的标签，然后编写如下程序代码：

```
Private X As Integer
Private Sub Command1_Click()
   X=15
   Y=25
   Call Proc(X,Y)
   Label1.Caption=X
   Label2.Caption=Y
End Sub

Private Sub Proc(ByVal A As Integer,ByVal B As Integer)
   X=A+A
   Y=B*B
End Sub
```

程序运行后，单击命令按钮，则两个标签中显示的内容分别是（　　）。

A. 30 和 25　　B. 25 和 30　　C. 25 和 15　　D. 15 和 25

17. 下列程序运行后从键盘输入的数是 20，则输出的结果是（　　）。

```
Private Function Count1(Title)
   If Title<40 Then
      Pay=Title/2
   Else
      Pay=Title*2
   End If
   Count1=Pay
End Function

Private Sub Form_Click()
   Title=Inputbox("请输入一个数")
   Fee=Count1(Title)
   Print Fee
End Sub
```

A. 10　　B. 20　　C. 30　　D. 显示错误信息

二、填空题

1. 要从 Function 过程中退出，使用________语句。
2. 变量 a 是 Single 型，a= -1.23456，

```
b=Int(a)
c=Sgn(a)
d=Abs(a)
e=Fix(a)
```

则：b=________，c=________，d=________，e=________。

3. Str(4)的功能是________。
4. 假设系统当前的日期和时间是 2007-2-18 22:30:56，星期日。则 Print Date 的值是________，Print Day(Date)的值是__________，Print Time 的值是__________，Print Month(Now)的值是________，Print Weekday(Date)的值是________。
5. 在窗体中放置一个命令按钮，运行下面的程序代码：

```
Private Sub Command1_Click()
    Dim a,b
    a=InputBox("输入一个数字")
    b=Len(a)
    Print "The Length of ";a;"=";b
End Sub
```

在出现的输入框中输入“12345”，单击【确定】按钮，结果是________。

6. 存在 ByVal 关键字时，执行下列程序，单击窗体，在窗体上显示的第一行内容是________，第二行内容是________。去掉 ByVal 关键字时，执行下列程序，单击窗体，在窗体上显示的第一行内容是________，第二行内容是________。

```
Private Sub Value(ByVal m As Integer,ByVal n As Integer)
    m=m*2
    n=n-5
    Print "m=";m,"n=";n
End Sub

Private Sub Form_Click()
    Dim x As Integer,y As Integer
    x=10:y=15
    Call Value(x,y)
    Print "x=";x,"y=";y
End Sub
```

7. 编写如下代码：

```
Private Sub Form_Click()
    Dim A,B,C As String
    A="Visual Basic Technology"
    B="Programme"
    C=B&Lcase(Mid(A,4,2))&Right(A,8)
    Print C
End Sub
```

单击窗体后输出结果为________。

8. 输入 10 个整数，将绝对值大于 100 的数值求和。请填空。

```
Private Sub Command1_Click()
```

```
    Dim I As Integer,Num As Integer,Sum As Long
    Sum=________
    For I=1 To ________
      Num=Val(InputBox("Enter Number: "))
      Sum=Sum+Abs( ________)
     Next I
     Print "Sum=";Sum
End Sub

Private Function Abs(ByVal M As Integer) As Integer
     If M<0 Then M=-M
     If M>_______Then
        ________=M
     End If
End Function
```

9. 输入任意长度的字符串，要求将字符顺序倒置，例如，将输入的“ABCDEFG”变换成“GFEDCBA”。请填空。

```
Private Sub Command1_Click()
    Dim A$,I%,C$,D$
    A=Inputbox$("输入字符串")
    N= ________
    For I=1 To________
      C=Mid(A,I,1)
      Mid(A,I,1)= ________
      ________=C
    Next I
    Print A
End Sub
```

三、综合题

1. 写出下列函数的值：
   （1）Fix(-32.68)+Int(-23.02)
   （2）Int(Abs(13-24)/2+0.5)
   （3）Right("Beijing-2008",4)
   （4）Sgn(-4 Mod 3+1)
   （5）Len("Beijing-2008")
2. 已知：a=6，b=3，x=2.5，y=4.7，求表达式的值：
   （1）x+a Mod 3*(Int(x+y) Mod 2)/4
   （2）CSng (a+b)/2+Int(x) Mod Int(y)
   （3）Int(x)-Sgn(y)
3. 使用 Visual Basic 表达式表示下列各题：
   （1）产生一个 11～99 的随机数。
   （2）将一个两位数 X 的个位和十位数对换。
   （3）将一个 Single 型变量 X 的值取两位小数。
   （4）取字符串变量 String1 的右边五个字符。
   （5）如果 X 是一个正实数，要求 X 保留两位小数，对 X 的第三位小数四舍五入。

四、设计题

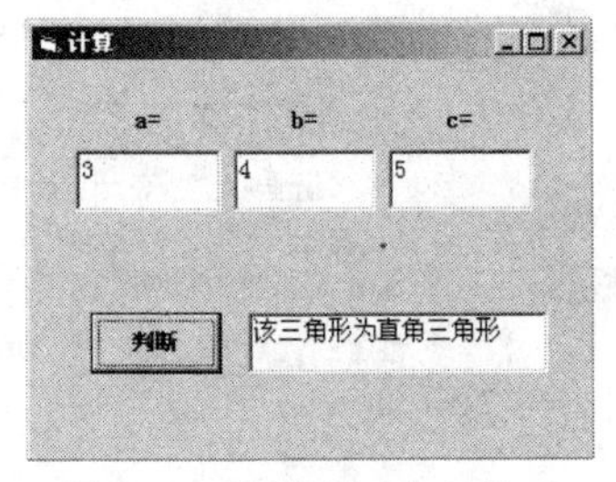

图 7-3　设计题 2 参考界面

1. 编写一个函数过程，计算：S=1+1/2 +1/3 +1/4+…+1/100。运行程序时，单击窗体，输出上述计算结果的值。
2. 编写一个过程，对任意输入的三条线段长度的值，判断它们是否组成一个三角形，如果能组成三角形，输出三角形的类型（普通三角形或直角三角形）。运行界面如图 7-3 所示。
3. 编写一个函数，将整数 1～12 月份转换为英文月份返回。要求设计一个可以接收输入月份的函数，单击【转换】按钮调用该函数，输出转换后的结果。
4. 在文本框中输入字符串，单击按钮统计出其中的字母、数字、空格的个数，由不同的文本框显示个数。运行界面如图 7-4 所示。
5. 输入 0～1 000 之间的整数，计算并显示该整数各个数位的数字之和。如果输入的数字不在 0～1 000 之间，则要求重新输入。
6. 编写一个函数过程，求三个数中最大值 max 和最小值 min，程序运行时，在文本框 Text1～Text3 中分别输入 3 个数，单击按钮，调用函数过程，得出最大值和最小值并显示在文本框 Text4、Text5 中。运行界面如图 7-5 所示。

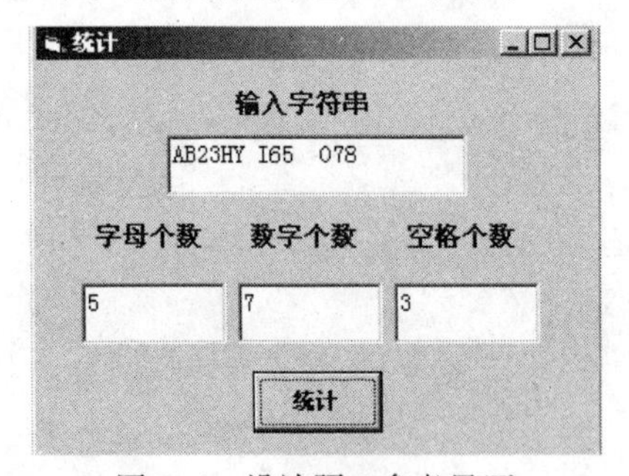

图 7-4　设计题 4 参考界面

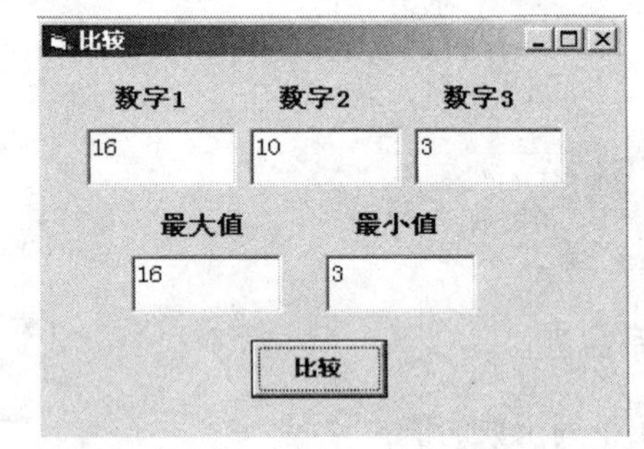

图 7-5　设计题 6 参考界面

7. 设计一个窗体，要求单击窗体后，输入要打印的三角形图形行数（上/下三角形行数），要求应用 InputBox()函数，然后在窗体上打印如图 7-6 所示的星花（*）图案。运行界面如图 7-6 所示。
8. 用随机数函数 Rnd()生成一个 8×8 的矩阵（100 以内），单击按钮编写程序找出最大元素所在的行和列，并显示最大值和行号、列号。

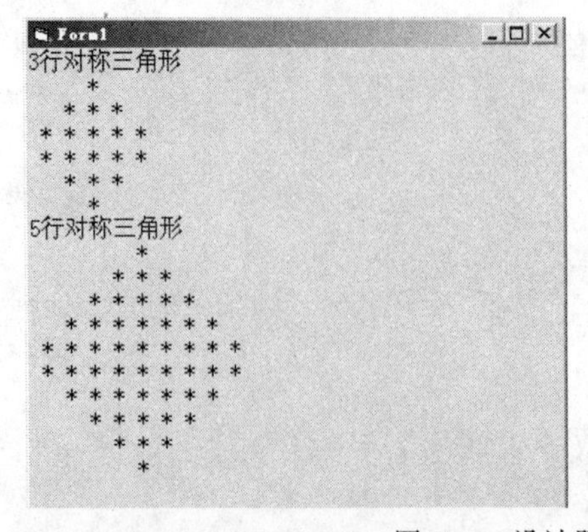

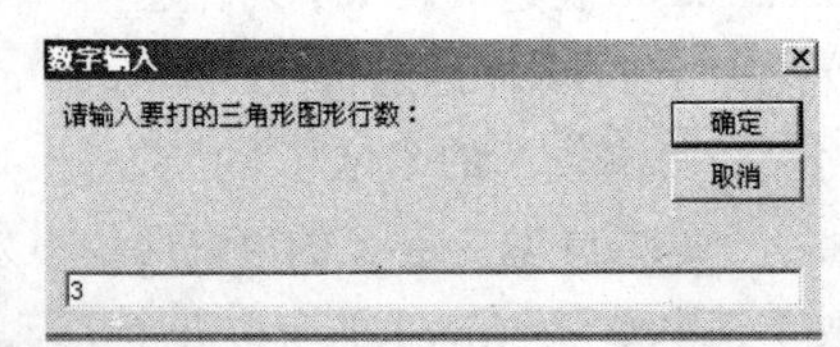

图 7-6　设计题 7 参考界面

习题解答

一、选择题

1. B　2. B　3. B　4. B　5. D　6. B　7. C　8. B　9. C　10. C
11. C　12. D　13. A　14. D　15. A　16. A　17. A

二、填空题

1. Exit Function　　2. −2；−1；1.23456；−1　　3. “4”
4. 2007/2/18；18；22:30:56；2；1　　5. The Length of 12345 = 5
6. m=20　n=10；x=10　y=15；m=20　n=10；x=20　y=10
7. Programmeuachnology　　8. 0；10；Num；100；Abs
9. Len(A)；N；Mid(A,N+1−I,1)；Mid(A,N+1−I,1)

三、综合题

1. （1）−56　（2）6　（3）2008　（4）0　（5）12
2. （1）2.5　（2）6.5　（3）1
3. （1）Int(（89*Rnd()+11）　（2）(X Mod 10)*10+Int(X/10)　（3）Int(X*100)/100
（4）Right(String1,5)　（5）Round(Abs(X),2)

四、设计题

1. 程序代码如下：

```
'定义函数
Function js() As Double
    Dim i As Integer
    For i=1 To 100
        js=js+1/i
    Next
End Function

    '单击窗体调用函数
Private Sub Form_Click()
    Print js()
End Sub
```

图 7-7　设计题 1 设计效果

界面设计及运行效果如图 7-7 所示。

2. 程序代码如下：

```
'定义子过程
Sub sjx()
    If(Val(Text1)*Val(Text1)+Val(Text2)*Val(Text2)=Val(Text3)*Val(Text3))
    Or(Val(Text1)*Val(Text1)+Val(Text3)*Val(Text3)=Val(Text2)*Val(Text2))
    Or(Val(Text3)*Val(Text3)+Val(Text2)*Val(Text2)=Val(Text1)*Val(Text1))Then
       Text4="该三角形为直角三角形"
    Else
       Text4="该三角形为普通三角形"
    End If
End Sub

'单击【判断】按钮调用子过程
Private Sub Command1_Click()
```

```
   Call sjx
End Sub
```

界面设计及运行效果见图 7-3。

3. 程序代码如下：

```
'单击【转换】按钮调用函数
Private Sub Command1_Click()
   Text2=month(Text1)
End Sub

'定义函数
Function month(m As Integer) As String
   Select Case m
      Case 1
         month="January"
      Case 2
         month="February"
      Case 3
         month="March"
      Case 4
         month="April"
      Case 5
         month="May"
      Case 6
         month="June"
      Case 7
         month="July"
      Case 8
         month="August"
      Case 9
         month="September"
      Case 10
         month="October"
      Case 11
         month="November"
      Case 12
         month="December"
   End Select
End Function
```

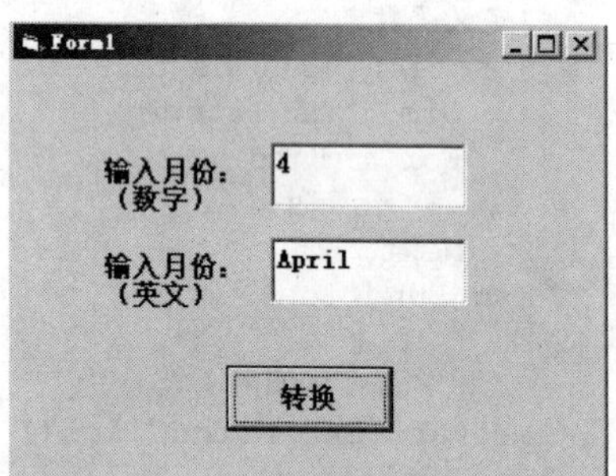

图 7-8　设计题 3 设计效果

界面设计及运行效果如图 7-8 所示。

4. 程序代码如下：

```
'定义子过程
Sub tj()
   Dim str As String,strTmp As String,i As Integer,j As Integer
   Dim sz As Integer,zm As Integer,kg As Integer
   str=Text1
   i=Len(str)
   For j=1 To i
     strTmp=UCase(Mid(str,j,1))                    '逐个取出字符,是字母的转换成大写
     If IsNumeric(strTmp) Then                     '数字
       sz=sz+1
     ElseIf Asc(strTmp)>64 And Asc(strTmp)<91 Then '字母
       zm=zm+1
```

```
      ElseIf strTmp=" " Then                                     '空格
        kg=kg+1
      End If
    Next
    Text2.Text=zm
    Text3.Text=sz
    Text4.Text=kg
End Sub
'单击【统计】按钮调用子过程
Private Sub Command1_Click()
    Call tj
End Sub
```

界面设计及运行效果见图 7-4。

5. 程序代码如下：

```
'单击【输入】按钮调用函数
Private Sub Command1_Click()
    Dim num As Integer
    num=InputBox("请输入一个 0 至 1000 的整数: ")
    Do While num>1000 Or num<0
        MsgBox("输入有误! 请重新输入! ")
        num=InputBox("请输入一个 0 ~ 1000 的整数: ")
    Loop
    Label3=num
    Text1=sum(num)
End Sub

'定义函数
Function sum(n As Integer) As Integer
    Do While n>=1
        sum=sum+(n Mod 10)
        n=n\10
    Loop
End Function
```

界面设计及运行效果如图 7-9 所示。

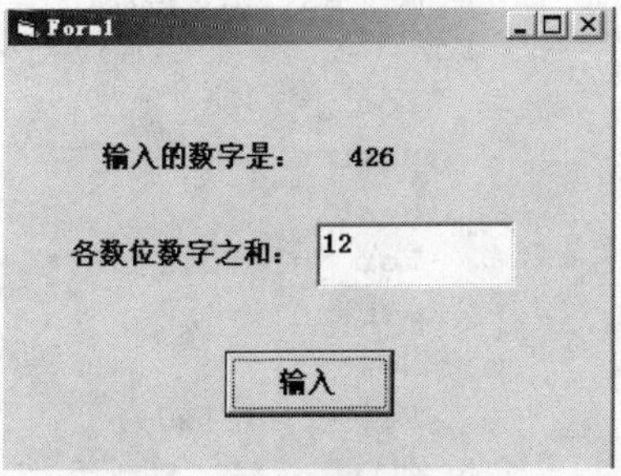

图 7-9　设计题 5 设计效果

6. 程序代码如下：

```
'单击【比较】按钮调用函数
Private Sub Command1_Click()
    Text4=max(Text1,Text2,Text3)
    Text5=min(Text1,Text2,Text3)
End Sub

'定义求极大值函数
Function max(a As Integer,b As Integer,c As Integer) As Integer
    If(a>b) Then
      max=a
      If(a<c) Then
        max=c
      End If
    ElseIf(b>a)Then
      max=b
      If(b<c)Then
        max=c
      End If
```

```
    End If
End Function

'定义求极小值函数
Function min(a As Integer,b As Integer,c As Integer)As Integer
    If(a<b) Then
      min=a
      If(a>c) Then
        min=c
      End If
    ElseIf(b<a) Then
        min=b
        If(b>c) Then
          min=c
        End If
    End If
End Function
```

界面设计及运行效果见图 7-5。

7. 程序代码如下：

```
'定义子过程
Sub stars(n As Integer)
    Dim i As Integer
    Dim j As Integer
    For i=n To 1 Step -1
       For j=1 To 2*i-1
        Print " ";
       Next
       For j=1 To 2*n-2*i+1
        Print "*";
       Next
       Print Chr(10);
    Next
    For i=1 To n
       For j=1 To 2*i-1
        Print " ";
       Next
       For j=1 To 2*n-2*i+1
        Print "*";
       Next
       Print Chr(10);
    Next
End Sub

'单击窗体调用子过程
Private Sub Form_Click()
    Dim n As Integer
    n=InputBox("请输入要打印的三角形图形行数: ")
    Print n & "行对称三角形"
    Call stars(n)
End Sub
```

界面设计及运行效果见图 7-6。

8. 程序代码如下：

```
'定义模块级变量
Option Explicit
    Dim jz(8,8) As Integer

'定义子过程
Sub search(jz() As Integer)
    Dim i As Integer
    Dim j As Integer
    Dim max As Integer
    Dim mh As Integer
    Dim ml As Integer
    For i=1 To 8
       For j=1 To 8
        If(jz(i,j)>max) Then
          max=jz(i,j)
          mh=i
          ml=j
        End If
       Next
    Next
    Text1=max
    Text2=mh
    Text3=ml
End Sub

'单击【查找】按钮调用子过程
Private Sub Command1_Click()
    Dim i As Integer
    Dim j As Integer
    For i=1 To 8
       For j=1 To 8
           '设置随机变量使之每次取值不同
         Randomize
         jz(i,j)=100*Rnd
       Next
    Next
    Call search(jz())
End Sub
```

界面设计及运行效果如图 7-10 所示。

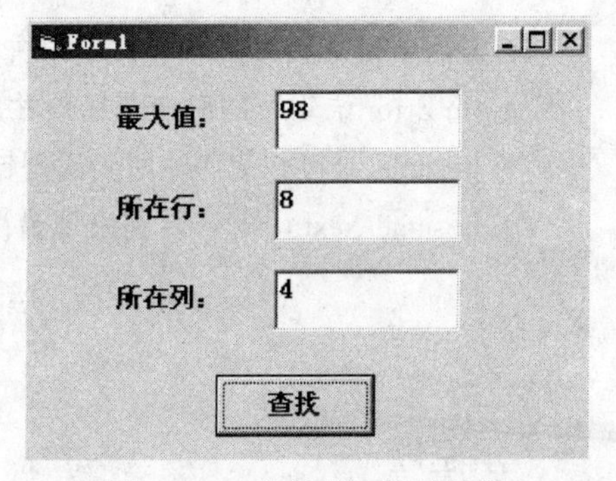

图 7-10　设计题 8 设计效果

第 8 章　程序调试与错误处理

8.1　本章知识要点

1. 程序错误有 3 种类型

编写程序过程中，根据产生的原因程序错误分为语法和编译错误、逻辑错误以及运行异常错误 3 种。

2. Visual Basic 提供了大量的调试工具

在调试程序过程中可以发现程序的逻辑错误，例如设置运行断点、跟踪每一个代码的执行、实时监视变量或表达式的值等。

3. 对于程序运行中出现的异常错误需要通过编程进行处理

首先需要设置错误捕获，然后再进行错误处理。常用的方法如下：

- On Error 语句：即时捕获错误并启动错误处理。
- Resume 语句：使程序回到出现错误的语句位置。
- Resume Next 语句：转到出现错误语句的下一语句位置。

8.2　习题与解答

一、填空题

1. Visual Basic 中提供了多种错误跟踪检查的方法，例如利用________键可以在程序中设置断点；当程序进入中断模式时，可以使用________窗口和________窗口对变量进行检测。
2. 程序在进入中断模式后，可以通过监视窗口中设置的________，反复按________键单步运行程序，观看程序代码和监视窗口的变化情况。
3. 使用本地窗口查看程序中变量在程序中断时的情况，可以通过________语句在程序中设置断点，使程序的执行中断。
4. 使用________语句可以设置陷阱，捕捉错误。
5. 用于设置错误陷阱的 On Error 语句分为________、________和________3 种形式。
6. 在错误处理程序结束后，要恢复原有的运行，可用________语句。

二、简答题

1. 在利用 Visual Basic 设计应用程序时会遇到哪三类错误，请举例说明。
2. 怎样获取 Visual Basic 的错误代码及相应的出错描述？
3. 哪一个调试窗口显示代码中 Debug.Print 语句的结果？该窗口还可以做什么？
4. 怎样在程序中设置断点？
5. 如何向调试窗口添加监视表达式？
6. 逐语句和逐过程有什么区别？
7. Resume 和 Resume Next 语句之间有什么区别？
8. 编写一个函数，对两个数字（参数）进行除法运算，在函数中增加错误捕获和处理，对除数为 0 的情况进行提示。（提示：不需要使用 If 语句来判断除数是否为 0，因为 On Error Goto 语句会自动启用错误处理，除数为 0 的错误号是 11，即 Err.Number=11。）

习题解答

一、填空题

1. F9；监视；立即　　2. 监视变量；F8　　3. Stop　　4. On Error

5. On Error Go To Line ；On Error Resume Next ；On Error Go To 0　　6. Resume

二、简答题

1. 答案要点：语法和编译错误（不正确地书写代码会造成编译错误）、逻辑错误（当应用程序未按预期方式执行时就会产生逻辑错误）、运行异常错误（当一个语句执行操作时发生了错误的事件会产生运行异常错误）。

2. 答案要点：语法和编译错误，在代码窗口中以红色警告显示出来，或在编译应用程序时自动检测并显示错误消息；逻辑错误，采用人工检查代码或测试程序的方法；运行异常错误，可以用错误处理语句截获并中断错误，转而执行正确的操作。

3. 答案要点：立即窗口；立即窗口还可以计算任何有效的表达式并输出结果。

4. 答案要点：

（1）将光标移到要设置断点的代码行，然后按【F9】键，或是选择【调试】→【切换断点】命令。

（2）在代码窗口需要设置断点的代码行左边的灰色空白区中单击。

5. 答案要点：选择【调试】→【添加监视】命令，在弹出的“添加监视”对话框的“表达式”输入框中填写要监视的变量或表达式。

6. 答案要点：

逐语句：每次执行一行语句，如果碰到函数调用，它就会进入到函数里面。

逐过程：碰到函数时，不进入函数，把函数调用当成一条语句执行。

7. 答案要点：

Resume 语句：使控制返回到出错语句处，接着再次执行引发错误的那条语句。当错误有纠正的机会时使用该语句。

Resume Next 语句：将控制转移到出错语句的下一条语句处，即跳过出错语句。当错误语句不可能纠正或该错误语句可以被忽略时使用该语句。

8. 答案要点：设置窗体单击事件，分别输入两个数，对除数进行判断，设置错误捕捉。当除数为零时用消息框提示错误要求重新输入。主要设计界面及运行结果如图 8-1 所示。

图 8-1 “数据输入及错误提示”界面

程序代码如下：

```
'单击窗体
Private Sub Form_click()
    a=InputBox("请输入 a 的值:")
    b=InputBox("请输入 b 的值:")
    a=Val(a)
    b=Val(b)
    On Error GoTo aa
    aa:
      If Err.Number=11 Then
         MsgBox("除数为零")
         b=InputBox("请重新输入 b 的值:")
         b=Val(b)
      End If
      c=a/b
      Print c
End Sub
```

第 9 章 Visual Basic 常用控件

9.1 本章知识要点

1. 复选框（CheckBox）和单选按钮（OptionButton）

在应用程序中，复选框和单选按钮用来表示状态，在运行时可以改变其状态。

复选框和单选按钮的主要属性包括 Caption、Enable、FontBold、FontItalic、FontName、FontSize、FontUnderline、Height、Left、Name、Top、Visible、Width 等。

2. 框架（Frame）

框架用于窗体上的对象分组。框架的主要属性包括：Name、Caption、Enabled、FontBold、FontName、FontUnderLine、Height、Left、Top、Visible、Width 等。名称（Name）属性用于在程序代码中识别一个框架，而 Caption 属性用于定义框架的可见文字部分。

3. 列表框（ListBox）

列表框用于在多个项目中做出选择的操作。列表框的主要属性包括：Caption、Columns、Enabled、FontBold、FontName、FontUnderLine、Height、Left、List、ListCount、MultiSelect、Top、Text、Visible、Width 等。对于列表框，应重点掌握访问列表框、向列表框增加和删除内容等操作。

4. 组合框（ComboBox）

组合框是列表框和文本框的组合，具有列表框和文本框的功能。它有 3 种样式，即下拉式组合框、简单组合框和下拉式列表框，可以用 Style 属性来设置它们的样式。

组合框除了具有列表框支持的属性外，还支持 Style 属性等。

5. 滚动条（HScrollBar、VScrollBar）

滚动条通常用于辅助浏览显示内容、确定位置，也可以作为数据输入工具。在 Windows 的工作环境下，经常可以看到滚动条。滚动条的常用属性包括：Min 和 Max 属性、Value 属性、LargeChange 和 SmallChange 属性等。

滚动条可分为水平滚动条（HScrollBar）和垂直滚动条（VScrollBar）两种。水平滚动条的默认名称是 Hscroll*X*；垂直滚动条的默认名称为 VScroll*X*（*X* 为 1，2，3，…）。

6. 图片框（PictureBox）

图片框和图像框都是用于在窗体的指定位置显示图形。

图片框具有许多与窗体相同的常用属性，例如：Align、AutoRedraw、BackColor、ForeColor、CurrentX、CurrentY、Left、Top、BorderStyle、Enabled、Picture、FillColor、Font、FontBold、FontItalic、FontStrikethru、FontUnderline、FontName、FontSize、FontTransparent、Height、Width、Name、Visible 等。

7. 图像框（Image）

图像框的基本属性有：BorderStyle、Name、Picture、Enabled、Height、Width、Visible、Left、Top 等。

图像框显示图片的方式与 PictureBox 控件有所不同。它们的区别在于：

- 图片框是“容器”控件，可以作为父控件，即图片框中可以包含其他控件；图像框控件不能作为父控件。
- 图片框可以通过 Print 方法接收文本，并可以接收由像素组成的图形；图像框不能接收 Print 方法输入的信息，也不能用绘图方法在图像框上绘制图形。
- 图像框相对于图片框占用内存少，显示速度快。

8. 计时器（Timer）

计时器的默认名称为 Timer*X*（*X* = 1，2，3，…），可以使用 Name、Enabled 等属性，其重要的属性是 Interval，该属性用来设置计时器触发事件之间的时间间隔。

9.2　典型例题解析

9.2.1　选择题解析

1. 当复选框被选中时，复选框 Value 属性的值为（　　）。

A. 0　　B. 1　　C. 2　　D. 3

【解析】 复选框也称检查框，它的 Value 属性值可以设定或返回 0、1 或 2。

0：表示没有选中复选框。

1：表示选中该复选框。

2：表示该复选框被禁止，显示为灰色。

【答案】 B

2. 下面控件中，用于将屏幕上的对象分组的是（　　）。

A. 列表框　　B. 组合框　　C. 文本框　　D. 框架

【解析】 本题考查的知识点是控件的作用。列表框控件显示一个项目列表，让用户从其中选择一项或多项。组合框是文本框和列表框的集合。它可以像列表框一样，让用户通过鼠标选择所需要的项目，也可以像文本框那样，用输入方式输入项目。文本框在窗体中为用户提供一个既能够显示又能够编辑文本的区域。框架用于将屏幕上的对象分组，框架图标如图 9-1 所示。

【答案】 D

图 9-1　框架图标

3. 当把框架的（   ）属性设置为 False 时，其标题会变灰，框架中所有的对象均被屏蔽。

A. Name　B. Caption　C. Enabled　D. Visible

【解析】 Enabled 属性用于决定一个对象是否响应用户生成事件。对于框架而言，通常把 Enabled 属性设置为 True，此时框架中的对象是“活动”的，如果把框架的 Enabled 属性设置为 False，则其标题会变灰，框架中的所有对象都将被屏蔽。其他几个属性的作用如下：

Name：用于在程序代码中标识一个框架。

Caption：用来定义框架中可见的文字。

Visible：用来决定框架是否可见。

【答案】 C

4. Columns 属性用来设置列表框的（   ）。

A. 列数　B. 内容　C. 一次可以选择的表项数　D. 表项的数量

【解析】 列表框用于在多个选项中进行选择。列表框支持的标准属性包括：Columns、Caption、Enabled、FontBold、FontName、FontUnderLine、Height、Left、Top、Visible、Width 等。其中 Columns 用来设置列表框的列数，该属性设置为 0 时，所有项目将单列显示；该属性设置为 1 时，列表框呈多列显示；该属性大于 1 且小于列表框中的项目数时，则列表框呈单行多列显示。其他几个属性的作用如下：

List：用来设置列表框的内容。

MultiSelect：用来设置一次可以选择的表项数。

ListCount：用来设置列表框中表项的数量。

【答案】 A

5. 在修改列表框内容时，AddItem 方法的作用是（   ）。

A. 清除列表框中的全部内容　B. 删除列表框中指定的项目

C. 在列表框中插入多行文本　D. 在列表框中插入一行文本

【解析】 列表框可以使用 AddItem、Clear 和 RemoveItem 等方法，用来在运行期间改变列表框的内容。

AddItem 方法用来在列表框中插入一行文本，格式如下：

```
列表框.AddItem 项目字符串[,索引值]
```

Clear 方法用来清除列表框中的全部内容，格式如下：

```
列表框.Clear
```

RemoveItem 方法用来删除列表框中指定的项目，格式如下：

```
列表框.RemoveItem 索引值
```

【答案】 D

6. 当组合框的 Style 属性设置为（   ）时，组合框称为下拉式列表框。

A. 0　B. 1　C. 2　D. 3

【解析】 Style 属性用来决定控件类型及列表框部分的行为，其值可取 0、1、2。

0–Dropdown Combo Box：此时组合框称为“下拉式组合框”，看上去像一个下拉列表框，但是可以输入文本或从下拉列表框中选择表项。

1– Simple Combo Box：此时组合框称为“简单组合框”，它由一个文本编辑框和一个标准列表框组成。

2– Dropdown List Box：此时组合框称为“下拉式列表框”，它的外观和下拉式组合框一样，右端也有一个箭头，可供“拉下”或“收起”列表框，可以从下拉列表框选择表项，也可以输入表项的文本作选择，但不接受其他文本输入。

【答案】 C

7. 图片框与图像框的主要区别是：图片框可以作为其他控件的父控件，而图像框只能显示（　　）。

A. 文本内容　　B. 文本和图形信息　　C. 图形信息　　D. 程序代码

【解析】 图片框（PictureBox）和图像框（Image）（它们的图标如图 9-2 所示）用于在窗体的指定位置显示图形信息，都可以放置图形文件（.bmp）、图标文件（.ico）或 Windows 图元文件（.wmp）。

图片框和图像框的主要区别是：图片框可以作为其他控件的父控件，而且可以通过 Print 方法接受文本；而图像框只能显示图形信息。因此，图片框比图像框使用更灵活，适用于动态环境，而图像框则适用于不需要修改的位图或图标等。

图 9-2　图片框（左）与图像框（右）图标

【答案】 C

9.2.2　填空题解析

1. 在单选按钮中，________属性可设置为 True 或 False。当设置为 True 时，该单选按钮是“打开”的；如果设置为 False，则该单选按钮是“关闭”的，按钮是一个圆圈。

【解析】 在 Visual Basic 中，Value 属性用来表示复选框或单选按钮的状态，对于单选按钮来说，Value 属性可设置为 True 或 False。当设置为 True 时，该单选按钮是“打开”的，按钮的中心有一个圆点；如果设置为 False，则该单选按钮是“关闭”的，按钮是一个圆圈。

【答案】 Value

2. 滚动条的 Max 属性的取值范围是________。

【解析】 滚动条的 Max 属性用来设置滚动条所能表示的最大值，其取值范围是-32 768~32 767。

【答案】 -32 768~32 767

3. 在运行期间可以用________函数把图形文件装入窗体、图片框或图像框中。

【解析】 图形文件的装入是指把 Visual Basic 能接受的图形文件装入窗体、图片框或图像框。用户可以在设计阶段装入图形文件，也可以在运行期间装入图形文件。在运行期间可以用 LoadPicture()函数将图形文件装入窗体、图片框或图像框。LoadPicture()函数的功能与 Picture 属性的功能基本相同，其格式如下：

```
[对象.]Picture=LoadPicture("文件名")
```

【答案】 LoadPicture

4. 如果要暂时关闭计时器，可通过________属性来设计。

【解析】 Enabled 属性用来决定一个对象是否响应生成的对象。计时器的 Enabled 属性可以设置为两个值：True 和 False。默认为 True，这样才能使计时器按指定的时间间隔显示；如果值为 False，则可使计时器暂时停止显示。如果要再次启动计时器，可以增加一个命令按钮，然后单击该按钮重新把计时器的 Enabled 属性设置为 True。

【答案】 Enabled

9.2.3 设计题解析

1. 设计一个界面，用户在此可通过复选框改变标签字体。

【解析】 设计一个窗体，在其中放置若干对象，界面如图 9-3 所示。

这些对象的属性如表 9-1 所示。

在该窗体上设置如下事件过程:

```
Private Sub  Check1_Click()
   Label1.FontBold=Check1.Value
End Sub

Private Sub  Check2_Click()
   Label1.FontItalic=Check2.Value
End Sub

Private Sub  Check3_Click()
   Label1.FontUnderline=Check3.Value
End Sub
```

图 9-3 设计题 1 窗体设计界面

表 9-1 对象属性表

对 象 类 型	属 性 名	属 性 值
标签	Name	Label1
	AutoSize	True
	Caption	“2003 年国家二级考试”
复选框	Name1	Check1
	Caption1	“黑体”
	Name2	Check2
	Caption2	“斜体”
	Name3	Check3
	Caption3	“下画线”

2. 设计一个界面，显示一段动画。

【解析】 设计一个窗体，在其中放置若干对象，界面如图 9-4 所示。

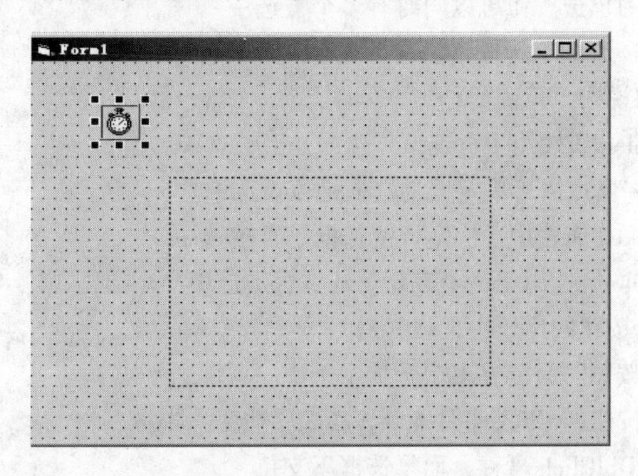

图 9-4 设计题 2 窗体设计界面

这些对象的属性如表 9-2 所示。

表 9-2 对象属性表

对 象 类 型	属 性 名	属 性 值
定时器	Name	Timer1
	Interval	500
图像框	Name	Image1
	Stretch	Ture

设在驱动器 f:的当前目录下存放有 1.bmp～20.bmp 等 20 个位图文件，它们构成一个连续的动画序列。这里用定时器事件 Timer 循环播放这些动画。在该窗体上设置如下事件过程：

```
Dim n As Integer                          '全局变量
Private Sub Form_Load()
    n=1
End Sub
Private Sub Timer1_Timer()
    If n>20 Then  n=1
    fn="f:"+Timer(Str(n))+".bmp"
    Image1.Picture=LoadPicture(fn)         '加载动画文件
    n=n+1
End Sub
```

9.3 习题与解答

一、选择题

1. 设置一个单选按钮所代表选项的选中状态，应当在属性窗口中改变的属性是（　　）。

   A. Caption　　B. Text　　C. Value　　D. Name

2. 以下关于单选按钮的说法，正确的是（　　）。

   A. 一个窗体上包括其他容器中的所有单选按钮一次只能有一个被选中

   B. 一个窗体上不包括其他容器中的所有单选按钮一次只能有一个被选中

   C. 在一个容器中的单选按钮可以同时有多个被选中

   D. 所有容器多于一个的单选按钮一次只能有一个被选中

3. 以下关于复选框的说法，正确的是（　　）。

   A. 复选框的 Enabled 属性用于决定该复选框是否被选中

   B. 复选框的 Value 属性用于决定该复选框是否被选中

   C. 复选框的 Checked 属性用于决定该复选框是否被选中

   D. 复选框的 Visible 属性用于决定该复选框是否被选中

4. 关于复选框和单选按钮的比较中正确的是（　　）。

   A. 复选框和单选按钮都只能在多个选项中选中一项

   B. 复选框和单选按钮的 Click 事件能让 Value 属性变为 True

   C. 单选按钮支持 DblClick 事件，而复选框不支持

   D. 让复选框不可用，可设置其 Enabled 属性为 False 或设置 Value 属性为 3

5. 建立一个俱乐部会员信息输入界面，要求选择会员的性别、职业（工程师/公务员/教师/医生/其他）及爱好（共10种，如一个人既喜欢足球，又喜欢旅游）。应如何在窗体中利用单选按钮和复选框实现（　　）。
   A. 用一组17个复选框来实现
   B. 将10种爱好用一组10个复选框来实现，性别和职业用7个单选按钮来实现
   C. 将10种爱好用一组10个单选按钮来实现，性别和职业用7个复选框来实现
   D. 将10种爱好用一组10个复选框来实现，性别用2个单选按钮来实现，职业用5个单选按钮和一个框架来实现
6. 要使控件与框架捆绑在一起，以下操作中正确的是（　　）。
   A. 在窗体不同位置上分别画一个框架和控件，再将控件拖动到框架上
   B. 在窗体上画好控件，再画框架将控件框起来
   C. 在窗体上画好框架，再在框架中画控件
   D. 在窗体上画好框架，再双击工具箱中的控件
7. 将数据项"China"添加到列表框（List1）中成为第一项应使用（　　）。
   A. List1.AddItem "China",0　　B. List1.AddItem"China",1
   C. List1.AddItem 0 ,"China"　　D. List1.AddItem 1,"China"
8. 引用列表框List1最后一个选项应使用表达式（　　）。
   A. List1.List(List1.ListCount)　　B. List1.List(List1.ListCount-1)
   C. List1.List(ListCount)　　D. List1.List(ListCount-1)
9. 有关列表框使用属性的正确描述是（　　）。
   A. 列表框的内容由属性ItemData来确定
   B. 当多选属性（MultiSelect）为True时，可通过Text属性获得所有内容
   C. 选中的内容无法通过List属性来访问
   D. 只有MultiSelect属性为False时，才可通过Text属性获得选中内容
10. 当组合框的Style属性设置为0时，其表现形式为（　　）。
    A. 下拉列表框　　B. 下拉组合框　　C. 简单组合框　　D. 文本框
11. 有关组合框使用的属性和方法的正确描述是（　　）。
    A. 组合框使用AddItem方法可以增加列表项目
    B. Text属性就是组合框的文本框中显示的内容
    C. 当Style属性为1-Simple Combo时，组合框仅用于选择，不允许输入
    D. 组合框不允许多选
12. 以下叙述中正确的是（　　）。
    A. 组合框包含了列表框的功能　　B. 列表框包含了组合框的功能
    C. 列表框和组合框的功能无相近之处　　D. 列表框和组合框的功能完全相同
13. 当滚动滚动条时，将触发滚动框的（　　）事件。
    A. Move　　B. Change　　C. Scroll　　D. Getfocus
14. 下列（　　）属性决定了水平滚动条产生的数值范围。
    A. Height　　B. Max　　C. Width　　D. Top

15. 要使每次单击滚动条两端滚动按钮时变化值为 10，应设置其（　　）属性。

A. SmallChange　　B. MinChange　　C. MaxChange　　D. LargeChange

16. 为了使图片框和图像框的大小适应图片的大小，下面设置中正确的是（　　）。

A. AutoSize=True Stretch=True　　B. AutoSize=True Stretch=False

C. AutoSize=False Stretch=True　　D. AutoSize=False Stretch=False

17. 运行时，要向图片框 P1 中加载“C:\Windows\Clouds.Bmp”图像文件，应使用语句（　　）。

A. Picture1.Picture="C:\WINDOWS\Clouds.Bmp"

B. Picture1.Picture=LoadPicture("C:\WINDOWS\Clouds.Bmp")

C. P1.Picture=LoadPicture(C:\WINDOWS\Clouds.Bmp)

D. P1.Picture=LoadPicture("C:\WINDOWS\Clouds.Bmp")

18. 下列控件中，没有 Caption 属性的是（　　）。

A. 框架　　B. 列表框　　C. 复选框　　D. 单选按钮

19. 以下控件不能作为容器的是（　　）。

A. Form　　B. Image　　C. Frame　　D. PictureBox

20. （　　）控件的行为具有 Boolean 类型。

A. 单选按钮、命令按钮　　B. 复选框、标签

C. 单选按钮、复选框　　D. 列表框、组合框

二、填空题

1. 在 3 种不同风格的组合框中，用户不能输入数据的组合框是________，通过________属性设置为________。
2. 组合框是________和________控件的组合。
3. 为了使计时器控件 Timer1 每隔 0.5s 触发一次 Timer 事件，应将 Timer1 控件的________属性设置为________。
4. 滚动条相应的事件有________和 Change。
5. 列表框的________属性是数组，列表框中项目的序号是从________开始的，列表框的________方法可清除列表框的所有内容。
6. 计时器控件不同于其他控件之处是________。

三、简答题

1. 图片框和图像框控件有何区别？在什么情况下可以相互替代？在什么情况下必须使用图片框控件？
2. 对于一个尺寸不确定的图片，使用 PictureBox 和 Image 控件如何能保证显示图片的全貌？

四、设计题

1. 编写程序，利用两组单选按钮让用户改变窗体中文本框的字体的大小和颜色。
2. 编写程序，利用两个组合框让用户改变窗体中文本框的字体的大小和颜色。
3. 在窗体上画一个标签显示 Welcome，在框架中画 3 个单选按钮。单击分别实现标签文本“靠左”、“居中”、“靠右”。运行界面如图 9-5 所示。

4. 编制如图 9-6 所示的界面程序，根据如下公式，由输入的身高计算标准体重。右下角可使用图像控件显示一个图形。

   男：标准体重（kg）=身高（cm）-100。

   女：标准体重（kg）=身高（cm）-105。

图 9-5　设计题 3 参考界面

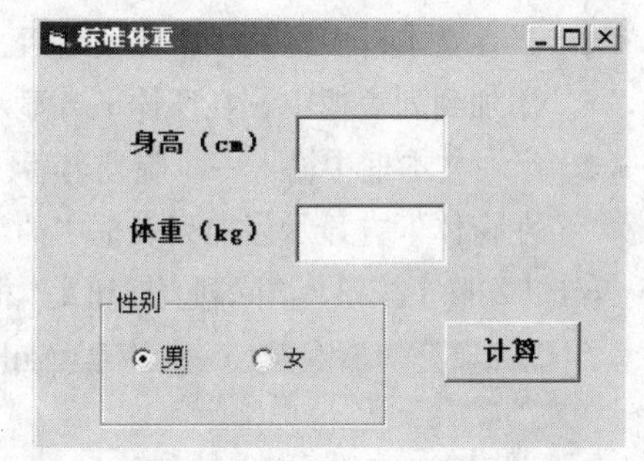

图 9-6　设计题 4 参考界面

5. 编写一个计算教学工作量的程序，功能是在原始授课学时的基础上根据具体情况计算总工作量。其中辅导工作量为授课学时的 1/4，副教授学时数要乘以 1.2，正教授学时数乘以 1.4，如果是上重复班的课则辅导工作量和授课工作量都乘以 1.3。运行界面如图 9-7 所示。
6. 编写一个点菜菜单程序设计界面，如图 9-8 所示。要求：窗体中显示可选菜列表框和已点菜列表框，通过双击可选菜列表框中的选项（List1）将该菜增加到已点菜列表中（List2），如果是重复菜则不增加（排重）。设计 4 个按钮，【好】按钮确定点菜，【删除】按钮可以删除某些点中的菜，【清除】按钮重新点菜，【结束】按钮结束整个应用程序。

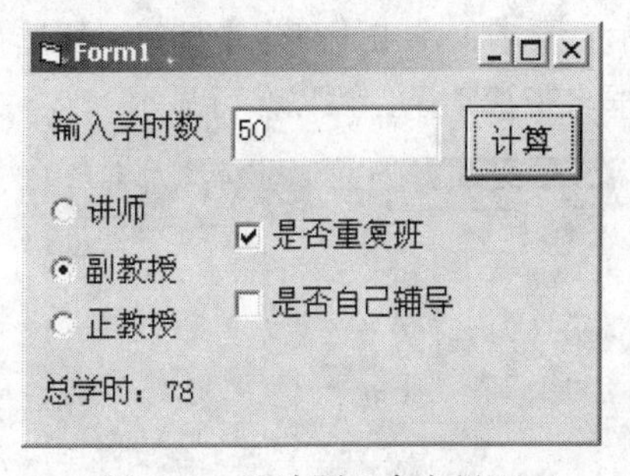

图 9-7　设计题 5 参考界面

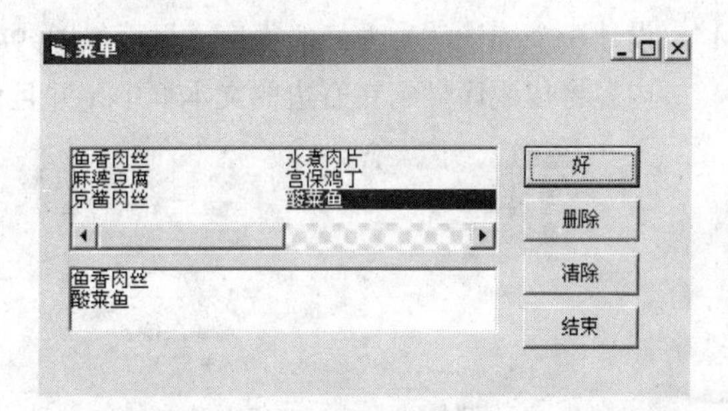

图 9-8　设计题 6 参考界面

7. 编写一个日期输入的程序，利用 3 个组合框存放年、月、日供选择，并要求日列表应与所选择的月份对应，例如选择 1 月，则日列表应为 1～31，选择 2 月，日列表是 1～28（可以进一步完善支持闰年的情况）。
8. 编写程序，利用 3 个水平滚动条来设置窗体背景颜色。（提示：使用 RGB(r, g, b)函数指定颜色，红绿蓝颜色值为 0～255。）运行界面如图 9-9 所示。

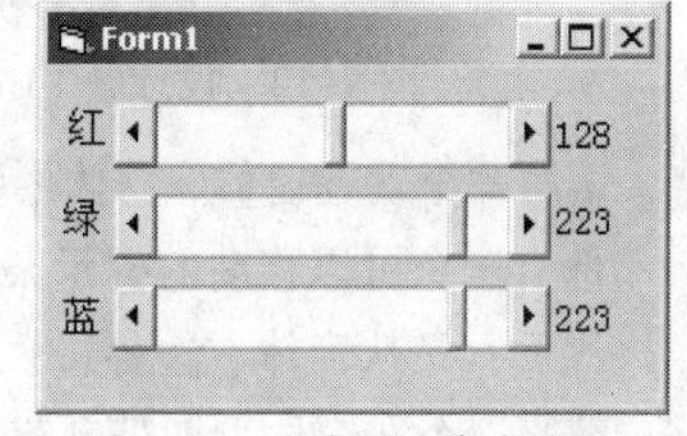

图 9-9　设计题 8 参考界面

9. 窗体的 Picture 属性可以为窗体设置一个背景图，但图片总是以原始大小显示，有时不能充满整个窗体。使用 Image 控件编写程序使图片总是充满整个窗体背景。（提示：要使用 Image 控件的 Stretch 属性，并响应窗体 Resize 事件让 Image 控件的尺寸随着窗体大小变化而改变。）

10. 在窗体上画一个计时器控件和一个标签，程序运行后，在标签内显示经过的秒数。
11. 在窗体中使用两个列表框显示著名大学，单击按钮将选项在两个列表框间移动，运行界面如图 9-10 所示。
12. 在列表框中添加或删除项目，设计界面如图 9-11 所示。程序运行时：
  （1）当在文本框中输入一个院校名后，单击【添加项目】按钮，把文本框中输入的院校名称添加到列表框中。在窗体下方显示当前列表框中的项目数。
  （2）当在文本框中输入一个院校名后，单击【删除项目】按钮，从列表框中删除该院校名称。在窗体下方显示当前列表框中的项目数。

  单击【清除】按钮，清除列表框和文本框中的所有内容。在窗体下方显示当前列表框中的项目数。

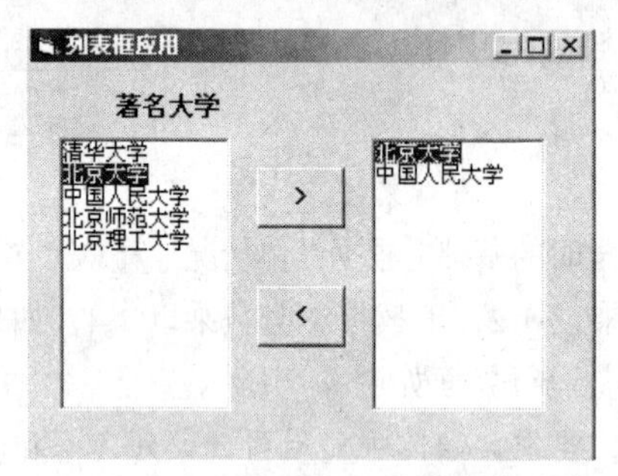

图 9-10　设计题 11 参考界面

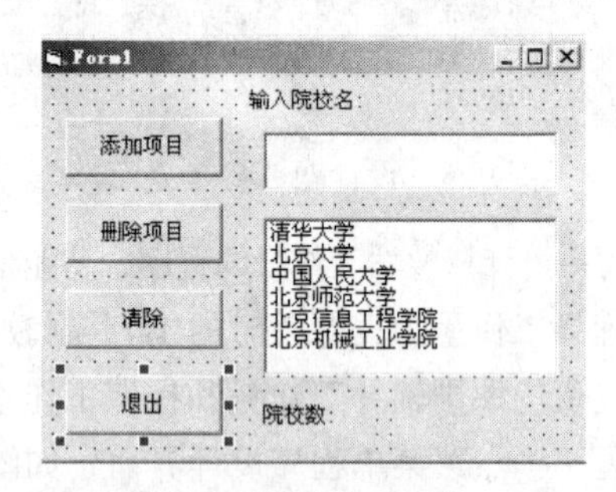

图 9-11　设计题 12 参考界面

13. 格式化文本框。在文本框中显示一首诗，通过设置，分别改变该诗的字体的大小、名称、颜色。界面设计如图 9-12 所示。
14. 设计一个统计学生爱好的程序，界面如图 9-13 所示。要求：单击【确定】按钮，所选择的内容将按顺序显示在右边的文本框中，并且该文本框自带滚动条，可以多行显示。

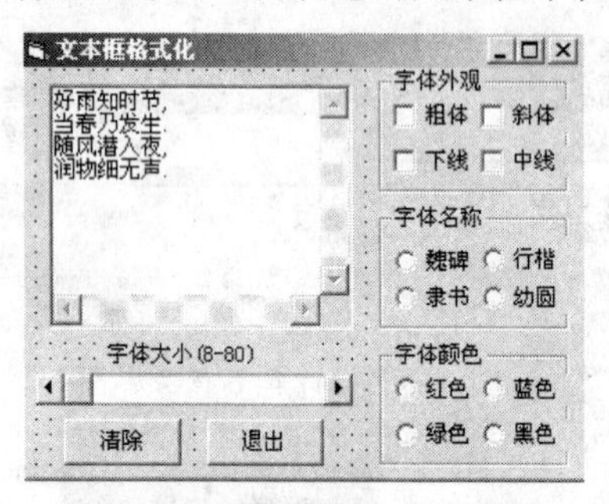

图 9-12　设计题 13 参考界面

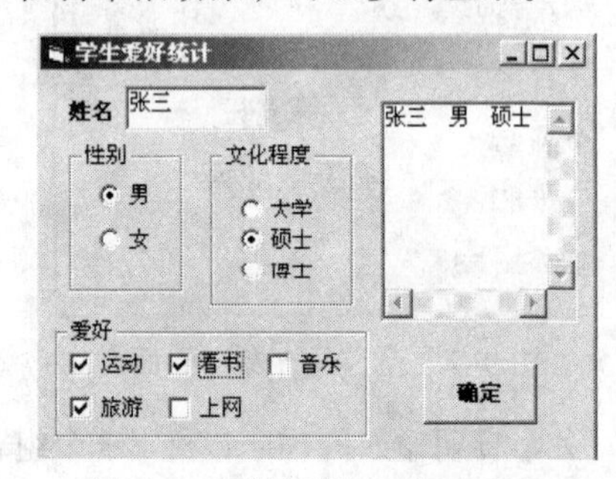

图 9-13　设计题 14 参考界面

15. 编写一个欢迎窗体，窗体中央显示两个大字"欢迎"，字的颜色可以不停地变化，同时窗体底部有一个可以移动的提示条，该提示条总是从右往左滚动显示，待最后一个字滚动超出左边界后，又从窗体右边界进入。
16. 编写一个在窗体上四处乱窜的小球。（提示：小球用一个 Image 控件显示，然后随机产生两个数字 X 和 Y（如 X=Rnd×100），分别用于控制 Image 控件在水平和垂直方向上移动的位移量（如 Image1.Move Image1.Left + X, Image1.Top + Y），当小球走到窗体的任一边界后重新生成新的 X 和 Y（当超出左边界时，X 和 Y 可以是正数，反之则为负数），这样小球的移动是不可预料的。Timer 控件的事件过程控制小球的移动，通过其 Interval 属性设定移动速度。）

习题解答

一、选择题

1. C　2. B　3. B　4. B　5. D　6. C　7. A　8. D　9. A　10. B
11. A　12. A　13. C　14. B　15. A　16. B　17. D　18. B　19. B　20. C

二、填空题

1. 下拉式列表框；Style；2-Dropdown list　2. 文本框；列表框　3. Interval；500
4. Scroll　5. ItemData；0；Clear　6. 没有方法也没有可视的外观

三、简答题

1. 答案要点：图片框控件用来显示图片和图形，没有办法完成复杂的图形功能。默认时，加载到图片框中的图形保持其原始尺寸（同时图片框也不改变大小），图像框控件则总是根据图片的大小自动调整其尺寸。当图片框的 AutoSize 属性为 True 时，两者可相互替代。输出文本只能用图片框控件。

2. 答案要点：对于图片框，可以设置 AutoSize 属性为 True。对于图像框而言，默认情况下，图像框控件总是根据图片大小自动调整尺寸，但是要将其 Stretch 属性值设为 True，就可以支持图片自动伸缩以适应控件大小。

四、设计题

1. 程序代码如下：

```
'单击不同的单选按钮，选择不同的字体和颜色
Private Sub Option1_Click()
   Label1.FontSize=16
End Sub
Private Sub Option2_Click()
   Label1.FontSize=18
End Sub
Private Sub Option3_Click()
   Label1.FontSize=20
End Sub
Private Sub Option4_Click()
   Label1.FontSize=22
End Sub
Private Sub Option5_Click()
   Label1.FontSize=24
End Sub
Private Sub Option6_Click()
   Label1.FontSize=26
End Sub
Private Sub Option7_Click()
   Label1.ForeColor=vbBlack
End Sub
Private Sub Option8_Click()
   Label1.ForeColor=vbRed
End Sub
Private Sub Option9_Click()
```

```
    Label1.ForeColor=vbYellow
End Sub
Private Sub Option10_Click()
    Label1.ForeColor=vbBlue
End Sub
Private Sub Option11_Click()
    Label1.ForeColor=vbGreen
End Sub
Private Sub Option12_Click()
    Label1.ForeColor=vbWhite
End Sub
```

界面设计及运行效果如图 9-14 所示。

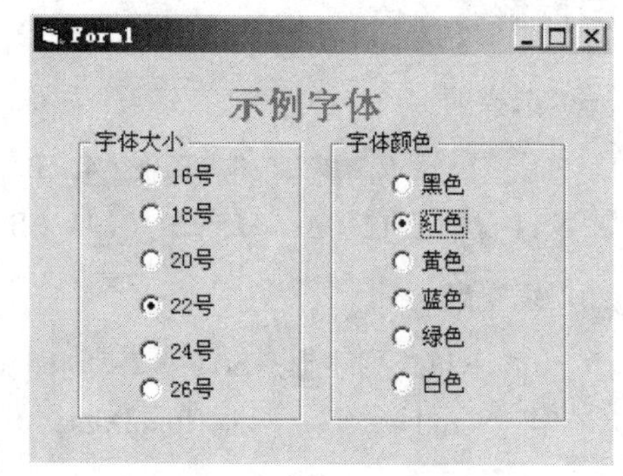

图 9-14　设计题 1 设计效果

2. 程序代码如下：

```
'当选择字体组合框内容时
Private Sub Combo1_Click()
    Select Case Combo1
      Case "16 号"
        Label1.FontSize=16
      Case "18 号"
        Label1.FontSize=18
      Case "20 号"
        Label1.FontSize=20
      Case "22 号"
        Label1.FontSize=22
      Case "24 号"
        Label1.FontSize=24
      Case "26 号"
        Label1.FontSize=26
      End Select
End Sub
'当选择颜色组合框内容时
Private Sub Combo2_Click()
    Select Case Combo2
      Case "红色"
        Label1.ForeColor=vbRed
      Case "黄色"
        Label1.ForeColor=vbYellow
      Case "蓝色"
        Label1.ForeColor=vbBlue
      Case "绿色"
        Label1.ForeColor=vbGreen
      Case "黑色"
        Label1.ForeColor=vbBlack
      Case "白色"
        Label1.ForeColor=vbWhite
      End Select
End Sub
```

界面设计效果如图 9-15 所示。

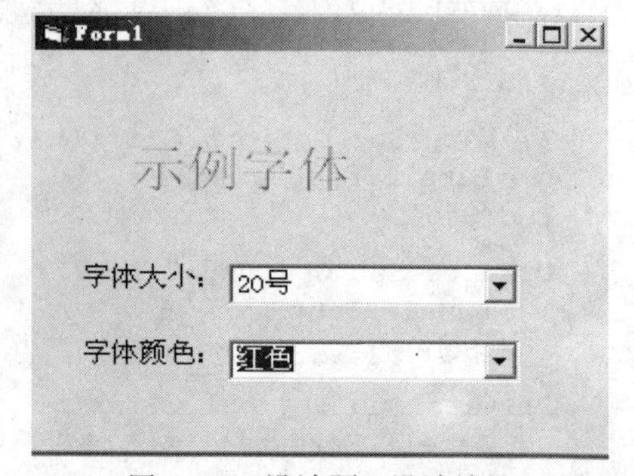

图 9-15　设计题 2 设计效果

3. 程序代码如下：

```
'单击不同的单选按钮，选择不同的位置
Private Sub Option1_Click()
    Label1.Alignment=0
End Sub
```

```
Private Sub Option2_Click()
    Label1.Alignment=2
End Sub

Private Sub Option3_Click()
    Label1.Alignment=1
End Sub
```

界面设计及运行效果见图 9-5。

4. 程序代码如下：

```
'单击【计算】按钮，计算标准体重
Private Sub Command1_Click()
    If Option1=True Then
      Text2=Text1-100
    ElseIf Option2=True Then
      Text2=Text1-105
    End If
End Sub
```

界面设计及运行效果见图 9-6。

5. 程序代码如下：

```
'单击【计算】按钮，计算总工作量
Private Sub Command1_Click()
    Dim xs As Single
    xs=Text1
    If Option2.Value=True Then
      xs=xs*1.2
    ElseIf Option3.Value=True Then
      xs=xs*1.4
    End If
    If Check1.Value=1 Then
      xs=xs*1.3
    End If
    If Check2.Value=1 Then
      xs=xs/4
    End If
    Label3=xs
End Sub
```

界面设计及运行效果见图 9-7。

6. 程序代码如下：

```
'单击【好】按钮，确定点菜
Private Sub Command1_Click()
    Dim i As Integer
    Dim j As Integer
    Dim k As Integer
    For i=List1.ListCount-1 To 0 Step -1
      If List1.Selected(i)=True Then
        Do
          For j=0 To List2.ListCount
            If List1.List(i)=List2.List(j)Then
              k=MsgBox("该菜已点！",vbOKOnly,"提醒")
              Exit Do
            End If
          Next
          List2.AddItem List1.List(i)
```

```
      Loop While j<List2.ListCount
      End If
    Next
End Sub

'单击【删除】按钮，删除点菜
Private Sub Command2_Click()
    Dim i As Integer
    For i=List2.ListCount-1 To 0 Step -1
      If List2.Selected(i)=True Then
        List2.RemoveItem i
      End If
    Next
End Sub

'单击【清除】按钮，重新点菜
Private Sub Command3_Click()
    List2.Clear
End Sub

'单击【结束】按钮，结束点菜
Private Sub Command4_Click()
    Unload Me
End Sub
```

界面设计及运行效果见图 9-8。

7. 程序代码如下：

```
'选定组合框项目时
Private Sub Combo2_Click()
    If Combo2.Text=1 Or Combo2=3 Or Combo2=5 Or Combo2=7 Or Combo2=8 Or Combo2=10
    Or Combo2=12 Then
       Combo3.AddItem "29"          '其他的天数在 list 属性中设置
       Combo3.AddItem "30"
       Combo3.AddItem "31"
    ElseIf Combo2=4 Or Combo2=6 Or Combo2=9 Or Combo2=11 Then
       Combo3.AddItem "29"
       Combo3.AddItem "30"
    ElseIf Combo2=2 And (Combo1 Mod 4=0 Or (Combo1 Mod 100=0 And Combo1 Mod 400=0))
Then
       Combo3.AddItem "29"
    End If
End Sub
```

界面设计及运行效果如图 9-16 所示。

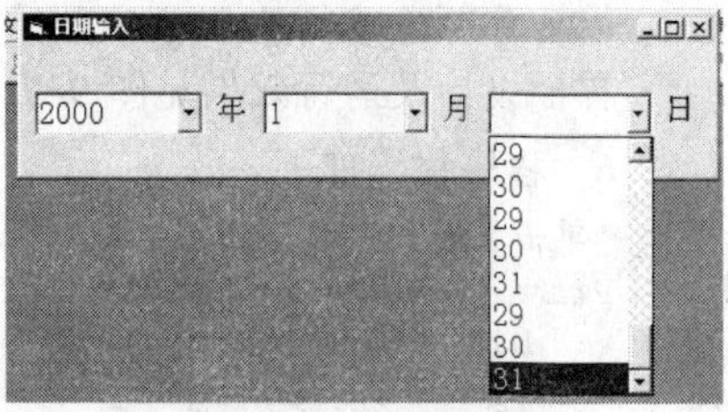

图 9-16 设计题 7 设计效果

8. 程序代码如下：

```
'当红色滚动条变动时
Private Sub HScroll1_Change()
    BackColor=RGB(HScroll1,HScroll2,HScroll3)
    Label4=HScroll1
End Sub

'当绿色滚动条变动时
Private Sub HScroll2_Change()
    BackColor=RGB(HScroll1,HScroll2,HScroll3)
    Label5=HScroll2
End Sub

'当蓝色滚动条变动时
Private Sub HScroll3_Change()
```

```
   BackColor=RGB(HScroll1,HScroll2,HScroll3)
   Label6=HScroll3
End Sub
```

界面设计及运行效果见图 9-9 所示。

9. 程序代码如下：

```
'当窗体尺寸变动时
Private Sub Form_Resize()
   Image1.Height=Form1.Height
   Image1.Width=Form1.Width
   Image1.Stretch=True
End Sub
```

界面设计及运行效果如图 9-17 所示。

10. 程序代码如下：

```
'当计时器事件驱动时
Private Sub Timer1_Timer()
   Label1=Val(Label1)+1
End Sub
```

界面设计及运行效果如图 9-18 所示。

图 9-17 设计题 9 设计效果

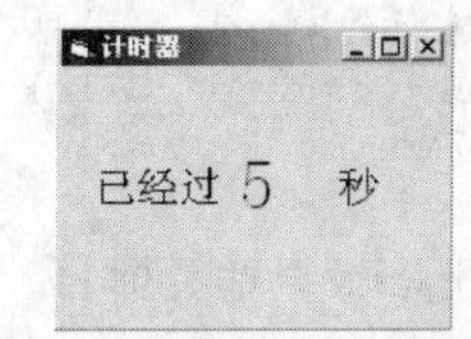

图 9-18 设计题 10 设计效果

11. 程序代码如下：

```
'选择文本框中的项目
Private Sub moveItem(objSource As Object, objTarget As Object)
   Dim i As Integer
   For i=objSource.ListCount-1 To 0 Step -1
     If objSource.Selected(i)=True Then       '选中的项目进行转移
       objTarget.AddItem objSource.List(i)
       objSource.RemoveItem i
     End If
   Next
End Sub
'当单击右箭头按钮，右文本框添加项目
Private Sub Command1_Click()
   moveItem List1,List2
End Sub
'当单击左箭头按钮，左文本框添加项目
Private Sub Command2_Click()
   moveItem List2,List1
End Sub
```

界面设计及运行效果见图 9-10。

12. 程序代码如下：

```
'装载窗体
Private Sub Form_Load()
   Label3=List1.ListCount
End Sub
'单击【添加项目】按钮，增加选项
Private Sub Command1_Click()
   List1.AddItem Text1
   Label3=List1.ListCount
End Sub
'单击【删除项目】按钮，删除选项
Private Sub Command2_Click()
   Dim i As Integer
   For i=List1.ListCount-1 To 0 Step -1
     If List1.Selected(i)=True Then
       List1.RemoveItem i
     End If
   Next
   Label3=List1.ListCount
End Sub
'单击【清除】按钮，清除所有内容
Private Sub Command3_Click()
   List1.Clear
   Label3=List1.ListCount
End Sub
'单击【退出】按钮，结束
Private Sub Command4_Click()
   Unload Me
End Sub
```

界面设计及运行效果见图 9-11。

13. 程序代码如下：

```
'加载窗体，显示文字
Private Sub Form_Load()
   Text1="好雨知时节，" & vbCrLf & "当春乃发生。" & vbCrLf & "随风潜入夜，" & vbCrLf
& "润物细无声。"
End Sub
'单击【清除】按钮，取消各选项
Private Sub Command1_Click()
    Text1.FontName="宋体"
    Text1.ForeColor=vbBlack
    Text1.FontBold=False
    Text1.FontUnderline=False
    Text1.FontItalic=False
    Text1.FontStrikethru=False
End Sub
'单击【退出】按钮，结束
Private Sub Command2_Click()
    Unload Me
End Sub
```

```
'字体外观选择
Private Sub Check1_Click()
   If Check1.Value=1 Then
     Text1.FontBold=True
   ElseIf Check1.Value=0 Then
     Text1.FontBold=False
   End If
End Sub

Private Sub Check2_Click()
   If Check2.Value=1 Then
     Text1.FontUnderline=True
   ElseIf Check2.Value=0 Then
     Text1.FontUnderline=False
   End If
End Sub

Private Sub Check3_Click()
   If Check3.Value=1 Then
     Text1.FontItalic=True
   ElseIf Check3.Value=0 Then
     Text1.FontItalic=False
   End If
End Sub

Private Sub Check4_Click()
   If Check4.Value=1 Then
     Text1.FontStrikethru=True
   ElseIf Check4.Value=0 Then
     Text1.FontStrikethru=False
   End If
End Sub
'字体大小选择
Private Sub HScroll1_Change()
   Text1.FontSize=HScroll1.Value
End Sub
'字体名称选择
Private Sub Option1_Click()
   Text1.FontName="微软简魏碑"
End Sub
Private Sub Option2_Click()
   Text1.FontName="微软简隶书"
End Sub
Private Sub Option3_Click()
   Text1.FontName="微软简行楷"
End Sub
Private Sub Option4_Click()
   Text1.FontName="幼圆"
End Sub

'字体颜色选择
Private Sub Option5_Click()
   Text1.ForeColor=vbRed
End Sub
Private Sub Option6_Click()
   Text1.ForeColor=vbGreen
End Sub
```

```
Private Sub Option7_Click()
   Text1.ForeColor=vbBlue
End Sub
Private Sub Option8_Click()
   Text1.ForeColor=vbBlack
End Sub
```

界面设计及运行效果见图 9-12。

14. 程序代码如下：

```
'模块级变量定义
Option Explicit
   Dim xb As String
   Dim wh As String
'性别选择
Private Sub Option1_Click()
   xb=Option1.Caption
End Sub
Private Sub Option2_Click()
   xb=Option2.Caption
End Sub
'文化程度选择
Private Sub Option3_Click()
   wh=Option3.Caption
End Sub
Private Sub Option4_Click()
   wh=Option4.Caption
End Sub
Private Sub Option5_Click()
   wh=Option5.Caption
End Sub
'单击【确定】按钮，列出综合信息
Private Sub Command1_Click()
   Text2=Text2&Text1&""&xb&""&wh&""&"爱好有: "
   If Check1.Value=1 Then
     Text2=Text2&"运动 "
   End If
   If Check2.Value=1 Then
     Text2=Text2&"看书 "
   End If
   If Check3.Value=1 Then
     Text2=Text2&"音乐 "
   End If
   If Check4.Value=1 Then
     Text2=Text2&"旅游 "
   End If
   If Check5.Value=1 Then
     Text2=Text2&"上网 "
   End If
   Text2=Text2&vbCrLf
End Sub
```

界面设计及运行效果见图 9-13 所示。

15. 程序代码如下：

```
'计时器事件，显示颜色
Private Sub Timer1_Timer()
```

```
    Dim i As Integer
    Randomize
    i=Rnd*15
    Label1.ForeColor=QBColor(i)              'Label1 显示随机颜色
End Sub
'计时器事件，提示返回
Private Sub Timer2_Timer()
    Label2.Left=Label2.Left-10
    If Label2.Left<=-Label2.Width The        'Label2 显示完后回到右边界
      Label2.Left=Form1.Width
    End If
End Sub
```

界面设计及运行效果如图 9-19 所示。

16. 程序代码如下：

```
'定义模块级变量
Option Explicit
    Dim x As Integer
    Dim y As Integer
'装载窗体
Private Sub Form_Load()
    Randomize
    x=Rnd*100
    y=Rnd*100
End Sub
'根据计时器移动小球位置
Private Sub Timer1_Timer()         '小球碰壁后重新设置 x,y 的值
    If Image1.Left+Image1.Width>=Form1.Width Or Image1.Left<0 Or Image1.Top+
Image1.Height>=Form1.Height Or Image1.Top<0 Then
    Randomize
    x=Rnd*100
    y=Rnd*100
End If
'小球在超出下界与右边界时，x,y 取负值，即反弹回来
    If Image1.Left+Image1.Width>=Form1.Width Then
      x=-x
    ElseIf Image1.Top+Image1.Height>=Form1.Height Then
      y=-y
    End If
      Image1.Move Image1.Left+x, Image1.Top+y
End Sub
```

界面设计及运行效果如图 9-20 所示。

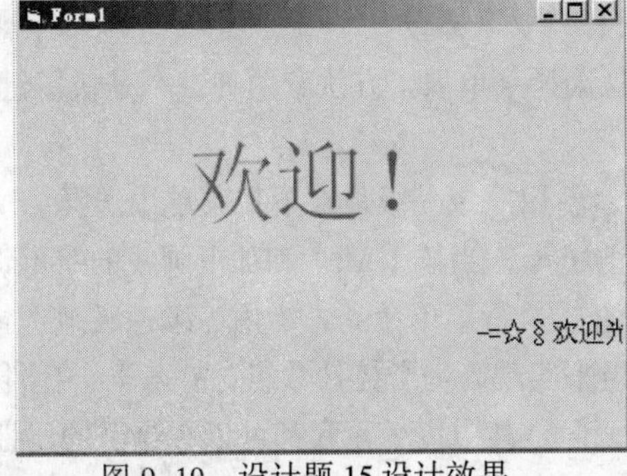

图 9-19　设计题 15 设计效果

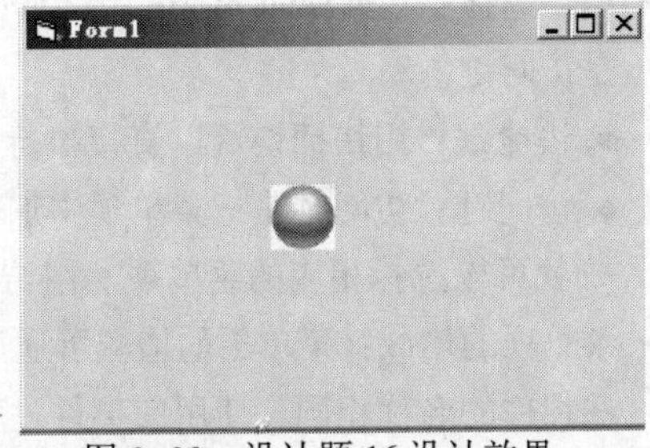

图 9-20　设计题 16 设计效果

第 10 章　应用界面设计

10.1　本章知识要点

1. 用菜单编辑器建立菜单

打开菜单编辑器的方法有 4 种：

- 选择【工具】→【菜单编辑器】命令。
- 单击工具栏中的【菜单编辑器】按钮。
- 按【Ctrl+E】组合键。
- 在要建立菜单的窗体上右击，在弹出的快捷菜单中选择【菜单编辑器】命令。

2. 菜单设计

掌握菜单设计的主要内容及步骤，例如：建立分级菜单、创建分隔条、增加访问键和快捷键等。

3. 菜单相关操作

- 有效性控制：菜单中的一些菜单项应能根据执行条件的不同进行动态变化，即当条件满足时可以执行，否则不能执行。因此应根据不同条件设置菜单项的有效性。在 Visual Basic 中，只要将一个菜单项的“有效”设置为 True，就可以使其有效；将一个菜单项的“有效”设置为 False，即可使其无效，运行后该菜单变为灰色。
- 菜单项标记：是指在菜单项前面加上一个“√”标记，其作用有两个：一是可以明显地表示当前某个命令状态是 On 或 Off；二是可以表示当前选择的是哪个菜单项。菜单项标记通过菜单设计窗口中的“复选”属性设置，当该属性为 True 时，相应的菜单项前有“√”标记；若该属性为 False，则相应的菜单项前没有“√”标记。
- 键盘选择：在 Visual Basic 中，可以通过键盘选择菜单项，方法有两种：一是快捷键，二是访问键。
  - ◆ 快捷键：用快捷键可以直接执行菜单命令，不用一级一级地在下拉菜单中选择。
  - ◆ 访问键：访问键是指菜单项中加了下画线的字母，当按【Alt】和加下画线的字母键时，就可以选择相应的菜单项。用访问键可以直接执行菜单命令，不用一级一级地选择。
- 菜单项的增减：菜单项的增减可通过控件数组来实现，一个控件数组含有若干个控件，这些控件的名称相同，使用的事件过程也相同，但是其中每个元素都可以有自己的属性。

4. 菜单常用属性和事件

菜单的常用属性有：Caption、Enabled、Visible、Checked属性等。常用事件为Click事件。

5. 快捷菜单

快捷菜单也称弹出式菜单、上下文菜单，是一种独立于菜单栏可以在窗体上任何位置显示的浮动菜单。不同的子窗口或同一窗口的不同区域可以定义不同的快捷菜单，它是一种小型菜单，可以对程序事件作出响应。

快捷菜单的创建通常分两步进行：先用菜单编辑器建立菜单，然后用PopupMenu方法弹出显示。

6. 动态菜单

动态菜单可以实现菜单的动态变化，没有固定的菜单项，在适当的时候增加或减少菜单项。可使用菜单控件数组创建动态数组。

7. 工具栏

工具栏是由一些按钮组成，可以实现快速访问应用程序中最频繁使用的命令。使用ActiveX控件中的ImageList控件和ToolBar控件可将工具栏加入到应用程序中。

8. 通用对话框

通用对话框是一种控件，通过它可以设计比较复杂的对话框。

9. 文件对话框

文件对话框分为两种，即打开（Open）文件对话框和保存（Save As）文件对话框。

10. 其他对话框

用通用对话框控件除了可以建立文件对话框外，还可以建立一些其他对话框，例如颜色对话框、字体对话框、打印对话框等。

10.2　典型例题解析

10.2.1　选择题解析

1. 在用菜单编辑器设计菜单时，必须输入的项是（　　）。

A. 快捷键　　B. 标题　　C. 索引　　D. 名称

【解析】 我们分别来看看以上几个选项内容在菜单编辑器中各有什么作用及功能。

快捷键（Shortcut）下拉列表框是用来存放快捷键，供用户为菜单选项选择使用，菜单项的快捷键可以不要，但如果选择了快捷键则会显示在菜单标题的右边。在程序运行时，用户按快捷键同样可以完成选择该菜单项执行相应命令的操作。

标题（Caption）文本框用来让用户输入显示在窗体上的菜单标题，输入的内容会在菜单编辑器窗口下边的空白部分显示出来，该区域称为菜单显示区域。如果加在标题中某一个字母的前面，程序运行后在菜单项中该字母下将加上下画线，“Alt+特定字母”称为访问键，用以访问该菜单项，这种访问只能逐层进行，不能越过某一层而访问下一层子菜单。

索引：其数值表示菜单数组中的位置序号。如不定义菜单数组，没有意义。

名称：用来输入菜单及菜单项名称的文本框。名称不在菜单中出现，它是在代码中访问菜单项的唯一标识符，名称是不能省略的。

【答案】 D

2. 下列有关子菜单的说法中，错误的是（　　）。

A. 每个菜单项都是一个控件，与其他控件一样也有其属性和事件

B. 除了 Click 事件之外，菜单项不可以响应其他事件

C. 菜单的索引号可以不连续

D. 菜单项的索引号必须从 1 开始

【解析】 在程序运行时，当用户选择某个菜单标题时会打开下拉菜单，菜单中的菜单项可以是命令、选项、分隔条或子菜单标题。每个菜单项都是一个控件，与其他控件一样也能有自己的属性和事件。菜单项的各个属性都能设置和查看，如 Name（名称）和 Caption（标题）属性等。每个菜单项只能响应一个事件，即 Click 事件。

菜单的索引号可以不连续，也并没有限制从 1 开始。

【答案】 D

3. 以下说法正确的是（　　）。

A. 任何时候都可以选择【工具】→【菜单编辑器】命令打开菜单编辑器

B. 只有当某个窗体为当前活动窗体时，才能打开菜单

C. 只有当代码窗口为当前活动窗口时，才能打开菜单编辑器

D. 任何时候都可以使用标准工具栏中的【菜单编辑器】按钮打开菜单编辑器

【解析】 因为【菜单编辑器】命令是在【工具】菜单下，所以只有当某个窗体为当前活动窗体时，才能打开【工具】菜单，从而能打开【菜单编辑器】。

【答案】 B

4. 在窗体上画一个通用对话框，其 Name 属性为 CommonDialog1（默认值）；再画两个命令按钮，Name 属性分别为 Command1 和 Command2；然后编写如下过程：

```
Private Sub Command1_Click()
    CommonDialog1.FileName=" "
    CommonDialog1.Flags=vbOFNieMustExist
    CommonDialog1.Filter="All Files|*.*|(*.exe)|*.exe|(*.TXT)|*.TXT"
    CommonDialog1.FilterIndex=3
    CommonDialog1.DialogTitle="Open File(*.EXE)"
    CommonDialog1.Action=1
    If CommonDialog1.FileName=" " Then
      MsgBox"No file selectd"
    Else
    '对所有选择的文件进行处理
    Open CommonDialog1.FileName For Input As #1
      Do While Not EOF(1)
        Input#1,a$
        Print a$
        Loop
    End If
End Sub
```

以下各选项，对上述事件过程描述错误的是（　　）。

A. 该事件过程用来建立一个 Open 对话框，可以在这个对话框中选择要打开的文件

B. 选择后单击“打开”按钮，所选择的文件名即作为对话框的 FileName 属性值

C. 过程中的“CommonDialog1.Action=1”用来建立 Open 对话框，它与 CommonDialog1.ShowOpen 等价

D. Open 对话框不仅仅用来选择一个文件，还可以打开、显示文件

【解析】 打开文件对话框可以让用户指定一个文件，即选择一个文件，供程序使用。所以它并不能真正“打开”文件，而仅仅是用来选择一个文件。从程序代码中，我们可以得出答案。我们可以看一下 If…Else 结构中的 Else 语句体。当选择要打开的文件后，程序则执行：

```
Open CommonDialog1.FileName For Input As #1
Do While Not EOF()
Input#1,a$
Print a$
Loop
```

由此我们可以看到，程序在用户选择文件后，打开并显示文件内容的功能是由 Else 语句完成的。

【答案】 D

5. 下列各选项说法错误的一项是（　　）。

A. 通用对话框的 Name 属性的默认值为 CommonDialogX，此外，每种对话框都有自己的默认标题

B. 文件对话框可分为两种，即打开（Open）文件对话框和保存（Save As）文件对话框

C. 打开文件对话框可以让用户指定一个文件，供程序使用；而用保存文件对话框可以指定一个文件，并以这个文件名保存当前文件

D. DefaultEXT 属性和 DialogTitle 属性都是打开对话框的属性，但不是保存对话框的属性

【解析】 除 DefaultEXT、DialogTitle 属性是打开对话框和保存对话框所共有的，还有 FileName、FileTitle、Filter、FilterIndex、Flags、InitDir、MaxFileSize、CancelError、HelpCommand、HelpContext 和 HelpFile 属性，都是它们所共有的。

【答案】 D

10.2.2　填空题解析

1. 菜单分为______菜单和______菜单，菜单总与______相关联，设计菜单需要在______中设计。

【解析】 此题考察的知识点是菜单的基础知识。菜单分为下拉式菜单和弹出式菜单两种。要打开某界面上的菜单，要先进入该界面，此处界面是指窗体，所以菜单总与窗体相关联。在 Visual Basic 中有专门的设计菜单环境，那就是菜单编辑器。

【答案】 下拉式；弹出式；窗体；菜单编辑器

2. 菜单设计器的“标题”选项对应于菜单控件的______属性。

菜单设计器的“名称”选项对应于菜单控件的______属性。

菜单设计器的“复选”选项对应于菜单控件的______属性。

菜单设计器的“有效”选项对应于菜单控件的______属性。

菜单设计器的“可见”选项对应于菜单控件的______属性。

【解析】 教材中明确指出：“标题”相当于控件的 Caption 属性；“名称”相当于控件的 Name 属性；“复选”相当于控件的 Checked 属性；“有效”相当于控件的 Enabled 属性；“可见”相当于控件的 Visible 属性。

【答案】 Caption；Name；Checked；Enabled；Visible

3. 有如下事件过程:

```
Private Sub Form_MouseDown(Button As Integer,Shift As Integer,
x As Single,y As Single)
   If Button=2 Then
      PopupMenu popformat
   End If
End Sub
```

如果运行程序时右击，程序则________。

【解析】 PopupMenu 方法用来显示快捷菜单，其格式如下:

[对象] PopupMenu 菜单名 [,Flags [,X [,Y [,Boldcommand]]]]

题中，在程序运行时右击，即以上代码中的 If 条件语为真，执行 Then 语句。即用 PopupMenu 方法弹出快捷菜单。

【答案】 用 PopupMenu 方法弹出快捷菜单

4. 在文件对话框中，FileName 和 FileTitle 属性的主要区别是________。假定有一个名为“abc.exe”的文件，它位于“d:\fac\bp”目录下，则 FileName 属性的值为________；FileTitle 属性的值为________。

【解析】 此题考查的知识点是 FileName 和 FileTile 属性。有关这两个属性，说明如下:

FileName 属性: 用来设置或返回要打开或保存的文件的路径及文件名。在文件对话框中显示一系列文件名，如果选择了一个文件并单击【打开】或【保存】按钮（或双击所选择的文件），所选择的文件即作为属性 FileName 的值，然后就可以把该文件作为要打开或保存的文件。

FileTitle 属性: 用来指定文件对话框中所选择的文件名（不包括路径）。该属性与 FileName 属性的区别是，FileName 属性用来指定完整的路径，如“d:\prog\vbf\test.frm”；而 FileTitle 只指定文件名，如“test.frm”。

由如上所述我们不难得到答案。FileName 和 FileTitle 属性的主要区别是: FileName 属性用来指定完整的路径；而 FileTitle 属性只指定文件。当 abc.exe 文件位于“d:\fac\bp”目录下，FileName 属性值为“d:\fac\bp\abc.exe”；FileTitle 属性的值为“abc.exe”。

【答案】 前者用来指定完整路径，后者只指定文件名

d:\fac\bp\abc.exe

abc.exe

5. 在窗体上画一个命令按钮和一个通用对话框，其名称分别为 Command1 和 CommonDialog1，然后编写如下代码:

```
Private Sub Command1_Click()
    CommonDialog1.FileName=" "
    CommonDialog1.Flags=vbOFNieMustExist
    CommonDialog1.Filter="All Files|*.*|(*.exe)|*.exe|(*.TXT)" _
                      &"|*.TXT|(*.doc)|*.doc"
    CommonDialog1.FilterIndex=4
    CommonDialog1.DialogTitle="Open File(*.ExE)"
    CommonDialog1.Action=1
    If CommonDialog1.FileName=" "Then
    MsgBox"No file selectd"
    End If
End Sub
```

程序运行后，单击命令按钮，将显示一个对话框。

（1）该对话框的标题是________。

（2）该对话框“文件类型”框中显示的内容是________。

（3）单击“文件类型”框右端的箭头，下拉显示的内容是________。

【解析】（1）已知DialogTitle属性用来设置对话框的标题。在默认情况下，“打开”对话框的标题是“打开”，“保存”对话框的标题是“保存”。而在本题程序代码中，有这样的语句：

```
CommonDialog1.DialogTitle="Open File(*.EXE)"
```

所以此处该对话框的标题是Open File(*.EXE)

（2）已知Filter属性用来指定在对话框中显示的文件类型。用该属性可以设置多个文件类型，供用户在对话框的“文件类型”下拉列表中选择。Filter的属性值由一对或多对文本字符串组成，每对字符串用“|”隔开，在“|”前面的部分称为描述符，后面的部分一般为通配符和文件扩展名，称为“过滤器”，如*.txt等，各对字符串之间也用“|”隔开。其格式如下：

```
[窗体]对话框名.Filter=描述符1|过滤器1|描述符2|过滤器2…
```

如果省略窗体，则为当前窗体。而由题中代码段的语句：

```
CommonDialog1.Filter="All Files|*.*|(*.exe)|*.exe|(*.TXT)|*.TXT)|(*.doc)|*.doc"
```

和：

```
CommonDialog1.FilterIndex=4
```

可知FilterIndex的属性值为4。而FilterIndex属性是用于指定默认的过滤器，其设置值为整数。用Filter属性设置多个过滤器后，每个过滤器都有一个值，第一个过滤器的值为1，第二个值为2……，用FilterIndex属性可以指定作为默认显示的过滤器。而我们已知此时FilterIndex值为4，所以该对话框“文件类型”框中显示的内容应是“.doc”。

（3）由第（2）点的讲述可知，下拉显示的内容是：*.*
*.exe
*.TXT
*.doc

【答案】（1）Open File(*.EXE)

（2）*.doc

（3）*.*
*.exe
*.TXT
*.doc

10.3 习题与解答

一、选择题

1. 在菜单编辑器的某菜单项标题中，有一个字母前加了“&”符号，其含义是（　　）。

A. 设置该菜单项的“访问键”，可以通过按【Ctrl+字母】键选择该菜单项

B. 设置该菜单项的“访问键”，可以通过按【Alt+字母】键选择该菜单项

C. 设置该菜单项的“访问键”，可以通过按【Shift+字母】键选择该菜单项

D. 在此菜单项前加上选中标记“√”

2. 制作菜单的分隔栏时，选用的符号是（　　）。

A. -　　B. ——　　C. &　　D. …

3. 假定有一个菜单项，名为MenuItem，为了在运行时使该菜单项失效（变灰），应使用的语句为（　　）。

A. MenuItem.Enabled=False　　B. MenuItem.Enabled=True

C. MenuItem.Visible=True　　D. MenuItem.Visible=False

4. 假定有一个菜单项，名为MenuItem，运行时使该菜单项加标记"√"，应使用的语句为（　　）。

A. MenuItem.Enabled=True　　B. MenuItem.Value=True

C. MenuItem.Checked=True　　D. MenuItem.Caption="√"

5. 在某菜单中，有一菜单项标题为"NEW"，名称为"Creat"，则单击该菜单项所对应的事件过程应是（　　）。

A. Private Sub MnuNEW_Click()　　B. Private Sub Create_Click()

C. Private Sub NEW_Click()　　D. Sub Mnu_Create_Click()

6. 含有子菜单的菜单不能设置（　　）。

A. 访问键　　B. 快捷键　　C. 菜单标题　　D. 菜单名称

7. Visual Basic 允许的子菜单最多有（　　）级。

A. 3　　B. 4　　C. 5　　D. 6

8. 下面叙述中错误的是（　　）。

A. 在同一窗体的菜单项中，不允许出现标题相同的菜单项

B. 在菜单的标题栏中，"&"所引导的字母指明了访问该菜单项的访问键

C. 在程序运行过程中，可以重新设置菜单的 Visible 属性

D. 快捷菜单也在菜单编辑器中定义

9. 下列不能打开菜单编辑器的操作是（　　）。

A. 按【Ctrl+E】组合键　　B. 单击工具栏中的【菜单编辑器】按钮

C. 选择【工具】→【菜单编辑器】命令　　D. 按【Shift+Alt+M】组合键

10. 菜单项能触发的事件有（　　）。

A. MouseDown　　B. MouseUp、Click 和 DblClick

C. Click 和 DblClick　　D. Click

11. 菜单编辑器通过（　　）来确定某个菜单栏选项的子菜单。

A. 缩进　　B. 编号　　C. 复选框　　D. 下箭头

12. 通用对话框控件不能实现（　　）的功能。

A. 打开"字体"对话框　　B. 打开"颜色"对话框

C. 打开"关于"对话框　　D. 打开文件"打开"和"另存为"对话框

13. 窗体上添加了一个控件名为CommonDialog1的通用对话框，要为"文件"对话框的 Filter 属性设置两个值，则下面写法正确的是（　　）。

A. CommonDialog1.Filter="所有文件（*.*）|*.*|文本文件（*.txt）|*.txt"

B. CommonDialog1.Filter="所有文件（*.*）*.*|文本文件（*.txt）*.txt"

C. CommonDialog1.Filter="所有文件（*.*）|*.*文本文件（*.txt）|*.txt"

D. CommonDialog1.Filter="所有文件（*.*）*.*|文本文件（*.txt）|*.txt"

14. 通用对话框的“打开”对话框的作用是（　　）。
    A. 选择某一个文件并打开文件　　B. 选择某一个文件但不能打开文件
    C. 选择多个文件并打开这些文件　　D. 选择多个文件但不能打开这些文件
15. 以下（　　）控件本身在程序运行时是绝对不可见的。
    A. 工具栏（ToolBar）　　B. 命令按钮（CommandButton）
    C. 文本框（TextBox）　　D. 通用对话框（CommonDialog）

二、填空题

1. 菜单按出现的位置的不同分为________和________两种，其中________一般显示在窗体标题栏下面，而________只有在右击的时候才出现。
2. 菜单编辑器由________、________和________3 部分组成，所有设计好的菜单都会在________中显示出来，并且通过________来区分菜单的级别。
3. 不可以给________级菜单设置快捷键。
4. 快捷菜单在________中设计，且一定要使________级菜单不可见。
5. 在菜单编辑器中建立一个菜单名称为 menu1，用下面的语句可以把它作为快捷菜单显示：Form1.________menu1。
6. 创建工具栏需要________控件和________控件组合。
7. 当单击工具栏中的某个按钮时触发________事件。
8. 文件对话框分为两种，即________对话框和________对话框。
9. 建立“打开”、“另存为”、“颜色”、“字体”和“打印”对话框所使用的方法分别是________、________、________、________、和________。
10. 在菜单编辑器中建立一个菜单，其主菜单项的名称为 mnuEdit，Visible 属性为 False，程序运行后，如果右击窗体，则弹出与 mnuEdit 相应的菜单。以下是实现上述功能的程序，请填空。

```
Private Sub Form______(Button As Integer,Shift As Integer,X As Single,Y As
Single)
   If  Button=2 Then
      ________ mnuEdit
   End If
End Sub
```

11. 窗体上有一个通用对话框控件 CommonDialog1 和一个命令按钮 Command1，当单击按钮时，程序的功能是________。

```
Private Sub Command1_Click()
   CommonDialog1.Action=2
End Sub
```

三、简答题

1. 可否在运行时加入或减少菜单项？如果可以，怎么做？
2. 菜单编辑器由哪几部分组成，每一部分的功能是什么？
3. 建立快捷菜单的一般步骤是什么？

4. 在文件对话框中，FileName 和 FileTitle 属性的主要区别是什么？假定有一个名为 fn.exe 的文件，它位于 C:\abc\def\ 目录下，则 FileName 属性的值是什么？FileTitle 属性的值是什么？

四、设计题

1. 创建“四则运算”窗体，要求程序运行后，各菜单栏内容如图 10-1 所示。执行【设置操作数范围】命令，可以通过输入对话框输入上限和下限；执行【生成操作数】命令，可以在设定的范围内产生两个操作数并自动添加到两个文本框中；如果没有执行【设置操作数范围】命令设置范围，则操作数产生的范围为 1～100；执行【操作符】菜单中的命令选择运算类型，并将结果添加到最后一个文本框中。执行【退出】命令结束程序运行。

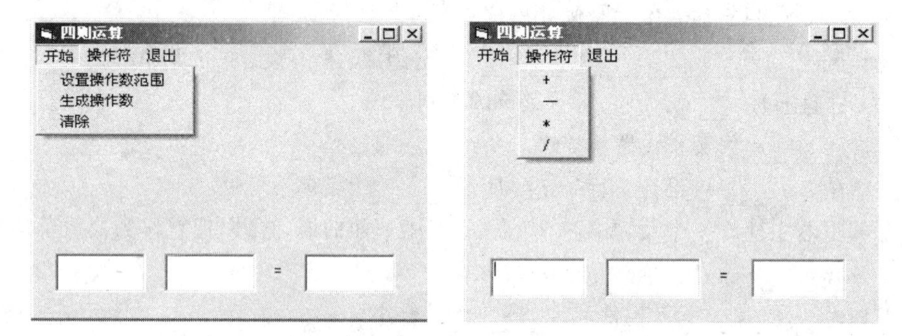

图 10-1　设计题 1 参考界面

2. 在窗体上画一个文本框，把它的 MultiLine 属性设置为 True，通过菜单命令向文本框中输入信息并对文本框中的文本进行格式化。命令属性设置如表 10-1 所示。

表 10-1　设计题 2 命令属性设置

标　题	名　称	操　作
输入信息	mnuinpinfo	
输入	mnuinput	显示一个输入对话框，在该对话框中输入一段文字
退出	Mnuexit	结束程序运行
显示信息	Mnudisinfo	
显示	Mnudisplay	在文本框中显示输入的文字
清除	Mnuclean	清除文本框中所显示的文字
格式	Mnuformat	
正常	Mnunormal	文本框中的文字用正常字体显示，fontsize=10
粗体	Mnubold	文本框中的文字用粗体显示，fontbold=true
斜体	Mnuitalic	文本框中的文字用斜体显示，fontitalic=true
下画线	Mnuunder	文本框中的文字加下画线显示，fontunderline=true
Font20	Mnufont20	把文本框中的文字设置为 20 显示，fontsize=20

系统功能：

（1）运行程序，选择【输入信息】→【输入】命令，弹出输入框，在输入框中输入信息“滚滚长江东逝水，浪花淘尽英雄，是非成败转头空。青山依旧在，几度夕阳红。”选择【退出】命令，结束程序。

（2）选择【显示信息】→【显示】命令，在文本框中显示上述信息。选择【清除】命令，去掉显示信息。

（3）选择【格式】菜单中的【粗体】、【斜体】等命令，对所显示的信息进行格式化。

运行界面如图 10-2 所示。

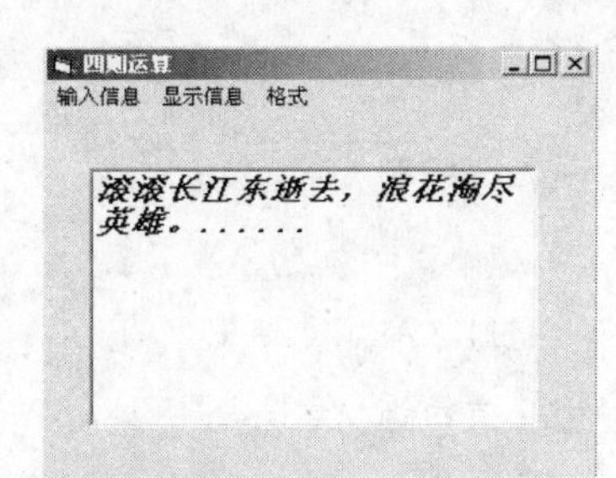

图 10-2　设计题 2 参考界面

3. 在窗体上画一个文本框和一个标签，把文本框的 MultiLine 属性设置为 True。设计一个快捷菜单，该菜单名为“三十六计”，包括 5 个命令：【瞒天过海】、【围魏救赵】、【借刀杀人】、【以逸待劳】、【退出】。程序运行后，单击菜单中的某个命令，在标签中显示相应的“计”的内容。四“计”内容分别为：

（1）瞒天过海：备周则意怠，常见则不疑。阴在阳之内，不在阳之外。太阳，太阴。

（2）围魏救赵：共敌不如分敌，敌阳不如敌阴。

（3）借刀杀人：敌已明，友未定，引友杀敌，不自出力，以损推演。

（4）以逸待劳：困敌之势，不以战，损则益柔。

运行界面如图 10-3 所示。

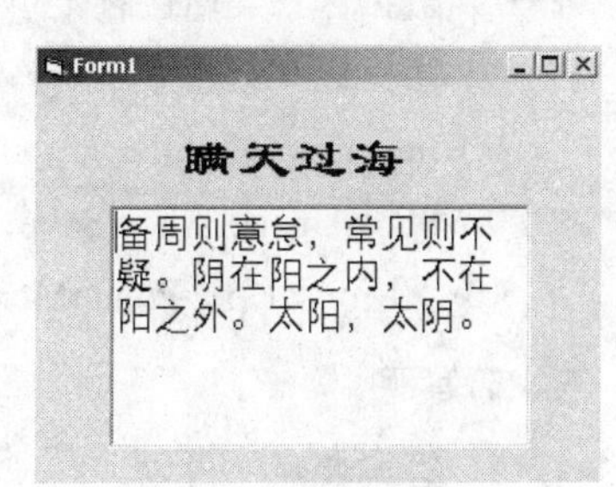

图 10-3　设计题 3 参考界面

4. 新建一个工程，在界面上放置一个工具栏 Toobar1，在工具栏上有 3 个按钮。单击第一个按钮时用 MsgBox 显示“第一个按钮被按下”；单击第二个按钮时用 MsgBox 显示“第二个按钮被按下”；单击第三个按钮时用 MsgBox 显示“第三个按钮被按下”，然后保存，程序运行结果如图 10-4 所示。

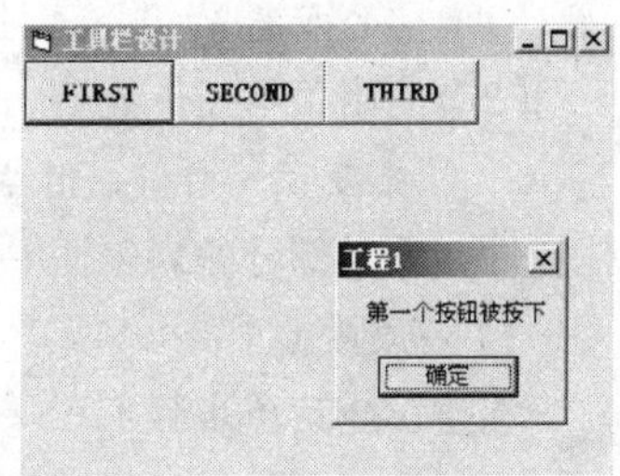

图 10-4　设计题 4 参考界面

5. 创建一个窗体，菜单分别为【文件】、【编辑】和【退出】。【文件】菜单的子菜单为【打开】和【另存为】，【编辑】菜单的子菜单是【字体】和【颜色】，并设计工具栏显示【打开】和【另存为】按钮，单击各命令，使用 CommonDialog 控件打开相应的对话框。

6. 创建图 10-5 所示的“字体和颜色设置”窗体，要求程序运行后，在文本框中显示《凉州词》，分别单击【字体】、【前景色】、【背景色】按钮，应用通用对话框，可以任意设置文本框的字体、前景色和背景色。

7. 编写程序，建立图 10-6 所示的由通用对话框提供的 6 种对话框。（提示：只显示对话框，不执行其他操作）

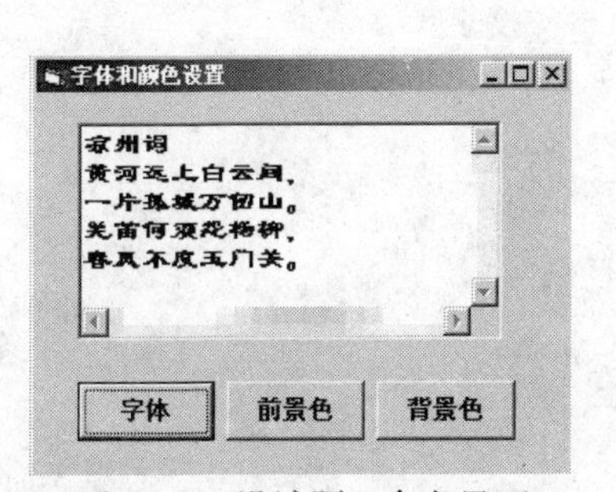

图 10-5　设计题 6 参考界面

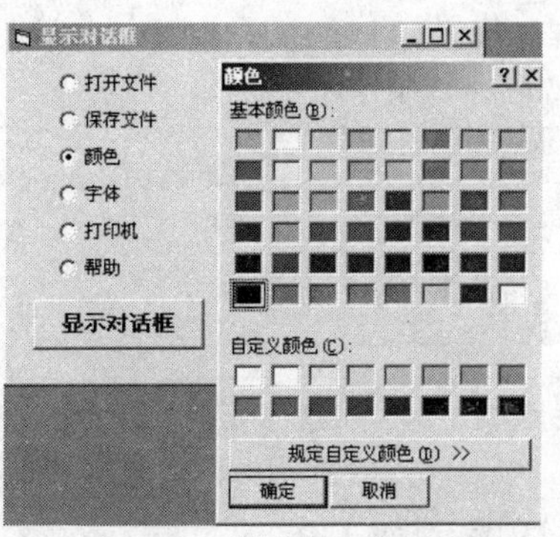

图 10-6　设计题 7 参考界面

习题解答

一、选择题

1. B 2. A 3. A 4. C 5. B 6. B 7. C 8. A 9. D 10. D
11. A 12. C 13. A 14. B 15. D

二、填空题

1. 下拉式菜单；快捷菜单；下拉式菜单；快捷菜单
2. 数据区；编辑区；菜单项显示区；菜单项显示区；内缩符号
3. 第一级（或主菜单） 4. 菜单编辑器；第一级（或主菜单） 5. PopupMenu
6. Imagelist；ToolBar 7. ButtonClick 8. 打开文件；保存文件
9. ShowOpen；ShowSave；ShowColor；ShowFont；ShowPrinter
10. _MouseUp；PopupMenu 11. 弹出“保存文件”对话框

三、简答题

1. 答案要点：可以。

有两种方法：

（1）动态改变 Visible 属性，运行时在代码中设置其属性值，使其可见或不可见。

（2）使用菜单控件数组，程序运行时通过增加或减少数组元素来实现菜单的动态变化。

2. 答案要点：菜单编辑器由两部分组成。上半部分设置每个命令（即菜单控件）的标题及其他属性，下半部分的列表框中按照顺序列出窗体的所有命令。

3. 答案要点：

创建快捷菜单步骤：

（1）在“菜单编辑器”中增加一个菜单标题，以及该菜单标题的所有下级菜单项。

（2）取消选中“菜单编辑器”里的“可见”复选框。

（3）可以使用 PopupMenu 方法显示指定的快捷菜单。

4. 答案要点：

区别：FileName 属性返回的是包含完整路径的文件全名，FileTitle 属性返回的是文件名称。

FileName 属性值为 C：\abc\def\fn.exe，而 FileTitle 属性值为 fn.exe。

四、设计题

1. 程序代码如下：

```
'定义模块级变量
Option Explicit
    Dim min As Integer
    Dim max As Integer

'执行【清除】命令
Private Sub clear_Click()
    min=1
    max=100
End Sub

'执行【生成操作数】命令
```

```
Private Sub create_Click()
    If max=0 And min=0 Then
        min=1
        max=100
    End If
    Randomize
    Text1=Int(Rnd*max+min)
    Text2=Int(Rnd*max+min)
End Sub

'执行【/】命令
Private Sub division_Click()
    Label1="/"
    Text3=Val(Text1)/Val(Text2)
End Sub

'执行【-】命令
Private Sub minus_Click()
    Label1="-"
    Text3=Val(Text1)-Val(Text2)
End Sub

'执行【*】命令
Private Sub multiplication_Click()
    Label1="*"
    Text3=Val(Text1)*Val(Text2)
End Sub

'执行【+】命令
Private Sub plus_Click()
    Label1="+"
    Text3=Val(Text1)+Val(Text2)
End Sub

'执行【设置操作数范围】命令
Private Sub set_Click()
   min=InputBox("请输入下限: ", "设置")
   max=InputBox("请输入上限: ", "设置")
End Sub
```

界面设计及运行效果见图 10-1。

2. 程序代码如下：

```
'定义模块级变量
Option Explicit
   Dim str As String

'执行【粗体】命令
Private Sub Mnubold_Click()
   Text1.FontBold=True
End Sub

'执行【清除】命令
Private Sub Mnuclean_Click()
   Text1=""
End Sub

'执行【显示】命令
Private Sub Mnudisplay_Click()
```

```
    Text1=str
End Sub

'执行【退出】命令
Private Sub Mnuexit_Click()
    Unload Me
End Sub

'执行【Font20】命令
Private Sub Mnufont20_Click()
    Text1.FontSize=20
End Sub

'执行【输入】命令
Private Sub mnuinput_Click()
    str=InputBox("请输入文字信息: ", "输入")
End Sub

'执行【斜体】命令
Private Sub Mnuitalic_Click()
    Text1.FontItalic=True
End Sub

'执行【正常】命令
Private Sub Mnunormal_Click()
    Text1.FontSize=10
    Text1.FontBold=False
    Text1.FontItalic=False
    Text1.FontUnderline=False
End Sub

'执行【下画线】命令
Private Sub Mnuunder_Click()
    Text1.FontUnderline=True
End Sub
```

界面设计及运行效果见图 10-2。

3. 程序代码如下：

```
'弹出快捷菜单
Private Sub Form_MouseUp(Button As Integer,Shift As Integer,X As Single,Y As
Single)
    If Button=2 Then
        PopupMenu ji
    End If
End Sub

'执行【借刀杀人】命令
Private Sub jdsr_Click()
    Label1="借刀杀人"
    Text1="敌已明，友未定，引友杀敌，不自出力，以损推演。"
End Sub

'执行【瞒天过海】命令
Private Sub mtgh_Click()
    Label1="瞒天过海"
    Text1="备周则意怠，常见则不疑。阴在阳之内，不在阳之外。太阳，太阴。"
End Sub
```

```
'执行【围魏救赵】命令
Private Sub wwjz_Click()
    Label1="围魏救赵"
    Text1="共敌不如分敌，敌阳不如敌阴。"
End Sub

'执行【以逸待劳】命令
Private Sub yydl_Click()
    Label1="以逸待劳"
    Text1="困敌之势，不以战，损则益柔。"
End Sub

'执行【退出】命令
Private Sub exit_Click()
    Unload Me
End Sub
```

界面设计及运行效果见图 10-3。

4. 程序代码如下：

```
Private Sub Toolbar1_ButtonClick(ByVal Button As MSComctlLib.Button)
    Select Case Button.Key
      Case "f"
          MsgBox("第一个按钮被按下")
      Case "s"
          MsgBox("第二个按钮被按下")
      Case "t"
          MsgBox("第三个按钮被按下")
    End Select
End Sub
```

界面设计效果见图 10-4。

5. 程序代码如下：

```
'执行【颜色】命令
Private Sub Color_Click()
   CommonDialog1.ShowColor
End Sub
'执行【退出】命令
Private Sub Exit_Click()
   Unload Me
End Sub
'执行【字体】命令
Private Sub Font_Click()
   CommonDialog1.ShowFont
End Sub
'执行【打开】命令
Private Sub Open_Click()
   CommonDialog1.ShowOpen
End Sub
'执行【另存为】命令
Private Sub Save_Click()
   CommonDialog1.ShowSave
End Sub
```

界面设计及运行效果如图 10-7 所示。

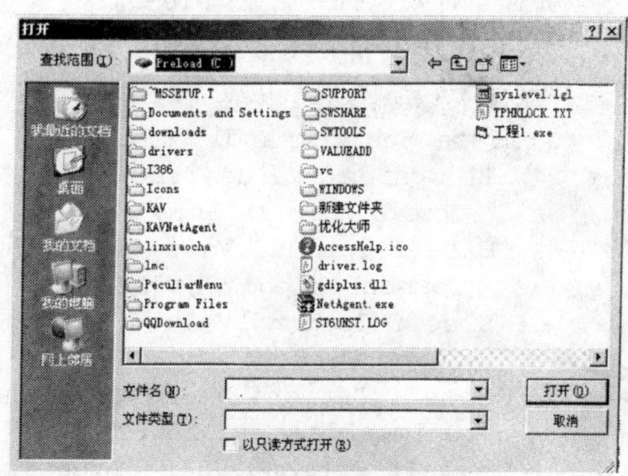

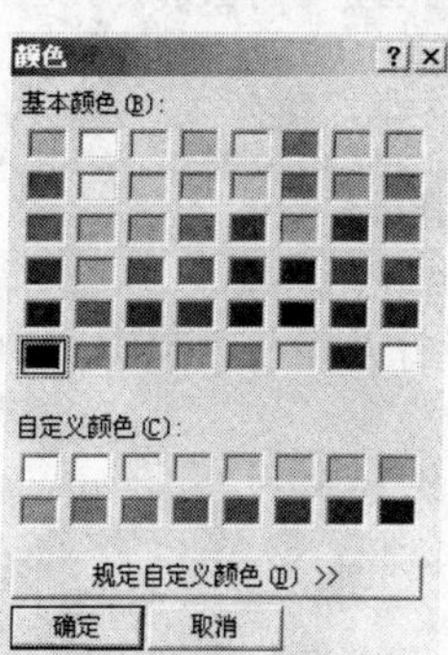

图 10-7　设计题 5 设计效果

6. 程序代码如下：

```
'单击【字体】按钮
Private Sub Command1_Click()
   CommonDialog1.Flags=cdlCFEffects+cdlCFBoth
'确保字体对话框能正确打开
   CommonDialog1.ShowFont
   With CommonDialog1                    '指定 CommonDialog1 为以下代码段的默认对象
      Text1.FontName=.FontName
      Text1.FontBold=.FontBold
      Text1.FontItalic=.FontItalic
      Text1.FontSize=.FontSize
      Text1.FontStrikethru=.FontStrikethru
      Text1.FontUnderline=.FontUnderline
      Text1.ForeColor=.Color
   End With
End Sub

'单击【前景色】按钮
Private Sub Command2_Click()
   CommonDialog1.ShowColor
   Text1.ForeColor=CommonDialog1.Color
End Sub

'单击【背景色】按钮
Private Sub Command3_Click()
   CommonDialog1.ShowColor
   Text1.BackColor=CommonDialog1.Color
End Sub
```

界面设计及运行效果见图 10-5。

7. 程序代码如下：

```
'单击【显示对话框】按钮
Private Sub Command1_Click()
    If Option1.Value=True Then
      CommonDialog1.ShowOpen
    ElseIf Option2.Value=True Then
      CommonDialog1.ShowSave
    ElseIf Option3.Value=True Then
      CommonDialog1.ShowColor
    ElseIf Option4.Value=True Then
      CommonDialog1.ShowFont
    ElseIf Option5.Value=True Then
      CommonDialog1.ShowPrinter
    ElseIf Option6.Value=True Then
      CommonDialog1.ShowHelp
    End If
End Sub
```

界面设计及运行效果见图 10-6。

第 11 章 设计图形应用程序

11.1 本章知识要点

1. Visual Basic 的坐标系统

Visual Basic 中窗体和控件采用相对的坐标系统，每个控件内部的坐标缺省时都以左上角作为坐标原点(0,0)。

2. 刻度单位的转换

使用 ScaleX 和 ScaleY 方法，可将水平坐标或垂直坐标值从一种刻度模式转换为另一种刻度模式，语法如下：

```
[Object. ]ScaleX(value[,fromScale[,toScale]])
[Object. ]ScaleY(value[,fromScale[,toScale]])
```

3. 颜色的设置

Visual Basic 中设置颜色可以采用如下 4 种方式：

- 使用 RGB()函数。
- 使用 QBColor()函数。
- 使用颜色常量。
- 使用颜色值。

4. 画点的方法

- 利用窗体或图片框的 PSet 方法可以在任意位置画任意大小的圆点，语法如下：

  ```
  [Object. ]PSet(x,y)[,color]
  ```

  其中，x 和 y 参数是点的坐标值，color 是点的颜色值，如果不指定 Object，则认为在当前的窗体上画圆。

- 指定点的尺寸语法如下：

  ```
  Object. DrawWidth=Value
  ```

  Value 值越大，点的尺寸越大。

- 擦除点设置：

  ```
  Pset(x,y),Backcolor
  ```

  即将点的颜色设置为背景色。

- 相对定位语法如下：

```
Pset Step(x',y')
```

x'和 y'是相对于当前坐标的偏移量。

5. 画线的方法

- 画直线的语法如下：

```
[Object.]Line[(x1,y1)]-(x2,y2)[,color]
```

第一对坐标为起点，第二对坐标为终点。

- 画矩形的语法如下：

```
[Object.]Line [(x1,y1)]-(x2,y2),color,B
```

- 指定线宽设置：

```
Object.DrawWidth=Value
```

Value 值越大，点的尺寸越大。

- 指定线型设置：

```
Object.DrawStyle=属性值
```

属性值取值范围为：0、1、2、3、4、5、6。其中，0 为实线、1 为虚线、2 为点线、3 为点画线、4 为双点画线、5 为无线、6 为内收实线。

6. 画圆的方法

- 画圆的语法如下：

```
[Object.]Circle[Step](x,y),radius[,color]
```

其中，(x,y) 是圆心坐标，radius 是半径长度，如果不指定 object，则认为在当前窗体上画圆，如果不指定 color，则使用对象的 ForeColor 属性指定的颜色画圆。

- 画椭圆的语法如下：

```
[Object.]Circle[Step](x,y),radius[,color],,,aspect
```

其中，aspect 指定了椭圆的垂直直径和水平直径的比例。该 aspect 参数是正浮点数，当 aspect 参数小于 1 时，radius 指的是水平方向的半径，如果 aspect 参数大于或等于 1 时，radius 指的是垂直方向的半径。

- 画圆弧的语法如下：

```
[Object.]Circle[Step](x,y),radius[,color],start,end[,aspect]
```

其中，start 和 end 参数指定的是圆或椭圆的两个角度，Circle 方法按照逆时针顺序画出这两个角度之间的弧线。

7. 使用 PaintPicture 显示图片

PaintPicture 方法可以完成从源控件到目标控件的图像的复制，语法如下：

```
[Object]PaintPicture
Pic,destX,destY[,destWidth[,destHeight[,srcX[,srcY[srcWidth[,srcHeight[,
Opcode]]]]]]]
```

Object 指的是目标控件，可以是窗体、图片框或 Printer 对象。若省略 Object，则认为指定的是代码所在的窗体。Pic 参数必须是一个 Picture 对象，是要绘制到目标控件上的图形源，它可以由窗体 PictureBox 控件的 Picture 属性指定。destX 和 destY 是目标控件的坐标系统中要绘制图像的水平和垂直坐标位置。destWidth 和 destHeight 参数是可选项，用来设置图像在目标控件中的宽度和高度。srcX 和 srcY 参数是可选项，用来定义源控件中图像裁剪区左上角的坐标。Opcode 参数用来定义在目标控件上绘图，在图像上执行的位操作。

8. 直线控件（Line）

用来在窗体、框架或图片框中创建简单的线段，这个线段是静态的，与图形方法绘制的直线不同。直线控件的常用属性：BorderColor、BorderStyle、BorderWidth、DrawWidth、X1、X2、Y1、Y2 等。

9. 形状控件（Shape）

用来在窗体、框架或图片框中创建预定义形状：矩形、正方形、椭圆形、圆形、圆角矩形或圆角正方形。形状控件的常用属性：BackColor、BackStyle、BorderColor、BorderStyle、BorderWidth、DrawWidth、FillColor、FillStyle、Shape 等。

10. 使用窗体的 PrintForm 方法实现打印

以下方法可以将窗体的所有文字或图像传送到打印机：

```
窗体名称. PrintForm
```

11. 使用 Printer 对象实现打印

- 输出文本：
```
Printer.CurrentX=X 坐标值
Printer.CurrentY=Y 坐标值
Printer.Print  文本
```
- 输出图形：Printer.PaintPicture Picture1.Picture，X 坐标值，Y 坐标值 该对象也支持用 Pset、Line、Circle 方法来创建点、线、圆等图形。
- Printer 有关设置打印机的属性包括：PaperSize、Height、Width、Orientation、ColorMode、Duplex、TrackDefault、Zoom、DriverName、DeviceName、Port、Copies、PaperBin、PrintQuality。
- 打印输出：一旦将文本和图形通过图形方法放到 Printer 对象中，就可用 Printer.EndDoc 方法打印该内容。打印较长的文档时，可用 Printer.NewPage 换页。
- 终止打印设置：Printer.KillDoc。

11.2　典型例题解析

11.2.1　选择题解析

1. 在 Visual Basic 中坐标轴的默认刻度单位是缇，用户可以根据实际需要使用(　)属性改变刻度单位。

A. ScaleMode　　B. Scale　　C. DrawStyle　　D. DrawWidth

【解析】 在 Visual Basic 中通过设置控件的 ScaleMode 属性可以改变刻度单位。DrawStyle 属性用来指定用图形方法创建的线型（实线还是虚线）；DrawWidth 属性用来指定点或线的尺寸。

【答案】 A

2. 执行下面程序段之后，窗体左上角坐标为（　　），右下角坐标为（　　）。

```
Form1.ScaleTop=1:Form1.ScaleLeft=1
Form1.ScaleHeight=-2:Form1.ScaleWidth=2
```

A.（1，1）　　B.（1，2）　　C.（3，-1）　　D.（2，-1）　　E.（2，-2）

【解析】 在 Visual Basic 中将 ScaleMode 设置为 vbUser，利用 4 个属性来详细定义坐标系统:

ScaleLeft 和 ScaleTop: 用来给对象指定左上角的坐标值。

ScaleWidth 和 ScaleHeight: 指定对象内部空间的宽度和高度的刻度数。

上题中 ScaleLeft=1，ScaleTop=1，则左上角坐标为（1，1），ScaleWidth=2，ScaleHeight=-2，则右下角坐标为（3，-1）。

【答案】 A C

3. 通过设置 Shape 控件的（　　）属性可以绘制多种形状的图形。

A. Shape　　B. BorderStyle　　C. FillStyle　　D. Style

【解析】 在 Visual Basic 中 Shape 控件的 Shape 属性提供了 6 种预定义的形状：矩形、正方形、椭圆形、圆形、圆角矩形和圆角正方形。FillStyle 属性提供了预定义的填充样式图案。FillColor 属性用来指定形状填充的颜色。

【答案】 A

4. 通过设置 Line 控件的（　　）属性可以绘制虚线、点画线等多种样式的直线。

A. Shape　　B. Style　　C. FillStyle　　D. BorderStyle

【解析】 在 Visual Basic 中 Line 控件的 BorderStyle 属性提供了 6 种直线样式：透明、实线、虚线、点线、点画线、双点画线和内收实线。

【答案】 D

5. 假设窗体的当前坐标为(200,200)，则执行语句 Line Step(100,100)-Step(200,200)时，绘制的直线的起点坐标为（　　），终点坐标为（　　）。

A. (100,100)　　B. (200,200)　　C. (300,300)　　D. (500,500)

【解析】 窗体的当前坐标为(200,200)，执行语句 Line Step(100,100)-Step(200,200)时，则画一条从(300,300)到(500,500)的斜线。直线的起点坐标为(300,300)，终点坐标为(500,500)。

【答案】 C D

6. 绘制如图 11-1 所示的图形的语句是（　　）。

A. Circle(1000,1000)，1000,，-0.0001,1.57,7

B. Circle(1000,1000)，1000,，-0.0001,1.57,0.7

C. Circle(1000,1000)，1000,，0.0001,1.57,0.7

D. Circle(1000,1000)，1000，-0.0001,1.57,0.7

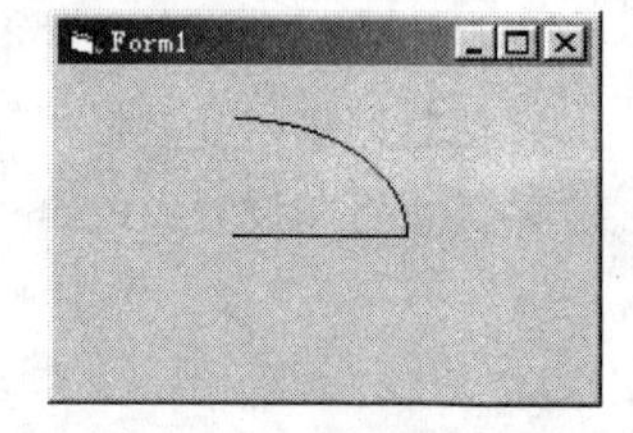

图 11-1　6 题设计界面

【解析】该图形可分解为一条从圆心到负端点的直线和一条角度为 90°的圆弧，由画圆弧的方法:

```
[Object.]Circle [Step](x,y),radius[,color],start,end[,aspect]
```

可知：当 start 参数或 end 参数是负数时，Circle 方法将画一条连接圆心到负端点的线，由于该图开始是一条连接圆心的线，所以 start 参数为负值，又由于画的是椭圆弧，并且椭圆弧是沿水平轴线拉长的，所以最后一个参数 aspect 要小于 0。

【答案】 B

7. 语句 Line (100,100)-(500,500),vbRed,BF 的功能是（　　）。

A. 在窗体上绘制一个红色的空心矩形　　B. 在窗体上绘制一条红色的实线

C. 在窗体上绘制一个红色的实心矩形　　D. 在窗体上绘制一条红色的点画线

【解析】 在画直线 Line 的方法中若指定“BF”选项，则以给定的颜色参数填充矩形框，上题中填充色为红色。

【答案】 C

8. 单击窗体时，下列程序段的执行结果为（　　）。

```
Private Sub Form_Click()
    Line (200,200)-(400,400)
    Print "++++++++++++++++++++"
    Print "**********************"
End Sub
```

A. 在窗体上画一斜线，从斜线终点处开始打印两行符号

B. 在窗体上画一斜线，从斜线起点处开始打印两行符号

C. 在窗体上画一斜线，从窗体左上角开始打印两行符号

D. 从窗体左上角开始打印两行符号，从符号结束处开始画一斜线

【解析】 执行 Line (200,200)-(400,400)，则从(200,200)到(400,400)画一条斜线，且当前坐标是斜线的终点，所以打印下面的符号从斜线终点处开始。

【答案】 A

11.2.2　填空题解析

1. 设在窗体上有一定时器控件 Timer1，设其 Interval 属性值为 500。下面程序代码使用 Timer 控件实现每隔 0.5s 绘制一个圆，所有这些圆圆心相同，半径逐渐从小到大，当绘制 10 个圆后，清除绘制的所有圆，再从圆心开始重新绘制同心圆。

```
Private Sub Form_Load()
    Scale(-100,100)-(100,-100)
End Sub
Private Sub____(1)____()
    Static i As Integer
    i=i+1
    If 10*i>=100 Then
      ____(2)____
      ____(3)____
    Else
      Circle(0,0),10*i,RGB(Rnd*255,Rnd*255,Rnd*255)
    End If
End Sub
```

【解析】 （1）因为要使 Timer 1 控件实现每隔 0.5s 绘制一个圆，则需要在该控件的 Timer 定时事件中编写程序，所以在这里填写 Timer 1_timer。

（2）因为题目要求当绘制 10 个圆后，清除绘制的所有圆，所以当 10*i>=100 即 i>=10，也就是循环了 10 次，这时就要执行清除程序，所以在这里填写 Cls。

（3）因为题目要求清除绘制的所有圆后再从圆心开始重新绘制同心圆，所以要将 i 重新置 0 。在这里填写 i=0。

【答案】 （1）Timer 1_timer　　（2）Cls　　（3）i=0

2. 单击窗体，用 PSet 方法在窗体上绘制[0°，360°]的一条蓝色正弦曲线和一条红色余弦曲线。运行界面如图 11-2 所示。

```
Private Sub Form_Click()
    Scale(0,1)-(360,-1)
    DrawWidth=2
    For x=0 To 360
       ____(1)____
       PSet(x,y),vbRed
       Y=____(2)____
       ____(3)____
    Next  x
End  Sub
```

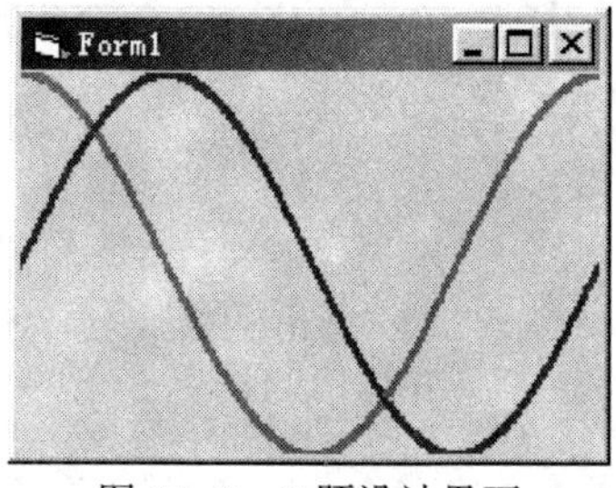

图 11-2　2 题设计界面

【解析】（1）因为要画一条红色余弦曲线，所以在画红色点之前，要建立 x 和 y 之间的余弦函数关系，所以在这里填写 y=cos(x*3.1415926/180)。

（2）因为另一条是蓝色正弦曲线，所以在画蓝色点之前，要建立 x 和 y 之间的正弦函数关系，所以在这里填写 sin(x*3.1415926/180)。

（3）因为画红色点的语句已经在前面了，在这里要画蓝色点，所以在这里填写 Pset (x,y),vbBlue。

【答案】（1）y=cos(x*3.1415926/180)　（2） sin(x*3.1415926/180)　（3）Pset (x,y),vbBlue

3. 绘制如图 11-3 所示的菱形。当窗体的大小改变时，图形也随着自动调整。

```
Private Sub____(1)____()
    Scale(-2,2)-(2,-2)
    DrawWidth=2
    ForeColor=RGB(200,100,150)
    Line(-2,0)-(0,2)
    ____(2)____
    ____(3)____
    ____(4)____
End Sub
Private Sub Form_Resize()
    ____(5)____
End Sub
```

图 11-3　3 题设计界面

【解析】（1）因为当一个对象（如窗体或图片框）被移动或改变大小之后，或当一个覆盖该对象的窗体被移开之后，如果要保持该对象上所画图形的完整性，要触发 Paint 事件来完成图形的重画工作。所以本题的画图程序要放在窗体的 Paint 事件中，在这里填 Form_Paint。

（2）因为第一条画线语句 Line(−2,0)−(0,2)画的是菱形左上边的一条边，而且当前的坐标为(0,2)，则在当前坐标处接着画菱形右上边的那条边，所以在这里填写 Line−(2,0)。

（3）接着前面的边画，当前的坐标为(2,0)，以当前坐标为起点画菱形的右下边的一条边，所以在这里填写 Line−(0,−2)。

（4）当前的坐标为(0,−2)，以当前坐标为起点画菱形的最后一条边，所以在这里填写 Line−(−2,0)。

【答案】（1）Form_Paint　（2）Line−(2,0)　（3）Line− (0,−2)　（4）Line−(−2,0)

11.3　习题与解答

一、选择题

1. 在 Visual Basic 窗体中，默认的坐标单位是（　　）。

A. Pixel　　B. Twip　　C. cm　　D. mm

2. 以下（　　）属性能取得窗体绘图区的大小。

A. Width 和 Height　　B. ScaleX 和 ScaleY

C. ScaleWidth 和 ScaleHeight　　D. 通过以上属性计算获取

3. Line 控件可以用来绘制（　　）。

A. 直线　　B. 矩形　　C. 菱形　　D. 以上都是

4. 设置（　　）属性可以改变线宽。

A. LineWidth　　B. DrawLine　　C. DrawWidth　　D. DrawStyle

5. Point(X,Y)的含义是（　　）。

A. 画点　　B. 画线　　C. 返回指定处的颜色代码　D. 绘一个圆

6. 使用 RGB()函数设置颜色时，RGB(255,0,0)为（　　）。

A. 白色　　B. 红色　　C. 蓝色　　D. 黑色

7. 在使用 Visual Basic 进行图形操作时，有关坐标系说明中错误的是（　　）。

A. Visual Basic 只有一个统一的、以屏幕左上角为坐标原点的坐标系

B. 在调整窗体上的控件的大小和位置时，使用以窗体左上角为原点的坐标系

C. 所有图形及 Print 方法使用的坐标系均与容器有关

D. Visual Basic 坐标系的 Y 轴，上端为 0，越往下越大

8. 直线控件（Line）和形状控件（Shape）不能在（　　）中绘制简单的线段。

A. 窗体　　B. 图片框　　C. 标签　　D. 框架

9. 以下（　　）不是窗体的绘图方法。

A. Circle　　B. Line　　C. DrawPicture　　D. Point

10. 关于图形控件，以下叙述中错误的是（　　）。

A. 形状控件可以响应鼠标的单击事件

B. 通过设置 FillStyle 属性可以确定图形控件的填充样式

C. 当直线控件的 BorderWidth 属性不为 1 时，BorderWidth 的属性只有 0 和 6 两种

D. 形状控件也可以设置 BorderStyle、BorderColor 和 BorderWidth 等属性

11. 当一个窗体被其他窗体覆盖后，又要回到该窗体时，如果要自动刷新或重画该窗体上的所有图形，应将（　　）属性设置为 True。

A. AutoSize　　B. AutoRedraw　　C. Picture　　D. Enabled

12. 调用一次 Circle 方法，不能画出（　　）。

A. 圆弧　　B. 椭圆弧　　C. 扇形　　D. 螺旋线

13. 下面叙述中正确的是（　　）。

A. 不能改变 PSet 方法绘制的点的大小

B. PSet 方法绘制的点的大小受其容器对象的 DrawWidth 属性的影响

C. PSet 方法只能使用容器对象的前景色画点

D. 以上均不对

14. 当使用 Line 方法画直线后，当前坐标为（　　）。

A. 容器对象的原点　B. 直线的起点　　C. 直线的终点　　D. 容器对象的中心

15. 下面程序段的功能是（　　）。

```
Form1.FillColor=vbBlue
Form1.FillStyle=0
Line(100,100)-(500,500),vbRed,B
```

A. 在窗体上绘制一个边框为红色，填充色为红色的矩形
B. 在窗体上绘制一个边框为红色，填充色为窗体背景色的矩形
C. 在窗体上绘制一个边框为蓝色，填充色为红色的矩形
D. 在窗体上绘制一个边框为红色，填充色为蓝色的矩形

16. 当设置了容器对象的 DrawWidth 属性后，会影响（　　）。
A. PSet，Line，Circle 方法　　B. Line，Shape 控件
C. Line，Circle，Point 方法　　D. PSet，Line，Circle 方法和 Line，Shape 控件

17. 扇形的填充色是由（　　）决定的。
A. 窗体的 FillStyle 属性　　B. Circle 方法
C. 窗体的 FillStyle 属性和 FillColor 属性　　D. 窗体的 FillColor 属性

18. 绘制如图 11-4 所示图形对应的程序段是（　　）。

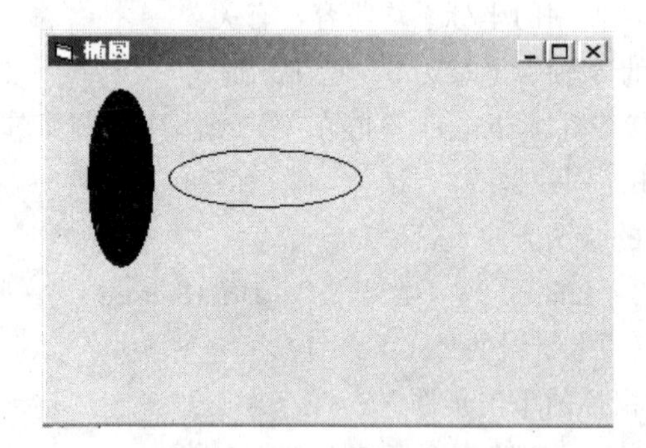

图 11-4　选择题 18 运行界面

A.
```
Private Sub Form_Click()
    FillStyle=0
    Circle(600,1000),800,,,,3
    FillStyle=1
    Circle(1800,1000),800,,,,1/3
End Sub
```

B.
```
Private Sub Form_Click()
    FillStyle=1
    Circle(600,1000),800,,,,3
    FillStyle=0
    Circle(1800,1000),800,,,,1/3
End Sub
```

C.
```
Private Sub Form_Click()
    FillStyle=0
    Circle(600,1000),800,,,,1/3
    FillStyle=1
    Circle(1800,1000),800,,,,3
End Sub
```

D.
```
Private Sub Form_Click()
    FillStyle=1
    Circle(600,1000),800,,,,1/3
    FillStyle=0
    Circle(1800,1000),800,,,,3
End Sub
```

19. 关于 CLs 方法下面说法中错误的是（　　）。
A. 可以清除所有用图形方法画的图形　　B. 可以清除所有用 Print 方法显示的文本
C. 可以清除所有创建的控件　　D. 不能清除界面的背景颜色

20. 可以实现使用打印机打印图像或文字的是（　　）。
A. Print　　B. PaintPicture　　C. PrintForm　　D. Picture

二、填空题

1. 任何容器的默认坐标系统，(0,0)坐标都是从容器的________开始。
2. 用户建立自己的坐标系，可以通过同时设置图片框或窗体的________、________、________、________这4个属性来建立，也可以通过________方法来建立。
3. ________方法用于返回 Form 当前字体的垂直高度。
4. ______方法可以用来画点，______方法可以用来画直线，______方法可以用来画圆、圆弧、椭圆。
5. 要实现控件的拖动，可以使用________和________方法。
6. 要在窗体上以(–2,2)和(2,–2)为对角顶点，画一个绿色矩形的语句为：________。
7. 用 Circle 方法绘制圆类对象时，正向采用________时针方向。当长短轴比例等于 1 时，可以绘制________；大于 1 时，可以绘制________；小于 1 时，可以绘制________。
8. 语句 P=Picture.Point(X,Y)的作用是________。
9. 在 Visual Basic 中，鼠标指针的形状可以通过属性________来设置。
10. 下面两条画线的语句功能是相同的，请填空。
```
Line(500,500)-(1000,300)
Line(500,500)-Step(__________)
```
11. 使用 Line 方法在窗体上画一条从左上角到右下角的对角线的语句是：________。
12. 使用 Circle 方法画一个半径为 500，圆心在(1000,1000)的半圆的语句是：________。
13. 使用 Shape 控件画一个椭圆，则其 Shape 属性应设置为________。
14. 如果要将图片框中所有的图形都清除掉，可以通过使用________方法来实现。
15. 下面程序代码实现使一个半径为 5 的红色实心小球沿正弦曲线每隔 0.5s 移动一定步长，当移动到窗体右边界时，又从左边界开始移动。
```
Private Sub Form_Load()
   Scale(0,1)-(360,-1)
   FillStyle=0
   ____________________
End Sub
Private Sub Timer1_Timer()
   Static X  As Integer
   ______________________
   X=X+10
   If ____________________  Then
      X=0
   Else
      Y=0.9*Sin(X*3.1415926/180)
         ___________________
   End If
End Sub
```

三、简答题

1. Visual Basic 中的坐标规格有哪几种？
2. 如何让用户建立坐标系？为窗体和图片框建立不同的坐标系，观察绘图效果。
3. 用赋值语句和 PaintPicture 方法都可以把一个具有 Picture 属性对象的图形绘制到另外一个对象上。试比较两种操作方法的特点。

四、设计题

1. 使用 Line 方法在窗体上画出 10 行 10 列的表格，要求表格画满整个窗体。
2. 使用 PSet 方法设计一个在窗体上动态画正弦曲线的程序。
3. 分别用形状控件和绘图语句在窗体上画五角星。
4. 在窗体上用画椭圆的方法画出两个重叠的椭圆，一个是水平椭圆，一个是垂直椭圆。
5. 用 Shape 控件数组产生如图 11-5 所示的奥林匹克五环图形。

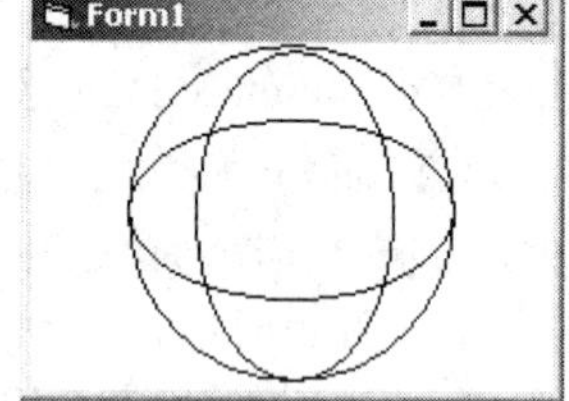

图 11-5 设计题 5 参考界面

6. 单击窗体，绘制由方程 $y=2x^2+x+1$ 所确定的曲线，设 x 在-10～10 之间。
7. 写一个简单的绘图程序，在按下鼠标左键移动鼠标并放开之后，可以在窗口上鼠标单击的两个位置之间画一条直线。如果按下鼠标右键移动，则画一个矩形。
8. 绘制一个充满整个窗体的球形，如图 11-6 所示。
9. 在窗体上画一个点，使之能按圆形轨迹移动。
10. 输入若干字符，统计数字字符、英文字符及其他字符的个数，并用饼图表示。

图 11-6 设计题 8 参考界面

11. 设计如图 11-7 所示的界面：程序启动后，窗体中没有任何显示，单击并拖动鼠标后，会跟随鼠标在窗体上移动画出逐渐变粗的红色线条。
12. 创建窗口界面如图 11-8 所示，要求程序启动后，窗体中心出现红色圆代表太阳，蓝色的小圆代表地球，围绕太阳公转。红色的圆是通过程序中的画圆命令画出来的；蓝色的小圆是形状控件；程序中用到时钟控件，时间间隔为 300ms。

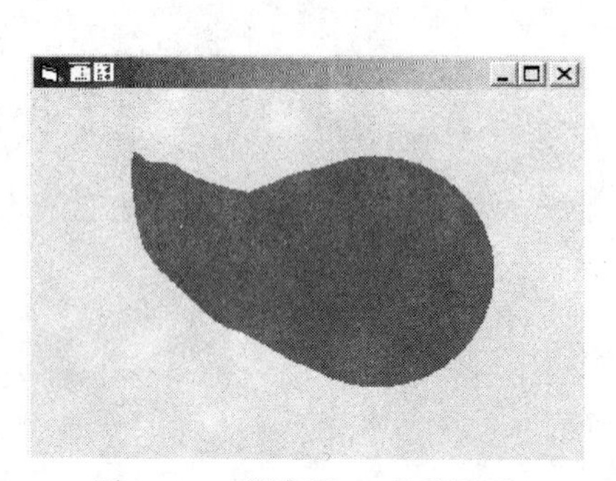

图 11-7 设计题 11 参考界面

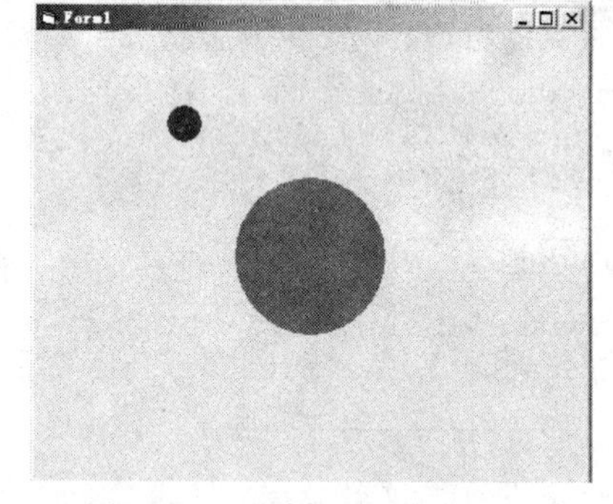

图 11-8 设计题 12 参考界面

13. 利用定时器控件和形状控件设计一个“红绿灯”变换的程序，每隔 0.5s 变换一次。
14. 编写程序，打印出窗体文本框中的所有内容。

习题解答

一、选择题

1. B　2. C　3. D　4. C　5. C　6. B　7. A　8. C　9. C　10. C
11. B　12. D　13. B　14. C　15. D　16. A　17. C　18. A　19. C　20. C

二、填空题

1. 左上角　2. ScaleLeft；ScaleTop；ScaleWidth；ScaleHeight；Scale

3. TextHeight　　4. PSet；Line；Circle　　5. Move；　Drag

6. Line(-2,2)-(2,-2),vbGreen,BF　　7. 逆；圆；竖立的椭圆；扁平的椭圆

8. 将 Picture 图片上坐标为(X,Y)的点处的颜色值赋给 P

9. MousePointer　　10. 500,-200　　11. Line(0,0)-(ScaleWidth,ScaleHeight)

12. Circle(1000,1000),500,,0,3.14　　13. 2　　14. Cls

15. FillColor=vbRed;　Cls;　X 〉ScaleWidth;　Circle(x,y),5,vbRed

三、简答题

1. 答案要点：Visual Basic 中的坐标规格有 4 种。

（1）屏幕左上角的坐标总是(0,0)。任何容器的坐标系统，都以各自容器内左上角为坐标原点（0，0）。

（2）当指定控件的位置或调整控件的大小时，使用的是控件容器的坐标系统。

（3）所有的图形和 Print 方法使用的也是容器的坐标系统。

（4）所有可以响应鼠标事件的控件，在其鼠标事件过程中给定的位置都使用控件本身的坐标系统，即以控件的左上角为坐标原点(0,0)。

2. 答案要点：用户自定义坐标系，可以利用 ScaleLeft、ScaleTop、ScaleWidth、ScaleHeight 属性来定义坐标系。

3. 答案要点：PaintPicture 方法不仅可以显示图片还可以完成各种图像效果，包括缩放、滚动、全景、平铺及多种颜色效果。使用赋值语句来将一个具有 Picture 属性对象的图像绘制到另外一个对象上，它只是单纯的绘制。

四、设计题

1. 程序代码如下：

```
Private Sub Form_Click()
   Dim i As Integer,j As Integer
   Dim w As Single,h As Single
   w=ScaleWidth/10
   h=ScaleHeight/10
   For i=0 To 9
      Line(0,h*i)-(ScaleWidth,h*i)
      Line(w*i,0)-(w*i,ScaleHeight)
   Next  i
End Sub
```

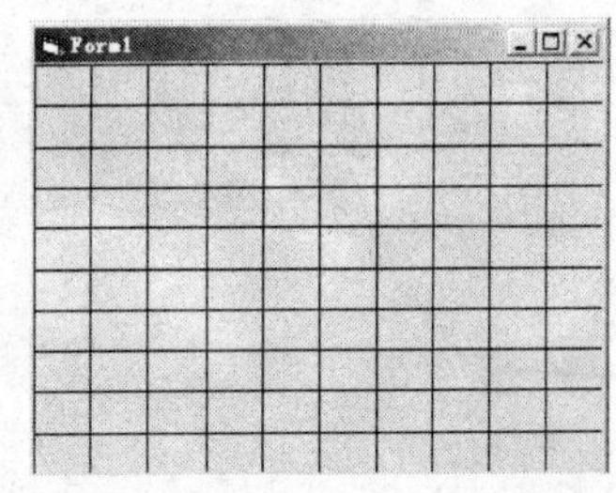

图 11-9　设计题 1 设计效果

界面设计及运行效果如图 11-9 所示。

2. 程序代码如下：

```
Private Sub Form_Click()
   Dim i As Single,t As Single
   DrawWidth=1                          '设置线宽
   t=4*atn(1)                           '求余切函数，t 即为 π
   Scale(-t,1)-(t,-1)
   Line(-t,0)-(t,0)
   Line(0,-t)-(0,t)
   For i=-t To t Step 0.01
      PSet(i,Sin(i))
   Next i
End Sub
```

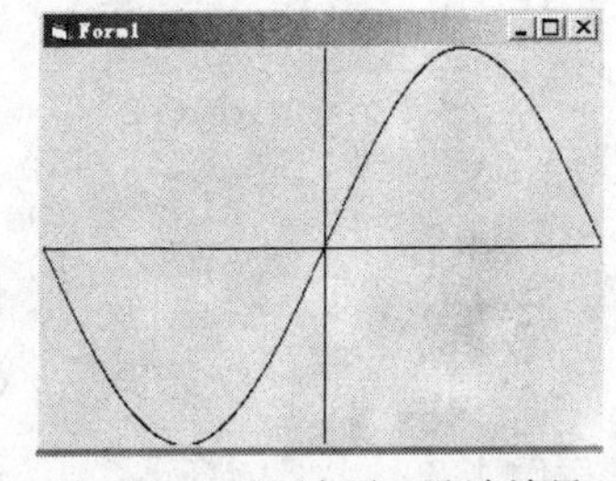

图 11-10　设计题 2 设计效果

界面设计及运行效果如图 11-10 所示。

3. 程序代码如下：

```
Private Sub Form_Click()
   Const pi=3.1415
   Height=5000: Width=5000                 '设置窗体大小
   Scale(-2,2)-(2,-2)                      '自定义坐标系
   X0=pi/2                                 '起始点弧度
   S=144*pi/180                            '两端点间弧度
   CurrentX=Cos(x0):CurrentY=Sin(x0)       '画线起点
   For i=1 To 5
     Line-(Cos(x0+i*s),Sin(x0+i*s))        '画线
   Next i
End Sub
```

界面设计及运行效果如图 11-11 所示。

图 11-11　设计题 3 设计效果

4. 程序代码如下：

```
Private Sub Form_Click()
   Circle(2400,2200),2000,,,,3
   Circle(2400,2200),2000,,,,1/3
End Sub
```

界面设计及运行效果如图 11-12 所示。

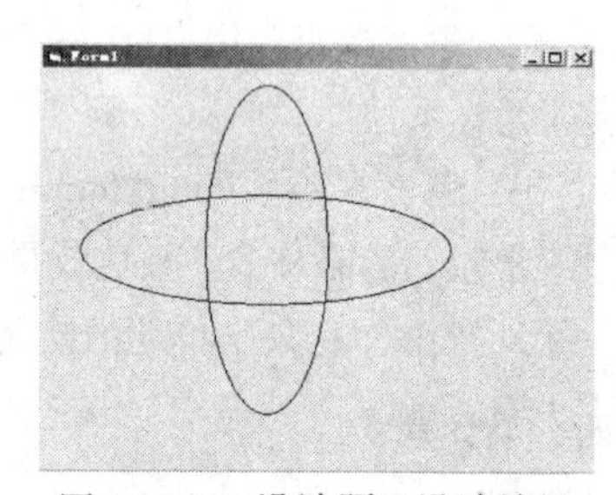

图 11-12　设计题 4 设计效果

5. 程序代码如下：

```
Private Sub Form_Load()
   Dim i As Integer
   For i=0 To 4
     Shape1(i).Shape=vbShapeCircle
     Shape1(i).BorderWidth=5
     Select Case i
        Case 0
          Shape1(i).BorderColor=vbBlue
        Case 1
          Shape1(i).BorderColor=vbBlack
        Case 2
          Shape1(i).BorderColor=vbRed
        Case 3
          Shape1(i).BorderColor=vbYellow
        Case 4
            Shape1(i).BorderColor=vbGreen
     End Select
   Next
End Sub
```

界面设计及运行效果见图 11-5。

6. 程序代码如下：

```
Private Sub Form_Click()
   Dim i As Single, t As Single
   DrawWidth=1                              '设置线宽
   t=ScaleWidth/2
   Scale(-15,215)-(15,-5)
   Line(-15,0)-(15,0)
   Line(0,215)-(0,-5)
   For i=-10 To 10 Step 1/215
     PSet(i,2*i*i+1)
   Next i
End Sub
```

界面设计及运行效果如图 11-13 所示。

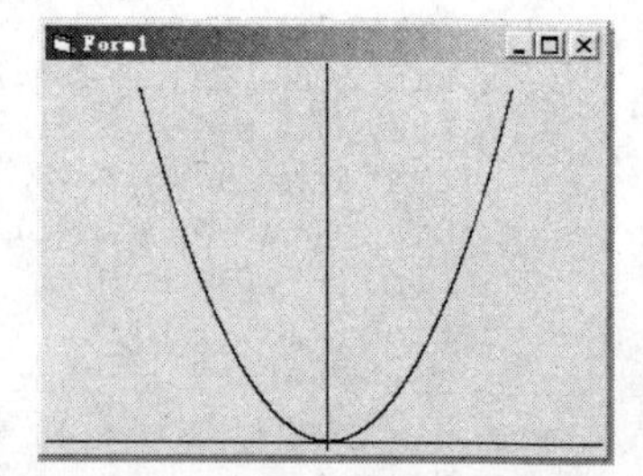

图 11-13　设计题 6 设计效果

7. 程序代码如下：

```
'定义模块级变量
Option Explicit
Dim x1 As Integer,x2 As Integer,y1 As Integer,y2 As Integer

'单击鼠标，确定位置
Private Sub Form_MouseDown(Button As Integer,Shift As Integer,X As Single,Y As Single)
    Select Case Button
      Case 1
        x1=X
        y1=Y
      Case 2
        x1=X
        y1=Y
    End Select
End Sub

'移动鼠标，画矩形
Private Sub Form_MouseUp(Button As Integer,Shift As Integer,X As Single,Y As Single)
    Select Case Button
      Case 1
          x2=X
          y2=Y
          Line(x1,y1)-(x2,y2)
      Case 2
          x2=X
          y2=Y
          Line(x1,y1)-(x2,y2),,B
    End Select
End Sub
```

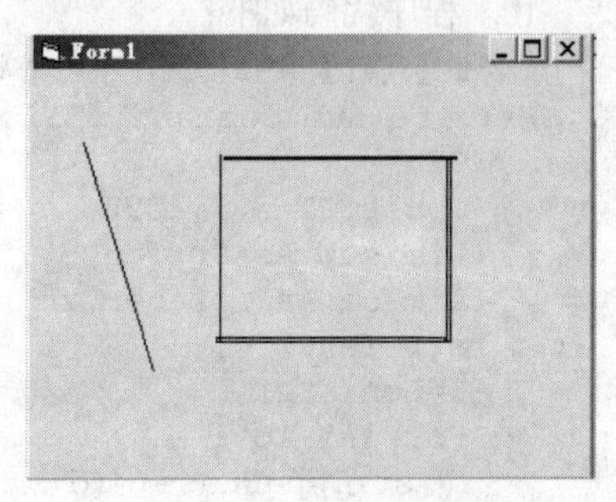

图 11-14 设计题 7 设计效果

界面设计及运行效果如图 11-14 所示。

8. 程序代码如下：

```
Private Sub Form_click()
    Dim var1,var2
    ScaleMode=vbPixels
    If ScaleHeight<ScaleWidth Then
      var1=ScaleHeight/2-1
    Else
      var1=ScaleWidth/2-1
    End If
    var2=ScaleWidth/ScaleHeight
    Circle(ScaleWidth/2,ScaleHeight/2),var1
    Circle(ScaleWidth/2,ScaleHeight/2),var1,,,,var2
    Circle(ScaleWidth/2,ScaleHeight/2),var1,,,,1/var2
End Sub
```

界面设计及运行效果见图 11-6。

9. 程序代码如下：

```
'定义模块级变量
Option Explicit
Dim R As Double,X0 As Double,Y0 As Double,X1 As Double,Y1 As Double

'装载窗体
Private Sub Form_Load()
    Timer1.Interval=10
```

```
    Timer1.Enabled=True
    DrawWidth=5
End Sub

'触发计时器事件
Private Sub Timer1_Timer()
    Const PI=3.1415926
    Static T As Long
    PSet(X1,Y1),BackColor
    X0=Form1.ScaleWidth/2
    Y0=Form1.ScaleHeight/2
    R=IIf(X0>Y0,Y0,X0)/2
    T=T+1
    X1=X0+R*Cos(T*PI/180)
    Y1=Y0+R*Sin(T*PI/180)
    PSet(X1,Y1)
End Sub
```

图 11-15　设计题 9 设计效果

界面设计及运行效果如图 11-15 所示。

10. 程序代码如下：

```
'单击【统计】按钮，统计字符个数
Private Sub Command1_Click()
    Cls                                          '清屏
    Const PI=3.1415926
    Dim str As String,strTmp As String,i As Integer,j As Integer
    Dim sz As Integer,zm As Integer,qt As Integer
    str=Text1
    i=Len(str)
    For j=1 To i
      strTmp=UCase(Mid(str,j,1))                 '逐个取出字符,是字母的转换成大写
      If IsNumeric(strTmp) Then                  '数字
        sz=sz+1
      ElseIf Asc(strTmp)>64 And Asc(strTmp)<91 Then '字母
        zm=zm+1
      Else                                       '其他字符
        qt=qt+1
      End If
    Next
    Text2=zm
    Text3=sz
    Text4=qt
    Form1.FillStyle=0
    Form1.FillColor=vbRed
    Circle(2600,2800),1500,,-360*PI/180,-zm/(zm+
    sz+qt)*360*PI/180
    Form1.FillStyle=0
    Form1.FillColor=vbYellow
    Circle(2600,2800),1500,,-zm/(zm+sz+qt)* _
    360*PI/180,-(zm+sz)/ (zm+sz+qt)*360*PI/180
    Form1.FillStyle=0
    Form1.FillColor=vbBlue
    Circle(2600,2800),1500,,-(zm+sz)/(zm+sz+qt)
    *360*PI/180,-360* PI/180
End Sub
```

图 11-16　设计题 10 设计效果

界面设计及运行效果如图 11-16 所示。

11. 程序代码如下：

```
'定义模块级变量
Option Explicit
Dim i As Integer
Dim x1 As Integer,y1 As Integer,x2 As Integer,y2 As Integer
'单击鼠标，设置起始位置
Private Sub Form_MouseDown(Button As Integer,Shift As Integer,X As Single,Y As Single)
    CurrentX=X                          '记录当前的 X，Y 为起始位置
    CurrentY=Y
    x1=X                                '设定原坐标
    y1=Y
End Sub
'移动鼠标，画出线条
Private Sub Form_MouseMove(Button As Integer, Shift As Integer, X As Single, Y As Single)
    If Button=1 Then
      x2=X                              '设定现坐标
      y2=Y
      If x2+y2>x1+y1 Then               '当新的坐标比之前的大时 DrawWidth 加 1
         i=i+1
         DrawWidth=i
      End If
      Line-(X,Y),vbRed
    End If
    x1=X                                '更新原坐标
    y1=Y
End Sub
```

界面设计及运行效果如图 11-7 所示。

12. 程序代码如下：

```
'单击窗体，划出红色的圆
Private Sub Form_Click()
    Form1.FillStyle=0
    Form1.FillColor=vbRed
    Circle(Form1.ScaleWidth/2,Form1.ScaleHeight/2),800,vbRed
    Form1.FillStyle=0
    Shape1.FillColor=vbBlue
    Shape1.Shape=3
    Timer1.Interval=50
    Timer1.Enabled=True
    Shape1.Visible=True
End Sub
'触发计时器事件，画出蓝色的圆
Private Sub Timer1_Timer()
    Const PI=3.1415926
    Static T As Long
    Dim R As Double,X0 As Double,Y0 As Double
    X0=Form1.ScaleWidth/2
    Y0=Form1.ScaleHeight/2
    R=IIf(X0>Y0,Y0,X0)-Shape1.Height
    T=T+5
    Shape1.Move X0+R*Cos(T*PI/180)-Shape1.Width/2,Y0+R*Sin(T*PI/180)-Shape1.Height/2
End Sub
```

界面设计及运行效果见图 11-8。

13. 程序代码如下：

```
'定义模块级变量
```

```
Option Explicit
Dim i As Integer
'装载窗体设置形状和颜色
Private Sub Form_Load()
    Shape1.FillStyle=0
    Shape2.FillStyle=0
    Shape3.FillStyle=0
    Shape4.FillStyle=0
    Shape1.FillColor=vbWhite
    Shape2.FillColor=vbWhite
    Shape3.FillColor=vbWhite
    Shape4.FillColor=vbBlack
    Timer1.Interval=500
    i=1
End Sub
'触发计时器事件，实现红绿灯变换
Private Sub Timer1_Timer()
    Select Case i
       Case 1
            Shape1.FillColor=vbRed
            Shape3.FillColor=vbWhite
            i=2
       Case 2
            Shape2.FillColor=vbYellow
            Shape1.FillColor=vbWhite
            i=3
       Case 3
            Shape3.FillColor=vbGreen
            Shape2.FillColor=vbWhite
            i=1
    End Select
End Sub
```

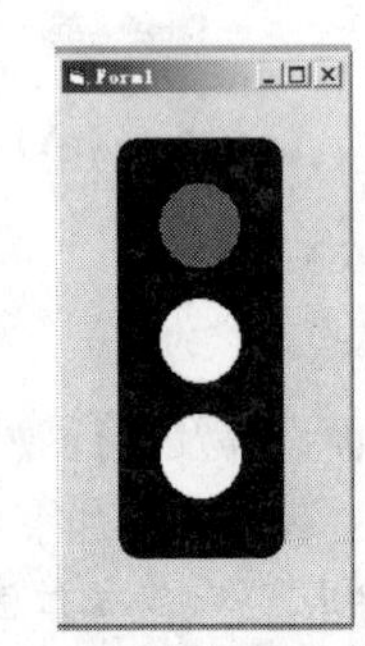

图 11-17　设计题 13 设计效果

界面设计及运行效果如图 11-17 所示。

14. 在窗体上建立一个文本框显示所要打印的内容，建立一个【打印】按钮，当单击按钮时触发 Click 事件，先将文本框中的内容显示在窗体上，然后打印窗体上的内容。

程序代码如下：

```
Private Sub Command1_Click()
    Dim d As String
    d=Text1.Text
    Form1.Print d
    Form1.PrintForm
End Sub
```

界面设计效果如图 11-18 所示。

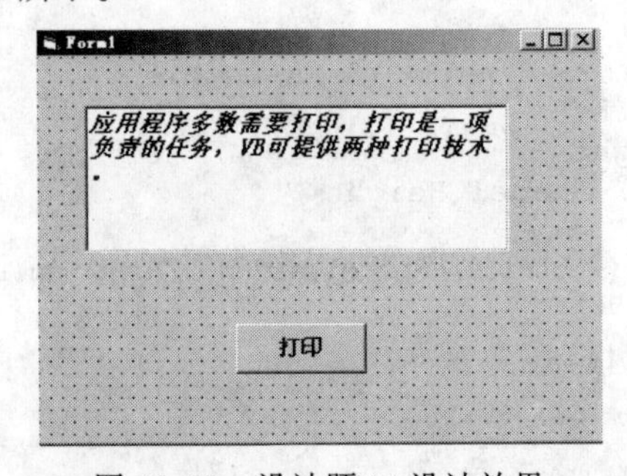

图 11-18　设计题 14 设计效果

第 12 章 设计文件应用程序

12.1 本章知识要点

1. 文件的分类

在 Visual Basic 中，文件根据不同的结构可分为不同的类型，常用的是顺序文件、随机文件和二进制文件。

- 顺序文件：采用文本文件方式保存的文件。
- 随机文件：由相同长度的记录集合组成的，可以实现记录随机访问的文件。
- 二进制文件：以二进制形式保存的文件。

2. 顺序文件的操作

（1）顺序文件的打开：打开顺序文件的一般格式如下：

```
Open "文件名称" For[Input|Output|Append]As #文件号[Len=记录长度]
```

其中，参数 Input 、Output 、Append 任选一种：

Input：从文件读取字符。

Output：向文件写入字符（文件原始内容被覆盖）。

Append：向文件追加字符（文件原始内容被保留）。

（2）顺序文件的读操作：

- 以 Input 方式打开文件。
- 使用“Line Input #文件号”，“Input()”，“Input #文件号”语句读取文件的内容到某个变量中。
- 关闭文件。

（3）顺序文件的写操作：

- 以 Output 或 Append 方式打开文件。
- 使用“Print #文件号“或”Write #文件号“语句将数据写入文件中。
- 关闭文件。

（4）顺序文件的修改操作：

- 以 Input 方式打开文件。
- 读取文件的内容到某个变量中，关闭文件。

- 修改变量的值。
- 以 Output 方式打开文件。
- 将变量的值写入文件中并关闭文件。

3. 随机文件的操作

（1）随机文件的打开：打开随机文件的一般格式如下：

```
Open "文件名称" For Random As #文件号[Len=记录长度]
```

（2）随机文件的读操作：从随机文件中读取数据的格式如下：

```
Get #文件号,[记录号],变量
```

（3）随机文件的写操作：随机文件的写操作通过 Put 语句来完成，格式如下：

```
Put #文件号,[记录号],变量
```

（4）随机文件中记录的增加与删除：

- 增加记录：可以在随机文件的末尾增加记录。采用的方法是，先找到文件最后一个记录的记录号，然后把要增加的记录写到它的后面。
- 删除记录：在随机文件中删除一个记录时，并不是真正删除记录，而是把下一个记录重写到要删除的记录的位置上，后面所有的记录依次前移。

4. 二进制文件的操作

（1）二进制文件的打开：打开二进制文件的一般格式如下：

```
Open"文件名称"For Binary As #文件号
```

（2）二进制文件的读操作：从二进制文件中读取数据的格式如下：

```
Get #文件号,,变量
```

（3）二进制文件的写操作：二进制文件的写操作可以通过 Put 语句来完成，格式如下：

```
Put #文件号,,变量
```

5. 标准文件控件

标准文件控件包括驱动器列表框（DriveListBox）、目录列表框（DirListBox）和文件列表框（FileListBox）3 种。

（1）驱动器列表框：驱动器列表框是下拉式列表框，默认时在用户系统上显示当前驱动器。当该控件获得焦点时，用户可以从中选择任何有效的驱动器标志符。驱动器列表框常用的属性是 Drive，该属性用于设置或返回指定的驱动器。常用的事件是 Change。

（2）目录列表框：目录列表框是从最高层目录开始显示用户系统上的当前驱动器目录结构。目录列表框常用的属性是 Path，该属性设置目录列表框中所显示的目录的路径。常用的事件是 Change。

（3）文件列表框：文件列表框在运行时显示由 Path 属性指定的包含在目录中的文件。文件列表框常用的属性是 MultiSelect、Path、Pattern、FileName 等，常用的事件是 Click。

6. 文件系统的语句和函数

与驱动器有关的语句： `ChDrive 驱动器号`

与目录有关的语句和函数： ChDir path、MkDir path、RmDir path、Name file1 as file2、CurDir()、Dir(pathname,attributes)。

与文件有关的语句和函数：FileCopy file1，file2、Name file1 As file2、Kill FileName、GetAttr(pathname)、FileDatetime(FileName)等。

7. FSO 对象模型

（1）加载 FSO 对象模型：选择【工程】→【引用】命令，弹出“引用”对话框，选择“Microsoft Scripting Runtime”选项并确定。

（2）创建 FSO 对象的方法：

- 变量声明的同时创建为某对象类型：

```
Dim objFso AS New FileSystemObject
```

- 变量声明后，使用 Set 和 New 关键字创建对象：

```
Dim objFso AS FileSystemObject
Set objFso=New FileSystemObject
```

- 变量声明后，使用 CreateObject 方法创建对象，参数指定类型库名称和对象类名称：

```
Dim objFso AS FileSystemObject
set objFso=CreateObject("scripting. FilesystemObject")
```

8. Drive 对象

系统中一般有多个驱动器，通过 Drive 对象可以访问某一个指定的驱动器的信息。

访问驱动器的方法：

- DriveExist：判断一个指定驱动器是否存在，如果存在返回 True，否则返回 False。
- GetDrive：返回一个与指定路径中的驱动器相对应的 Drive 对象。
- GetDriveName：从指定的路径名中返回驱动器名，但不检查该驱动器是否存在。

9. Folder 对象

文件夹本身的信息可以通过 Folder 对象来访问，如文件夹的大小、创建日期、文件夹属性等，该对象还提供文件夹所包含的文件的有关操作方法，如创建文件、复制文件等。

（1）访问一个已有的文件夹：可以使用 FileSystemObject 对象中的 GetFolder 方法，该方法返回一个描述指定文件夹的 Folder 对象，如：Set objFolder=objFso.GetFolder("f:\myVB")。但是如果指定的文件夹不存在，就会发生错误，如果不能确定文件夹是否存在，可以根据 FolderExists 方法的返回值进行判断。

（2）创建一个文件夹：利用 FileSystemObject 对象的 CreateFolder 方法可以创建一个新的文件夹，如：objFso.Create Folder(foldername)，如果创建的文件夹已经存在，会发生错误。

（3）复制一个文件夹：利用 FileSystemObject 对象的 CopyFolder 方法可以复制一个或多个文件夹到另一个地方，该方法支持通配符的使用，并且可以选择是否覆盖已有的同名文件夹，例如：FileSystemObject. CopyFolder "c:\test*","c:|\empfOlder\", False。

（4）移动一个文件夹：利用 FileSystemObject 对象的 MoveFolder 方法可以把一个或多个文件夹从一个地方移到另一个地方，同样该方法支持通配符的使用，并且可以选择是否覆盖已有的同名文件夹。

（5）删除一个文件夹：利用 FileSystemObject 对象的 DeleteFolder 方法可以删除一个或多个文件夹。Folder 对象的 Delete 方法允许删除一个文件夹。

10. File 对象

文件本身的信息可以通过 File 对象来访问，如文件的大小、创建日期、文件属性等，该对象还提供文件的复制、移动和删除等。文件的读写由 TextStream 对象来支持，但是该对象仅用于文本文件的操作。

（1）访问已有的文件：使用 FileSystemObject 对象的 GetFile 方法可以返回一个指定文件的 File 对象。如：Set objFile=objFso.GetFile("c:\class.txt")。

（2）创建文件：FSO 对象模型只能支持文本文件的创建，有两种方法可以创建一个顺序文本文件（有时也称为文本流）。

- 使用 CreateTextFile 方法：FileSystemObject 的 CreateTextFile 方法可以创建一个空文本文件，该方法的语法如下：

  ```
  object.CreateTextFile(filename[,overwrite[,unicode]])
  ```

  filename 参数是一个字符串，指定新建文件的文件名称。

  overwrite 表示如果该文件已存在，是否允许覆盖，如果为 True，表示可覆盖；如果为 False，表示不能覆盖，默认为 False。

  Unicode 表示文件是否作为 Unicode 文件创建，如果为 True，创建一个 Unicode 文件；如果为 False，创建一个普通 ASCII 文件，默认为 False。

- 使用 OpenTextFile 方法：使用 FileSystemObject 对象的 OpenTextFile 方法可打开一个指定名称的文件，如果指定文件不存在，则可以创建一个新文件（需要指定参数选项）。

（3）复制、移动和删除文件：FSO 对象模型提供了两种方法，一种是 FileSystemObiect 对象的 CopyFile、MoveFile 和 DeleteFile 方法，另一种是 File 对象的 Copy、Move 和 Delete 方法。

（4）打开文件：要对一个存在的文件进行读/写，必须首先打开该文件。在 FSO 对象模型中，文件的打开实际上是通过创建文本文件的 TextStream 对象来实现的。可以使用下面两种方法中的任意一种来获得一个文件的 TextStream 对象：File 对象的 OpenAsTextStream 方法，FileSystemObject 对象的 OpenTextFile 方法。

（5）写文件：要向打开的文本文件中写入数据，可以使用 TextStream 对象的 Write 或 WriteLine 方法。它们之间的唯一差别是 WriteLine 在指定的字符串末尾添加换行符。如果想要向文本文件中添加一个空行，可使用 WriteBlankLines 方法。

（6）读文件：要从一个文本文件中读取数据，可使用 TextStream 对象的 Read、ReadLine 或 ReadAll 方法。它们的区别是：Read 方法可以读取任意指定数量的字符，ReadLine 一次读取一行，ReadAll 一次读取文件的全部内容。

（7）关闭文件：要关闭一个已打开的文件，使用 TextStream 对象的 Close 方法，这样所做的写操作才会生效。

12.2 典型例题解析

12.2.1 选择题解析

1. 下面叙述不正确的是（　　）。

   A. 对顺序文件中的数据操作只能按一定的顺序执行

   B. 顺序文件结构简单

   C. 能同时对顺序文件进行读写操作

   D. 顺序文件的数据以字符（ASCII 码）的形式存储

【解析】顺序文件的组织比较简单，只要把数据记录一个接一个地写到文件中即可，但维护困难，为了修改文件中的某个记录，必须把整个文件读入内存，关闭文件，修改完后重新打开文件写入磁盘，顺序文件不能灵活地存取和增减数据，因此适用于有一定规律且不经常修改的数据。

【答案】 C

2. 执行语句 Open"C:\studata.dat"For Input As #2 之后，系统（　　）。

A. 将 C 盘当前文件夹下名为 studata.dat 文件的内容读入内存

B. 在 C 盘当前文件夹下建立名为 studata 的顺序文件

C. 将内存数据存放在 C 盘当前文件夹下名为 stuData.dat 的文件中

D. 将某个磁盘文件的内容写入 C 盘当前文件夹下名为 stuData.dat 的文件中

【解析】（1）在 C 盘当前文件夹下建立文件时 For 后面的"模式"为 Output。

（2）将内存数据放在 C 盘当前文件夹下时用 Write 命令。

（3）不能直接将某个磁盘文件的内容写入 C 盘当前文件夹下。

【答案】 A

3. 要在 C 盘当前文件夹下建立一个名为 stuData.dat 的顺序文件，应先使用（　　）语句。

A. Open "StuData.dat" For Output As #2　　B. Open "Studata.dat" For Input As #2

C. Open "C：\StuData.dat" For Input As #2　　D. Open "C：\StuData.dat" For Output As #2

【解析】（1）打开文件的命令是 Open，其常用的形式如下：

```
Open "文件名" For 模式 As [#]文件号[Len=记录长度]
```

（2）因为本题是要新建一个文件，所以在 For 后面的"模式"为"Output"，它的意思是为了写操作而建立文件（打开文件）。

（3）文件名必须是文件地址的全称，因为文件在 C 盘目录下，所以在文件名中要出现"C:\ "字样。

【答案】 D

4. 如果在 C 盘当前文件夹下已存在名为 Studata.dat 的顺序文件，那么执行语句 Open "C：\Studata.dat" For Append As # 1 之后将（　　）。

A. 保留文件中原有的内容，在文件开始处添加新内容

B. 删除文件原有内容

C. 保留文件中原有内容，可在文件末尾添加新内容

D. 以上均不对

【解析】 用 Open 打开顺序文件时，For 后面的模式为"Append"，表示打开一个文件，将在该文件末尾追加记录。

【答案】 C

5. 改变驱动器列表框的 Drive 属性值将激活（　　）事件。

A. Change　　B. Scorll　　C. KeyDown　　D. KeyUp

【解析】（1）驱动器列表框最常用的事件是"Change"事件。每次重新设置 Drive 属性都会引发"Change"事件。

（2）在键盘压下时引发"KeyDown"事件，在松开键盘时引发"keyUp"事件。

【答案】 A

12.2.2 填空题解析

1. 在 C 盘当前文件夹下建立一个名为 StuDate.txt 的顺序文件。要求用 InputBox()函数输入 5 名学生的学号（StuNo）、姓名（StuName）和英语成绩（StuEng）。

```
Private Sub Form_Click()
    ___(1)___
    For i=1 To 5
      StuNo=InputBox("请输入学号")
      StuName=InputBox("请输入姓名")
      StuEng=Val(InputBox("请输入英语成绩"))
       ___(2)___
    Next i
    ___(3)___
End Sub
```

【解析】（1）在对文件进行任何操作之前，必须打开文件，同时通知操作系统对打开文件进行读操作还是写操作，打开文件的命令是 Open。本题中是为写而打开文件，所以 For 后面“模式”为 Output。

（2）程序用 For 循环语句分别为 3 个变量赋值，并且同时输出要求输入信息的提示框。

（3）当 3 个变量已赋值后，就要将输入数据写入文件，将数据写入磁盘文件所用的命令是 Write #或 Print #命令，因为要写入的是一个字符串，并且字符串已存入变量中，所以书写的格式为 Write #1，StuNo，StuName，StuEng。

（4）当循环执行完毕后，即将文件写完，所以要将文件关闭，关闭文件所用的语句是 Close，在 Close 语句中可以省略文件号，Close 命令将会关闭所有已经打开的文件。

【答案】（1）Open"c: \stuDate.txt" For OutPut As #1

（2）Write #1，StuNo，StuName，StuEng

（3）Close #1

2. 打开上题建立的顺序文件 StuData.txt，读文件中的数据，并将数据显示在窗体上。

```
Private Sub Form_Click()
    ___(1)___
    Do While ___(2)___
       ___(3)___
       Print StuNo:Tab(10);StuName:Tab(20);StuEng
    Loop
    Close #1
End Sub
```

【解析】（1）要读上题顺序文件，首先要打开这个文件，因为这次打开文件的目的是读，所以其 For 后面的“模式”为 Input。

（2）在循环语句中缺少判断条件，即什么时候结束循环，当然是读完上题中的数据后，文件中读完后结束的语句为 While Not Eof（1）（其中“1”是打开文件时的文件号）。

（3）读文件可以用“Input #文件号，变量号，变量列表”，使用该语句将从文件中读出数据，并将读出的数据分别赋给指定的变量，为了能够用 Input #将文件中的数据正确地读出，在将数据写入文件时，要使用 Write #语句而不是用 Print #语句，因为 Write #语句可以确保将各个数据项正确区分开。

【答案】（1）Open "c:\Studata.txt" For Input As #1

（2）While Not Eof（1）

（3）Input #1,StuNo,StuName,StuEng

3. 从指定的任意一个驱动器中的任何一个文件夹下查找文件（不含汉字），并将选定文件的完整路径显示在文本框 Text1 中，文件内容显示在文本框 Text2 中。

```
Private Sub Form_Load( )
    File1.___(1)___="*.txt"
End Sub

Private sub Dir1_Change( )
    ___(2)___
End Sub

Private Sub Drive1_Change( )
    ___(3)___
End Sub

Private Sub File1_Click( )
    If Right(File1.Path,1)<> "\" Then
      Text1.Text=File1.Path & "\" & File1.FileName
    Else
     Text1.Text=File1.Path & File1.FileName
    End If
    ___(4)___
    Text2.Text=Input(LOF(1),1)
    Close
End Sub
```

【解析】（1）程序首先建立一个文件列表框，显示当前驱动器中当前目录下的文件目录清单。调用 Pattern()函数，它返回设置文件列表框所显示的文件类型。

（2）驱动器列表框最常用的事件是“Change”事件，每次重新设置 Drive 属性都会引发“Change”事件。

（3）在 File1_Click()过程中，调用 Right()函数取变量 File1.Path 最右边的一个字符，如果它不是“\”时，在 Text1 上显示 File1.Path 中的内容加上“\”及 File1.FileName,如果是“\”时，直接显示变量中的内容，然后打开文件 Text1.text,并将其内容显示在 Text2.上。

【答案】（1）Patten

（2）File1.Path=Dir1.Path

（3）Dir1.Path=Drive1.Drive

（4）Open Text1.Text For Input As #1

4. 建立一个通讯录的随机文件 phonbook.txt，内容包括姓名、电话、地址和邮编，用文本框输入数据，单击按钮 Command1 时，将文本框数据写入文件，单击【显示】按钮 Command2 时，将文件中所有记录内容显示在立即窗口。

```
___(1)___Type PersData
    Name As String
    Phone As String
    Address As String
    Postcd As String
End Type

Dim xData As PersData
Private Sub Form_load()
    Open "C:\phonBook.txt" For Random As #1
```

```
End Sub
Private sub command1_click()
    xData.Name=Text1.Text
    xData.Phone=Text2.Text
    xData.Address=Text3.Text
    xData.Postcd=Text4.Text
    __(2)__
    Text1.Text="  ":Text2.Text="  "
    Text3.Text="  ":Text4.Text="  "
End Sub
Private Sub Command2_Click()
    reno=Lof(1)/Len(xData)
    i=1
    Do while i<=reno
       __(3)__
       Debug.print xData.Name,xData.Phon,xData.Address,xData.Postcd
       i=i+1
    Loop
End Sub
```

【解析】（1）程序首先定义了一个记录类型，包括了 4 个成员，即姓名、电话、地址和邮编，并将变量 xData 定义为此程序类型。

（2）在 Form_Load 过程中打开了文件"C:\phonBook.txt"，在 Open 语句中没有指明记录的长度，默认为 128 个字节。

（3）在 Command1_Click()过程中分别将输入到文本框中的内容依次赋给变量 xData 的成员，然后将它们写入文件中，因为是对随机访问模式中的文件进行写操作，所以使用 put 命令，其形式为：put [#]文件号，[记录本]，变量名，其中，put 命令是将一个记录变量的内容写入所打开的磁盘文件中指定的记录位置处，当记录号是大于 1 的整数，表示写入的是第几条记录，如果忽略记录号，则表示在当前记录后插入一条记录。

（4）在 Command2_Click()过程中，函数 LOF()是用来计算文件中总共有多少个字符，而 Len()函数用来测量变量的长度，所以 reno 中的值为含有 xData 个变量。

（5）在循环体中，先从文件中调出一个 xData 的值，并将它输出，直到将所有的 xData 值全部输出。

【答案】（1）Private

（2）Put #1,xData

（3）Get #1,xData

5. 把一个磁盘文件的内容读到内存并在文本框中显示出来，然后把该文本框中的内容存入另一个磁盘文件，请填空完成程序。

在窗体上建立一个文本框，在属性窗口中把该文本框的 Multiline 属性设置为 True，然后编写如下的事件过程：

```
Private Sub Form_Click()
    Open "d:\test\smtext1.txt" For Input As #1
    Text1.Fontsize=14
    Text1.FontName="幼圆"
      Do While Not EOF(1)
```

```
        (1)
        whole$=whole$+aspect$+Chr$(13)+Chr$(10)
    Loop
    Text1.Text= (2)
    Close
    Open "d:\test\smtext2.txt" For Output As #1
      Print #1, (3)
    Close
End Sub
```

【解析】（1）在 Form_Click 过程中首先打开文件，并且其文件代号为 1，然后设定了文本框文字的大小及其输出字的字体。

（2）在 Do While 循环语句中判断条件是 EOF 语句，如果文件指针指向文件末尾，那么就退出循环。

（3）循环体的第二条语句是将字符串变量 aspect$中的值加到 Whole$中，所以在读文件时，肯定是将字符串读到 aspect$中。

（4）循环结束后将整个字符串显示在文本框中，所以第二空为 Whole$。

（5）最后再打开一个文件，并且将字符串 Whole$写到文件中去。

【答案】（1）Line Input #1，aspect$

（2）Whole$

（3）Text1.text

12.2.3　设计题解析

1. 编写一个程序，用于统计学生期末考试成绩。

【解析】（1）选择【工程】→【添加模块】命令，建立一个标准模块，该模块定义学生的学号、姓名、各科考试成绩，并定义此种记录类型的变量。

（2）编写过程用来把从键盘上输入的人员名册信息写入磁盘文件，并由 InputBox 对话框输入要统计的人数。

例如，输入 2，如图 12-1 所示。单击【确定】按钮，弹出对话框，在对话框中输入姓名，例如 WWW，如图 12-2 所示。再单击【确定】按钮，弹出对话框，在对话框中输入物理成绩，例如 56，如图 12-3 所示。

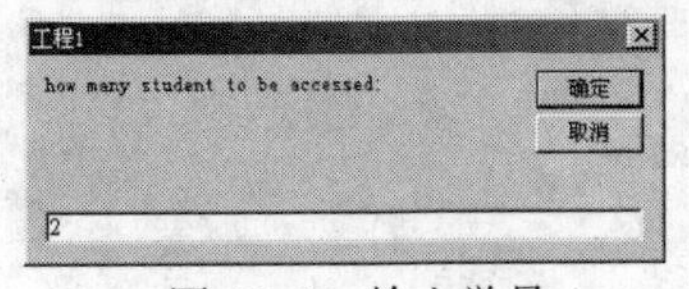

图 12-1　输入学号

图 12-2　输入姓名

图 12-3　输入成绩

（3）可用 InputBox 将数据分别赋值给各个数据变量并输出提示信息，用 InputBox$将字符串赋给相应的字符变量。

（4）编写一个通用过程，从建立的文件中读取数据，并在窗体上显示出来。

（5）程序代码如下：

```
Private Sub Form_Load()
    Dim h As Integer
    h=InputBox("how many student to be accessed:")
    data_input h
```

```
    b$=InputBox$("Do you want to access(Y\N)?")
    If UCase$(b$)="N" Then End
    data_Output
End Sub

Type rsda
    num As Integer
    nam As String*8
    Eng As Integer
    Math As Integer
    Phy As Integer
    Chi As Integer
End Type

Option Base 1
Dim ry() As rsda
Dim n() As rsda
Public Sub data_Input(num As Integer)
    ReDim ry(num) As Integer
    Open "c:\rsda.dat" For Output As #1
      For i=1 To num
        ry(i).num=InputBox("请输入学号")
        ry(i).nam=InputBox("请输入姓名")
        ry(i).Eng=InputBox("请输入英语成绩")
        ry(i).Math=InputBox("请输入物理成绩")
        ry(i).Chi=InputBox("请输入语文成绩")
        Write #1,ry(i).num,ry(i).nam,ry(i).Eng
        Write #1,ry(i).Math,ry(i).Phy,ry(i).Chi
      Next i
   Close #1
End Sub

Public Sub data_Output()
     Open "c:\rsda.dat" For Input As #1
     i=1
     Do While Not EOF(1)
        Input #1,ry(i).num,ry(i).nam,ry(i).Eng
        Input #1,ry(i).Math,ry(i).Phy,ry(i).Chi
        Print ry(i).num; ry(i).nam;ry(i).Eng;_
                      ry(i).Math;ry(i).Phy; ry(i).Chi
       i=i+1
     Loop
    Close #1
End Sub
```

运行示范结果如图 12-4 所示。

图 12-4　运行示范

2. 设计一个界面，用户可以方便地选择文件。

【解析】 设计一个窗体，在其中放置若干对象，界面如图 12-5 所示。界面中各对象的属性设置如表 12-1 所示。

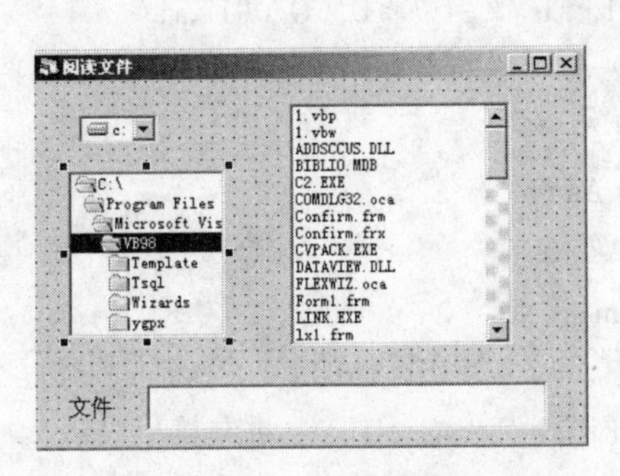

图 12-5 设计界面

表 12-1 对象属性

对象类型图	属 性 名	属 性 值
文本框	Name	Text1
标签	Name	Label1
	AutoSize	Ture
	Caption	"文件"
驱动列表框	Name	Drive1
目录列表框	Name	Dir1
文件列表框	Name	File1

在该窗体上设置如下事件过程：

```
Private Sub Dir1_Change()
   File1.Path=Dir1.Path
End Sub

Private Sub Drive1_Change()
   Dir1.Path=Drive1.Drive
End Sub

Private Sub File1_Click()
   Dim str As String
   Text1.Text=Dir1.Path+"\"+File1.FileName
End Sub
```

12.3 习题与解答

一、选择题

1. 操作顺序文件不能使用（　　）语句。

   A. Line Input　　B. Write　　C. Put　　D. Line

2. 要想获得使用 Open 语句所打开的文件的大小可以使用（　　）。

   A. LOF()函数　　B. Len()函数　　C. FileLen()函数　　D. EOF()函数

3. （　　）只能从顺序文件中读出英文字符，非英文字符不能读出。

   A. Input #语句　　B. Input()函数

   C. Line　Input #语句　　D. Get 语句

4. 二进制文件除了可以使用 Get 语句读出数据之外，还可以使用（　　）来读出数据。

   A. Print 语句　　B. Input()函数　　C. Put 语句　　D. Input #语句

5. 以下关于文件的叙述中，错误的是（　　）。

   A. 顺序文件中的记录一个接一个地顺序存放

   B. 随机文件中记录的长度是随机的

   C. 执行打开文件的命令后，自动生成一个文件指针

   D. LOF 函数返回给文件分配的字节数

6. 如果准备向随机文件中写入数据，正确的语句是（　　）。

A. Print #1,a1　　B. Write #1,a1　　C. Put #1, ,a1　　D. Get #1, ,a1

7. 下面能够正确打开文件的一组语句是（　　）。

A. Open "data1" For Output As #5 Open "data1" For Input As #5

B. Open "data1" For Output As #5 Open "data1" For Input As #6

C. Open "data1" For Input As #5 Open "data1" For Input As #6

D. Open "data1" For Input As #5 Open "data1" For Random As #6

8. 顺序访问适合于普通的文本文件，文件中的数据是以（　　）方式存储的。

A. Boolean　　B. 数组　　C. ASCII 码　　D. 二进制数

9. 下面叙述中正确的是（　　）。

A. 可以使用 FSO 对象的 OpenTextFile 方法打开文件，但不能创建文件

B. 可以使用 FSO 对象的 CreateTextFile 方法创建文件

C. 可以使用 FSO 对象的 OpenAsTextStream 方法打开文件，但不能创建文件

D. 以上均不对

10. 下面的说法中正确的是（　　）。

A. 用模式 Input 访问的文件不存在，则建立一个新文件

B. 用模式 Append 打开一个顺序文件，即使不对它进行写操作，原来的内容也被清除

C. 用模式 Random 打开一个顺序文件，既可以对它进行读操作，也可以进行写操作

D. 当程序正常结束时，所有没用 Close 语句关闭的文件都会自动关闭

11. 以下叙述中正确的是（　　）。

A. 标准控件 FileListBox 会列出计算机系统中的所有目录和文件

B. 设置 FileListBox 控件的 Pattern 属性可以显示指定类型的文件

C. DirListBox 列表框显示当前驱动器的所有目录，第一个目录的索引值为 0

D. 通用“打开”对话框可以打开一个文件并显示

12. 要显示指定驱动器的目录，应设置 DirListBox 的（　　）属性。

A. Drive　　B. Path　　C. Dir　　D. Folder

13. 要显示指定目录下的文件，应设置 FileListBox 的（　　）属性。

A. Path　　B. Dir　　C. Folder　　D. List

14. 使用驱动器列表框的（　　）属性可以返回或设置磁盘驱动器的名称。

A. ChDrive　　B. Drive　　C. List　　D. ListIndex

15. 文件列表框中用于设置或返回所选文件的路径和文件名的属性是（　　）。

A. File　　B. FilePath　　C. Path　　D. FileName

16. 改变驱动器列表框的 Drive 属性值将激活（　　）事件。

A. Change　　B. Scroll　　C. KeyDown　　D. KeyUp

17. 创建一个 FSO 对象可以通过将一个变量声明为（　　）对象类型来实现。

A. FileSystemObject　　B. File　　C. TextStream　　D. Folder

18. FSO 对象只能访问（　　）。

A. 二进制文件　　B. 随机文件　　C. 纯文本文件　　D. 磁盘文件

二、填空题

1. 使用 Open 语句打开文件，可以采用________、________、________3 种方式来打开文件。
2. 可以使用________函数来获取下一个可用的文件号；可以使用________函数来检验是否到达文件的结尾部分；关闭文件可以使用________语句。
3. 顺序文件可以通过________语句或________语句将数据写入文件，而读取文件中的数据可以使用________语句、________语句或________函数来实现。随机文件和二进制文件的读操作可以通过________语句来实现，写操作可以通过________语句来实现。
4. 构造满足下列条件的 Open 语句：

   （1）建立一个新的顺序文件 abc.dat，供用户写入数据，指定文件号为 1。

   ______________________________。

   （2）打开一个旧的顺序文件 Test.txt，用户将从该文件读出数据，指定文件号为 3。

   ______________________________。

   （3）打开一个旧的顺序文件 Happy.txt，用户将在该文件后面添加数据，指定文件号为 2。

   ______________________________。
5. FileLen 函数返回一个代表________的长整数，其单位是________。
6. FileCopy 语句用来________，如果对一个已打开的文件使用 FileCopy 语句，则会________。
7. 可同时对数据进行输入和输出的数据文件是________。
8. 对随机文件的记录进行替换、增加、删除操作，都要用到的语句是________语句。
9. 从已经打开的顺序文件中读取数据，可以使用语句：

   ______________________　'读一个数据项到变量

   ______________________　'读一行数据

   ______________________　'读取指定数目的字符
10. 顺序文件可以用来存储________、________和可以用________表示的不需要经常修改的数据。
11. 随机文件可以按照________顺序存取文件，以________为单位存取数据，每个记录通常含有多个________。
12. 在文件列表框中显示*.bmp 文件，则利用________属性设置文件类型。

三、简答题

1. 什么是文件？文件有哪几种类型？它们的区别是什么？
2. 文件的读/写操作一般要经历哪几个过程？
3. 使用 Print #语句和 Write #语句将数据写入顺序文件中有什么区别？
4. 函数 EOF()、LOF()和 LOC()有什么区别？
5. 什么是 FSO 对象模型？FSO 对象模型是否支持所有文件的操作？

四、设计题

1. 创建一个顺序文件 Temp.dat，写入“hello world”字符串，然后打开文件，将每个单词的开头字母都改为大写，重新写入文件。
2. 编写程序利用两个组合框，让用户改变窗体的文本框的字体大小和颜色，增加一个按钮【保存设置】可以将当前的字体大小和颜色保存到文本文件中，增加一个按钮【读取设置】取出文件保存的设置并修改文本框的字体和颜色。运行界面如图 12-6 所示。

3. 设计一个产生随机数的程序，运行界面如图 12-7 所示。单击【产生并写入】按钮，将产生 20 个 10～100 之间的随机正整数，放在左边的图片框中，并写入 D 盘根目录下的 sy.txt 中。单击【读出并排序】按钮，将从 D 盘根目录下的 sy.txt 文件中读出数据，从小到大排序后放在右边的图片框中。

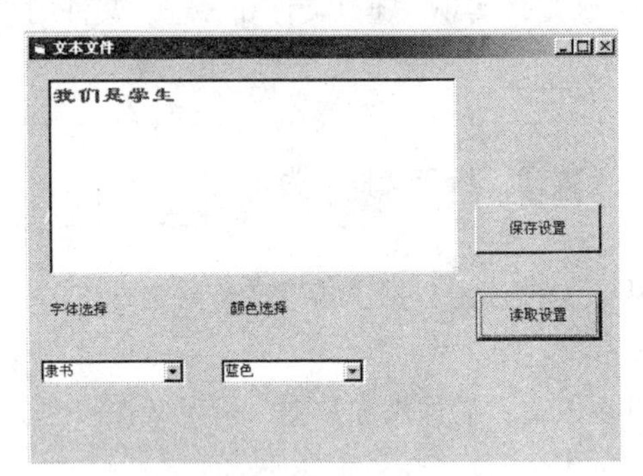

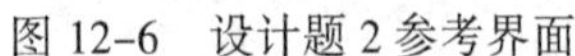
图 12-6 设计题 2 参考界面

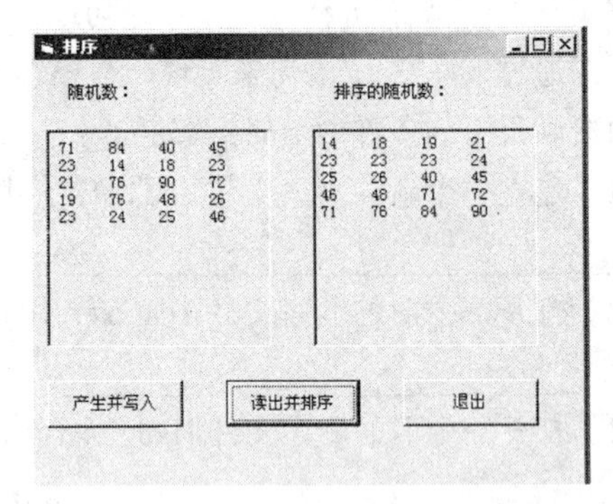

图 12-7 设计题 3 参考界面

4. 通过界面输入每个学生的学号、姓名、平时成绩和考试成绩。各字段的长度为：学号 String*6，姓名 String*10，平时成绩 Single，考试成绩 Single。单击【输入】按钮，将每个学生的成绩存入一个顺序文件中，要求该文件的保存位置及文件名可以任意指定。在窗体上放有两个文本框，单击【显示】按钮将上述文件读入第一个文本框中，单击【计算】按钮计算每个同学的平均成绩，将原数据和平均成绩显示在第二个文本框中，单击【保存】按钮，同时将学号、姓名、平均成绩保存于另一个顺序文件中，保存位置及文件名可以任意指定。运行界面如图 12-8 所示。

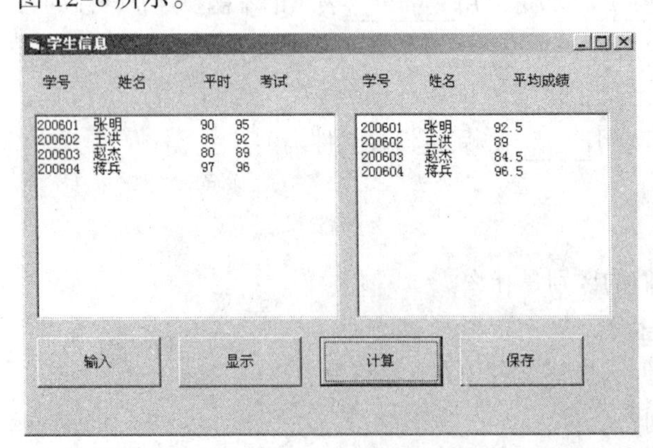

图 12-8 设计题 4 参考界面

5. 设计一个简单的学生成绩管理系统，使用随机文件存储学生信息。程序的运行界面如图 12-9 所示。该程序具有数据添加、修改、删除、查找及学生信息顺序查询等功能。要求：

（1）记录号和总成绩自动显示。

（2）用于输入成绩的文本框只能输入数字，不能输入其他字符。

（3）查找功能只按学生姓名查找。

6. 编制一个"通讯录"软件，具有添加、删除、查询功能。程序的运行界面如图 12-10 所示。

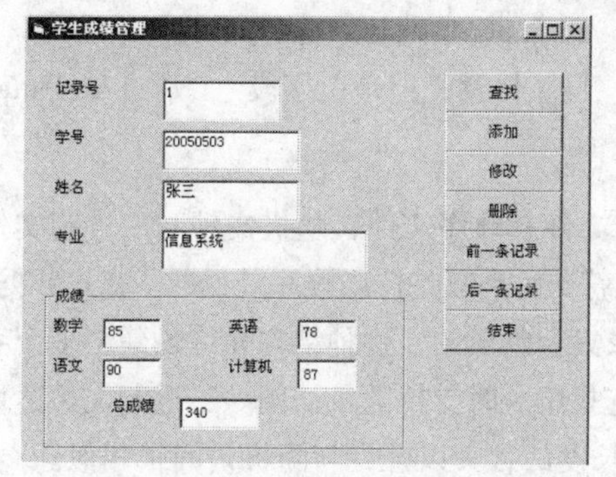

图 12-9　设计题 5 参考界面

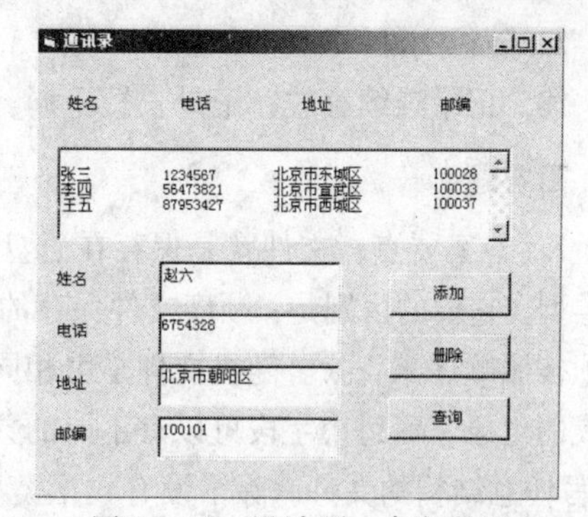

图 12-10　设计题 6 参考界面

7. 使用 DriveListBox 和 DirListBox 来显示计算机的目录，当单击【确定】按钮后，在选中的目录下创建 10 个子目录，分别命名为 Temp1、Temp2、…、Temp10。

8. 分别用标准控件和通用对话框控件编写程序。打开任意一个文本文件并显示。（提示：文件内容可以利用记事本显示，程序中使用 Shell()函数可以激活 Windows 记事本程序，比如执行语句 Shell"Notepad c:\a.txt"，就可以打开记事本显示 a.txt 文件）

9. 使用 FileSystemObject 对象和 TextStream 对象：（1）编写程序，完成学期教学计划的安排，包括从课程列表框中选择一门课程，从教师列表框中选择任课老师，输入课时后，添加到课程文件中，可以添加多门课程，界面如图 12-11 所示。（2）显示系统所有的驱动器，如图 12-12 所示。

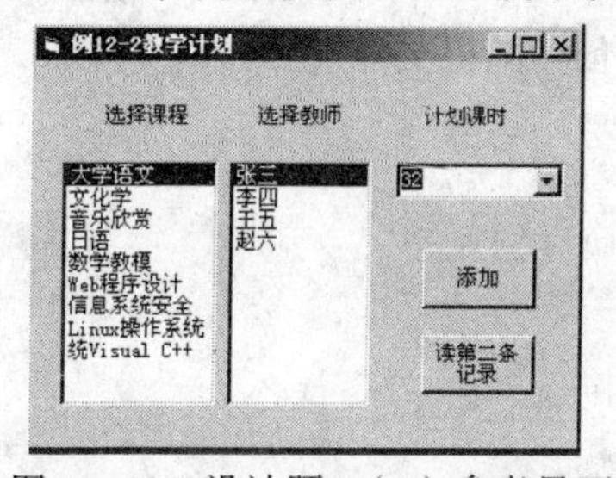

图 12-11　设计题 9（1）参考界面

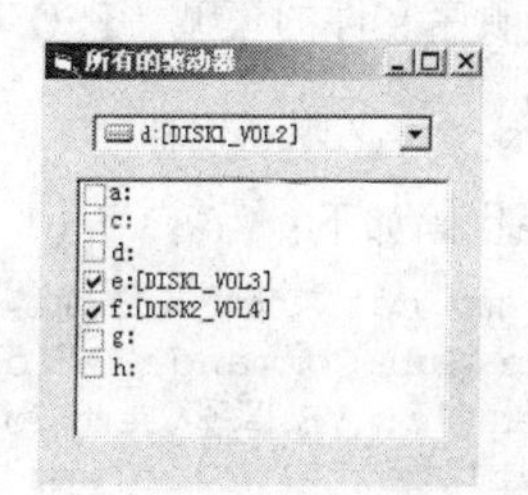

图 12-12　设计题 9（2）参考界面

10. 用 FSO 对象模型在 C 盘中创建两个文件夹，每个文件夹中创建两个文件。其中一个文件名为 Test1.txt，在该文件中写入两行文字，并将其复制为 Test2.txt，然后删除 Test1.txt 文件。

习题解答

一、选择题

1. C　2. A　3. A　4. B　5. B　6. C　7. C　8. C　9. B　10. D
11. B　12. B　13. A　14. B　15. D　16. A　17. A　18. C

二、填空题

1. Input；Output；Append　　2. FreeFile()；EOF()；Close

3. Print #；Write #；Line Input #；Input #；Input；Get；Put

4. （1） Open "abc.dat" For Output As #1　　（2） Open "Test.txt" For Input As 3

（3） Open "Test.txt" For Append As 2

5. 文件长度；字节　　6. 复制文件；出错

7. 随机文件　　8. Put　　9. Input #；Line Input #；Input()函数

10. 记录连续存放；记录长短不同；字符　　11. 任意；记录；字段　　12. Pattern

三、简答题

1. 答案要点：文件就是保存在磁盘上的字节。文件有顺序文件，随机文件和二进制文件 3 种类型。它们的区别是：顺序文件保存的都是文本字符，而且都是按照顺序进行的，查找数据时，必须按照顺序来查找。随机文件是由相同长度的纪录集合组成的，这种结构允许创建由多个字段组成的纪录，而每个字段可以有不同的数据类型，查找纪录时支持随机访问。二进制文件适用于读/写任意结构的文件。除了没有数据类型或者记录长度的含义以外，与随机访问很相似。

2. 答案要点：文件的读写要经历以下三个过程：用 Open 语句打开文件；使用读或写语句执行读/写操作；用 Close 语句关闭文件。

3. 答案要点：Write #语句将一组数字或字符串写入文件，自动用逗号分开每个表达式，并且在字符串表达式端放置引号。Print #语句之后紧接着一个分号，就是指定不要换行，继续在上一行输入字符之后写入数据，否则就是换行输出。

4. 答案要点：EOF 表明是否到达文件尾；LOF 表明返回文件的大小；LOC 表明返回文件当前的读/写位置。

5. 答案要点：FSO（File System Object）对象模型，包含了与驱动器、目录和文件等元素完全对应的一组对象，利用各个对象的属性和方法可以方便地获取文件系统的信息，处理目录和文件以及读/写顺序文件的模型。FSO 对象模型不支持创建随机文件或二进制文件。

四、设计题

1. 程序代码如下：

```
'创建 Temp.dat 文件。文件内容显示在文本框 1 中
Private Sub Command1_Click()
    Open "c:\VB 程序\Temp.dat" For Output As #1
    Text1.Text="hello world"
    Write #1,Text1.Text
    Close #1
End Sub
'重新写入 Temp.dat 文件，文件内容显示在文本框 2 中
Private Sub Command2_Click()
    Open "c:\VB 程序\Temp.dat" For Output As #1
    Text2.Text="Hello World"
    Write #1,Text2.Text
    Close #1
End Sub
```

运行效果如图 12-13 所示。

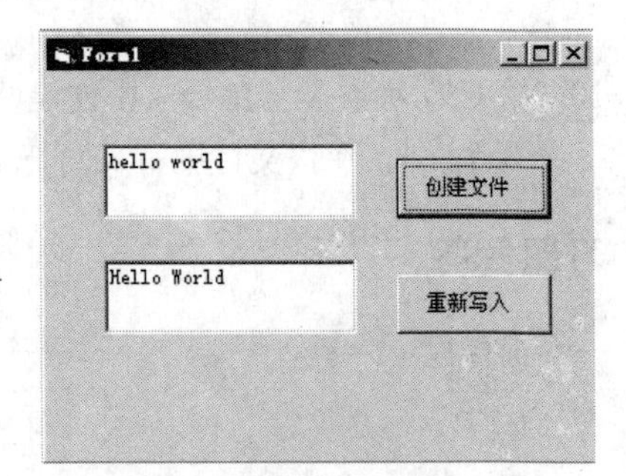

图 12-13　设计题 1 设计效果

2. 程序代码如下：

```
'装载窗体，初始数据设置
Private Sub Form_Load()
    Text1.FontSize = 20
    Text1.Text="我们是学生"
    Combo1.AddItem "黑体"
    Combo1.AddItem "幼圆"
```

```
   Combo1.AddItem "宋体"
   Combo2.AddItem "红色"
   Combo2.AddItem "蓝色"
   Combo2.AddItem "绿色"
End Sub

'字体组合框选择
Private Sub Combo1_click()
   Text1.FontName=Combo1.Text
End Sub

'颜色组合框选择
Private Sub Combo2_click()
   Select Case Combo2.Text
     Case "红色"
       Text1.ForeColor=vbRed
     Case "蓝色"
       Text1.ForeColor=vbBlue
     Case "绿色"
       Text1.ForeColor=vbGreen
   End Select
End Sub

'单击【保存设置】按钮，写入文本文件 122.txt 中
Private Sub Command1_Click()
   Open "d:\VB 程序\122.txt" For Output As #1
   Write #1,Text1.FontName,Text1.ForeColor
   Close #1
End Sub

'单击【读取设置】按钮，读出信息并修改
Private Sub Command2_Click()
   Dim a,b As String
   Open "d:\VB 程序\122.txt" For Input As #1
   Input #1,a,b
   Combo1.Text=a
   Text1.FontName=Combo1.Text
   Select Case b
     Case vbRed
       Combo2.Text="红色"
     Case vbBlue
       Combo2.Text="蓝色"
     Case vbGreen
       Combo2.Text="绿色"
   End Select
   Text1.ForeColor=b
   Close #1
End Sub
```

界面设计及运行效果见图 12-6。

3. 程序代码如下：

```
'单击【产生并写入】按钮，产生随机数
Private Sub Command1_Click()
   Dim i As Integer,a(20) As Integer
   For i=1 To 20 '循环 20 次，每次产生一个在 10~100 范围内的随机正整数并且写入文件
```

```
        a(i)=Int((90*Rnd)+10)
        Open "d:\sy.txt" For Random As 1 Len=2
        Put 1,i,a(i)
        Close (1)
        Picture1.Print a(i);Spc(2);                  '将生成的随机数在图片框中显示
        If i Mod 4=0 Then
          Picture1.Print
      End If
    Next
End Sub

'单击【读出兵排序】按钮，将随机数排序并显示
Private Sub Command2_Click()
    Dim i As Integer,j As Integer,b(20) As Integer
    Dim change As Boolean
    Dim temp As Integer
    For i=1 To 20                                    '将20个随机数字从文件中取出
       Open "d:\sy.txt" For Random As 1 Len=2
       Get 1,i,b(i)
       Close (1)
    Next
    change=True                                      '进行排序
    For i=20 To 1 Step-1
       change=False
       For j=1 To i-1
           If(b(j)>b(j+1))Then
              change=True
              temp=b(j)
              b(j)=b(j+1)
              b(j+1)=temp
           End If
       Next
       If change=False Then Exit For
     Next
     For i=1 To 20                                   '将20个排好序的随机数字在图片框中显示
     Picture2.Print b(i); Spc(2);
     If i Mod 4=0 Then
        Picture2.Print
     End If
   Next
End Sub

'单击【退出】按钮，结束
Private Sub Command3_Click()
    End
End Sub
```

界面运行效果见图 12-7 所示。

4. 程序代码如下：

```
'公用变量设置
Private Type stuinfo
    snu As String*6                                  '学生学号
    sna As String*10                                 '学生姓名
    um As Single                                     '平时成绩
    tm As Single                                     '考试成绩
End Type
```

```
Private wj  As string                                   '文件路径及名称
Private st(100)  As stuinfo                             '学生数组
Private i As Integer                                    '数组大小
Private aver(30) As Single                              '存放平均分

'单击【输入】按钮，输入学生信息
Private Sub Command1_Click()
   Wj=InputBox("输入文件路径及名称: ","输入提示")         '输入文件路径及名称
   i=i+1
   st.snu=InputBox("输入学号: ","输入提示")              '输入学生的信息
   st(i).sna=InputBox("输入姓名: ","输入提示")
   st(i).um=InputBox("输入平时成绩: ","输入提示")
   st(i).tm=InputBox("输入考试成绩: ","输入提示")
   Open App.Path & wj For Append As 1                   '将学生的成绩信息输入到顺序文件
   Print #1,st(i).um;st(i).tm
   Close #1
End Sub

'单击【显示】按钮，显示学生的信息
Private Sub Command2_Click()
   Dim j As Integer
   For j=1 To i                                         '显示
     Text1.Text=Text1.Text+vbCrLf+st(j).snu+""+st(j).sna+""+Str(st(j).um)
     +""+Str(st(j).tm)
   Next
End Sub

'单击【计算】按钮，计算平均成绩
Private Sub Command3_Click()
   Dim j As Integer
   For j=1 To i                                         '计算平均分并显示学生的信息
     aver(j)=(st(j).um+st(j).tm)/2
     Text2.Text=Text2.Text+st(j).snu+""+st(j).sna+""+Str(aver(j))+""
   Next
End Sub

'单击【保存】按钮，将信息保存到文件中
Private Sub Command4_Click()
   Dim j As Integer
   For j=1 To i                          '将学生的学号，姓名，平均成绩信息存入顺序文件
     Open App.Path&wj For Append As 1
     Print #1,st(j).snu;st(j).sna;aver(j)
     Close #1
   Next
End Sub
```

设计及运行界面见图 12-8。

5. 程序代码如下：

```
'公用变量设置
Private Type stuma
    recn As Integer                                     '记录号
    snum As String*8                                    '学号
    sname As String*10                                  '姓名
    smaj As String*10                                   '专业
    smat As Single                                      '数学成绩
    sen As Single                                       '英语成绩
```

```
    sch As Single                                '语文成绩
    sco As Single                                '计算机成绩
    total As Single                              '总成绩
End Type

Option Explicit
Private s As stuma                               '学生变量
Private num As Integer                           '学生个数
Dim sum As Single                                '总成绩

'单击【查找】按钮，查找记录
Private Sub Command1_Click()
    Dim i As Integer,re As Integer
    Dim name As String*10
    name=InputBox("输入您要查询的学生的姓名","查询")
    Open App.Path & "\student.txt" For Random As 1 Len=Len(s)
    For i=1 To num
      Get 1,i, s
      If name=s.sname Then Exit For
    Next
    Close (1)
    If i=num+1 And name<>s.sname Then     '不存在就给出提示信息
      re=MsgBox("该学生不存在！",vbOKOnly+vbExclamation,"错误")
    Else                                         '存在该学生就将信息显示出来
      Text1.Text=Str(s.recn)
      Text2.Text=s.snum
      Text3.Text=s.sname
      Text4.Text=s.smaj
      Text5.Text=Str(s.smat)
      Text6.Text=Str(s.sen)
      Text7.Text=Str(s.sch)
      Text8.Text=Str(s.sco)
      Text9.Text=Str(s.total)
    End If
End Sub

'单击【添加】按钮，添加记录
Private Sub Command2_Click()
    num=num+1                                    '输入学生信息
    Text1.Text=Str(num)
    s.recn=Text1.Text
    s.snum=Text2.Text
    s.sname=Text3.Text
    s.smaj=Text4.Text
    s.smat=Val(Text5.Text)
    s.sen=Val(Text6.Text)
    s.sch=Val(Text7.Text)
    s.sco=Val(Text8.Text)
    Text9.Text=Str(sum)
    s.total=Val(Text9.Text)
    '将学生信息写入文件
    Open App.Path & "\student.txt" For Random As 1 Len=Len(s)
    Put 1,num,s
    Close(1)
    Text1.Text=Str(num)+1
End Sub
```

```
'单击【修改】按钮，修改记录
Private Sub Command3_Click()
    Dim i As Integer
    i=Val(Text1.Text)
    '打开文件取出现在的记录
    Open App.Path & "\student.txt" For Random As 1 Len=Len(s)
    Get 1,i,s
    Close(1)
    '修改取出的记录
    s.recn=Val(Text1.Text)
    s.snum=Text2.Text
    s.sname=Text3.Text
    s.smaj=Text4.Text
    s.smat=Val(Text5.Text)
    s.sen=Val(Text6.Text)
    s.sch=Val(Text7.Text)
    s.sco=Val(Text8.Text)
    Text9.Text=Str(sum)
    s.total=Val(Text9.Text)
    '将修改后的记录放入文件
    Open App.Path & "\student.txt" For Random As 1 Len=Len(s)
    Put 1,i,s
    Close(1)
End Sub

'单击【删除】按钮，删除记录
Private Sub Command4_Click()
    Dim i As Integer,j As Integer
    '循环读取每一条记录，将有用的纪录写入新文件
    For i=1 To num
       Open App.Path & "\student.txt" For Random As 1 Len=Len(s)
       Get 1,i,s
       Close(1)
       If Val(Text1.Text)<>s.recn Then
          Open App.Path&"\new.txt" For Random As 2 Len=Len(s)
          Put 2,j+1,s
          Close(1)
       End If
    Next
    Kill(App.Path & "\student.txt")        '删除原文件
    '将新文件以原文件的名字命名
    Name(App.Path & "\new.txt") As (App.Path & "\student.txt")
    num=num-1
    j=Val(Text1.Text)-1                    '将要删除记录的前一条记录来代替原记录
    If j>0 Then
       Open App.Path & "\student.txt" For Random As 1 Len=Len(s)
       Get 1,j,s
       Close(1)
       Text1.Text=Str(s.recn)
       Text2.Text=s.snum
       Text3.Text=s.sname
       Text4.Text=s.smaj
       Text5.Text=Str(s.smat)
       Text6.Text=Str(s.sen)
       Text7.Text=Str(s.sch)
```

```
        Text8.Text=Str(s.sco)
        Text9.Text=Str(s.total)
    Else
        Text1.Text="0"
        Text2.Text=""
        Text3.Text=""
        Text4.Text=""
        Text5.Text=""
        Text6.Text=""
        Text7.Text=""
        Text8.Text=""
        Text9.Text=""
    End If
End Sub

'单击【前一记录】按钮，显示前一条记录
Private Sub Command5_Click()
    Dim i As Integer
    i=Val(Text1.Text)-1
    If i>=1 Then      '判断是否存在前一条记录，存在则从文件中取出并显示，不存在则不变
      Open App.Path & "\student.txt" For Random As 1 Len=Len(s)
      Get 1,i,s
      Close(1)
      Text1.Text=Str(s.recn)
      Text2.Text=s.snum
      Text3.Text=s.sname
      Text4.Text=s.smaj
      Text5.Text=Str(s.smat)
      Text6.Text=Str(s.sen)
      Text7.Text=Str(s.sch)
      Text8.Text=Str(s.sco)
      Text9.Text=Str(s.total)
    End If
End Sub

'单击【后一记录】按钮，显示后一条记录
Private Sub Command6_Click()
    Dim i As Integer
    i=Val(Text1.Text)+1
    If i<=num Then    '判断是否存在最后一条记录，存在则取出并显示，不存在则不变
      Open App.Path & "\student.txt" For Random As 1 Len=Len(s)
      Get 1,i,s
      Close(1)
      Text1.Text=Str(s.recn)
      Text2.Text=s.snum
      Text3.Text=s.sname
      Text4.Text=s.smaj
      Text5.Text=Str(s.smat)
      Text6.Text=Str(s.sen)
      Text7.Text=Str(s.sch)
      Text8.Text=Str(s.sco)
      Text9.Text=Str(s.total)
    End If
End Sub
```

```
'单击【结束】按钮，程序结束
Private Sub Command7_Click()
    End
End Sub

'装载窗体，给文本框设初值
Private Sub Form_Load()
    Text1.Text="1"
End Sub

'数学成绩改变则总成绩改变
Private Sub Text5_Change()
    sum = 0
    If Text5.Text<>"" Then sum=sum+Val(Text5.Text)
    If Text6.Text<>"" Then sum=sum+Val(Text6.Text)
    If Text7.Text<>"" Then sum=sum+Val(Text7.Text)
    If Text8.Text<>"" Then sum=sum+Val(Text8.Text)
    Text9.Text=Str(sum)
End Sub

'英语成绩改变则总成绩改变
Private Sub Text6_Change()
    sum=0
    If Text5.Text<>"" Then sum=sum+Val(Text5.Text)
    If Text6.Text<>"" Then sum=sum+Val(Text6.Text)
    If Text7.Text<>"" Then sum=sum+Val(Text7.Text)
    If Text8.Text<>"" Then sum=sum+Val(Text8.Text)
    Text9.Text=Str(sum)
End Sub

'语文成绩改变则总成绩改变
Private Sub Text7_Change()
    sum=0
    If Text5.Text<>"" Then sum=sum+Val(Text5.Text)
    If Text6.Text<>"" Then sum=sum+Val(Text6.Text)
    If Text7.Text<>"" Then sum=sum+Val(Text7.Text)
    If Text8.Text<>"" Then sum=sum+Val(Text8.Text)
    Text9.Text=Str(sum)
End Sub

'计算机成绩改变则总成绩改变
Private Sub Text8_Change()
    sum = 0
    If Text5.Text<>"" Then sum=sum+Val(Text5.Text)
    If Text6.Text<>"" Then sum=sum+Val(Text6.Text)
    If Text7.Text<>"" Then sum=sum+Val(Text7.Text)
    If Text8.Text<>"" Then sum=sum+Val(Text8.Text)
    Text9.Text=Str(sum)
End Sub
```

界面设计及运行效果见图 12-9。

6. 程序代码如下：

```
'公用变量设置
Private Type cominf
    name As String*10                '姓名
    cenum As String*8                '电话
    address As String*15             '地址
```

```
    code As String*6                    '邮编
End Type

Private c As cominf
Dim num As Integer

'单击【添加】按钮，添加记录
Private Sub Command1_Click()
    If Text1.Text<>"" Then '若是名称不为空，则可以将记录添加到文件中，否则不可以
      c.name=Text1.Text
      c.cenum=Text2.Text
      c.address=Text3.Text
      c.code=Text4.Text
      num=num+1
      Open App.Path&"\book.txt" For Random As 1 Len=Len(c)
      Put 1,num,c
      Close(1)
    End If
   '将新内容添加到文本框中
   Text5.Text=Text5.Text+vbCrLf+c.name+c.cenum+""+c.address+c.code
    Text1.Text=""                       '清空其余的文本框
    Text2.Text=""
    Text3.Text=""
    Text4.Text=""
End Sub

'单击【删除】按钮，删除记录
Private Sub Command2_Click()
    Dim i As Integer,j As Integer
    If num<=1 Then
      If num=1 Then
        Kill App.Path&"\book.txt"       '删除原文件
        '将新文件以原文件的名字命名
        Name App.Path&"\new.txt" As App.Path&"\book.txt"
        num=num-1
      End If
    Else
      For i=1 To num                    '循环读取每一条记录，将有用的纪录写入新文件
        Open App.Path&"\book.txt" For Random As 1 Len=Len(c)
        Get 1,i,c
        Close(1)
        If Text1.Text<>c.name Then
          Open App.Path & "\new.txt" For Random As 2 Len=Len(c)
          Put 2,j+1,c
          Close(1)
        End If
      Next
     Kill App.Path&"\book.txt"          '删除原文件
    '将新文件以原文件的名字命名
     Name App.Path&"\new.txt" As App.Path & "\book.txt"
     num=num-1
     End If
     Text5.Text=""                      '改变文本框的内容
     If num<>0 Then
       For j=1 To num
         Open App.Path&"\book.txt" For Random As 1 Len=Len(c)
```

```
        Get 1,j,c
        Close(1)
        Text5.Text=Text5.Text+vbCrLf+c.name+c.cenum+""+c.address+c.code
      Next
    End If
    Text1.Text=""
    Text2.Text=""
    Text3.Text=""
    Text4.Text=""
End Sub

'单击【查询】按钮，查询记录
Private Sub Command3_Click()
   Dim fn As String*10
   Dim i As Integer,re As Integer
   fn=InputBox("请输入您要查询的姓名!","输入提示")
   Open App.Path & "\book.txt" For Random As 1 Len=Len(c)
   For i=1 To num
     Get 1,i,c
     If fn=c.name Then Exit For
   Next
   Close(1)
   If i=num+1 And fn<>c.name Then       '不存在就给出提示信息
     re=MsgBox("不存在该人信息! ",vbOKOnly+vbExclamation,"错误")
   Else
     Text1.Text=c.name                  '存在该学生就将信息显示出来
     Text2.Text=c.cenum
     Text3.Text=c.address
     Text4.Text=c.code
   End If
End Sub
```

界面设计及运行效果见图 12-10。

7. 程序代码如下：

```
'单击【确定】按钮，显示文件
Private Sub Command1_Click()
   Dim i As Integer
   For i=1 To 10
     MkDir Dir1.Path&"\temp"&i
   Next
End Sub

'连接驱动器和目录
Private Sub Drive1_Change()
   Dir1.Path=Drive1.Drive
End Sub
```

界面设计及运行效果如图 12-14 所示。

8. 程序代码如下：

```
'单击【打开】按钮，打开记事本并显示其内容
Private Sub Command1_Click()
   Dim a As Long
   With CommonDialog1
     .Filter="文本文件|*.txt|所有文件|*.*"
     .FilterIndex=1
```

```
        .InitDir=Dir1.Path
        .ShowOpen
      End With
      a=Shell("NOTEPAD.EXE "&CommonDialog1.FileName,vbNormalNoFocus)
      AppActivate a
End Sub

'连接驱动器和目录
Private Sub Drive1_Change()
    Dir1.Path=Drive1.Drive
End Sub
```

运行界面效果及打开的记事本如图 12-15 所示。

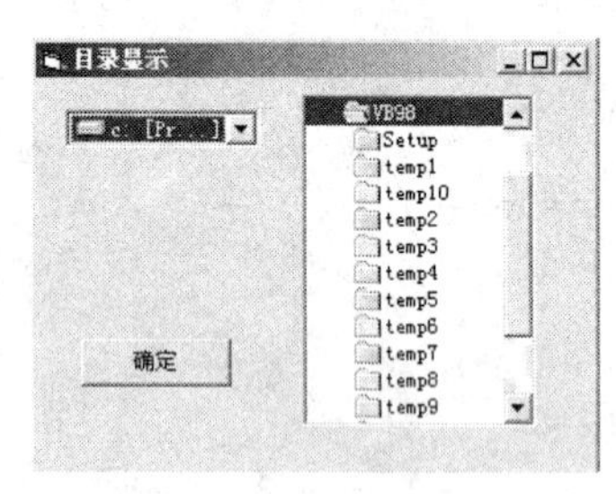

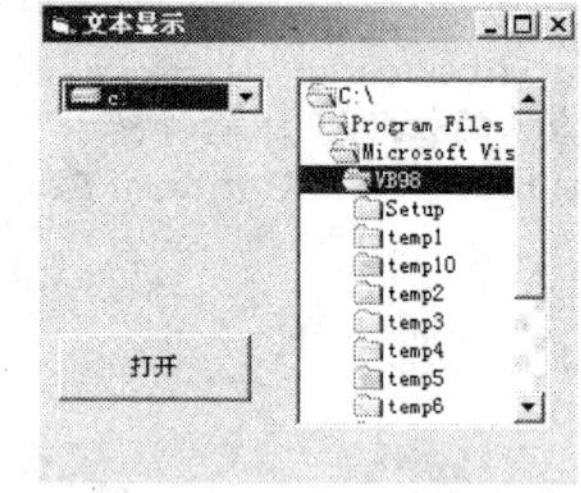

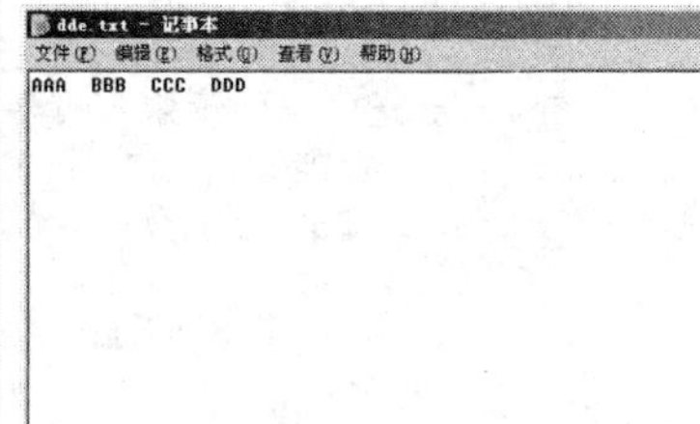

图 12-14　设计题 7 设计效果

图 12-15　设计题 8 设计效果

9.（1）程序代码如下：

```
'单击【读第二条记录】按钮，读取第二条记录，测试结果
Private Sub cmdRead_Click()
    Dim objFso As New FileSystemObject
    Dim objTs As TextStream
    Dim strline As String
    Set objTs=objFso.OpenTextFile(App.Path&"\course.dat",ForReading)
    Do Until objTs.Line=3
       strline=objTs.ReadLine
    Loop
    objTs.Close
    MsgBox strline
End Sub

'初始化界面控件，从文件中读出所有的课程和教师填入列表框中
Private Sub Form_Load()
    Dim objFso As New FileSystemObject
    Dim objTs As TextStream
    Dim strline As String
    '读取所有课程，初始化课程列表框
    Set objTs=objFso.OpenTextFile(App.Path&"\class.dat",ForReading)
    Do While Not objTs.AtEndOfStream
       strline=objTs.ReadLine
       lstClass.AddItem strline
    Loop
    objTs.Close
    lstClass.ListIndex=0
    '读取所有教师，初始化教师列表框
    Set objTs=objFso.OpenTextFile(App.Path&"\teacher.dat",ForReading)
    Do While Not objTs.AtEndOfStream
       strline=objTs.ReadLine
       lstTeacher.AddItem strline
```

```
    Loop
    objTs.Close
    lstTeacher.ListIndex=0                   '初始化课时组合框
    cboHours.AddItem "24"
    cboHours.AddItem "32"
    cboHours.AddItem "40"
    cboHours.AddItem "50"
    cboHours.AddItem "60"
    cboHours.ListIndex=3
End Sub

'单击【添加】按钮，添加课程信息到随机文件中
Private Sub cmdAdd_Click()
    Dim objFso As New FileSystemObject
    Dim objTs As TextStream
    Dim mycourse As String
    mycourse=lstClass.Text                   '准备要写入文件的变量
    mycourse=mycourse&lstTeacher.Text
    mycourse=mycourse&CInt(cboHours.Text)
    Set objTs=objFso.OpenTextFile(App.Path&"\course.dat",ForAppending)
    objTs.WriteLine(mycourse)
    objTs.Close
End Sub
```

界面设计见图 12-14。

（2）程序代码如下：

```
'当驱动器列表框选中驱动器后，下面的列表框中的驱动器也同时选中
Private Sub Drive1_Change()
    List1.Selected(Drive1.ListIndex)=True
End Sub

Private Sub Form_Load()
    Dim objFso As New FileSystemObject
    Dim str As String
    Dim d
    On Error Resume Next                     '捕获错误并跳过
    For Each d In objFso.Drives
      str=d.DriveLetter&":"
      str=str&d.VolumeName
      List1.AddItem str
    Next
End Sub
```

界面设计及运行效果见图 12-12。

10. 程序代码如下：

```
'创建文件夹的函数
Public Function folder(i As String) As String
    Dim objfso As New FileSystemObject
    Dim foldername As String
    foldername=InputBox("请输入文件夹 "&i&" 的名字:","创建文件夹"&i)
    foldername="c:\"&foldername
    '判断文件夹是否已存在，不存在则创建，存在则给出提示
    If Not objfso.FolderExists(foldername) Then
       objfso.CreateFolder (foldername)
    Else
```

```
        Debug.Print "该文件夹已存在! "
    End If
    folder=foldername&"\"
End Function

'创建文件的函数
Public Function file(s As String)
    Dim objfso As New FileSystemObject
    Dim objts As TextStream
    Dim filename As String
    filename=InputBox("请输入要创建文件的名字: ","创建文件")
    filename=s&filename
    Set objts=objfso.CreateTextFile(filename)
End Function

'单击【点击开始】按钮，创建文件
Private Sub Command1_Click()
    Dim objfso As New FileSystemObject
    Dim objts As TextStream
    Dim str As String
    Dim foldername1 As String,foldername2 As String
      foldername1=folder("1")              '创建文件夹 1
      file(foldername1)                    '创建文件夹 1 中的两个文件
      file(foldername1)
      foldername2=folder("2")              '创建文件夹 2
      file(foldername2)                    '创建文件夹 2 中的两个文件
      file(foldername2)
      For i=1 To 2                         '输入文件 test1.txt 中的两行文字
        str=InputBox("输入 test1 中的文字","输入")
        Set objts = objfso.OpenTextFile(foldername1 & "test1.txt", ForAppending)
        objts.WriteLine (str)
        objts.Close
      Next
      Call objfso.CopyFile(foldername1&"test1.txt",foldername1&"test2.txt")
      '复制文件 test1.txt 为 test2.txt
      Call objfso.DeleteFile(foldername1&"test1.txt")  '删除文件 test1.txt
End Sub
```

主要设计及运行界面如图 12-16 所示。

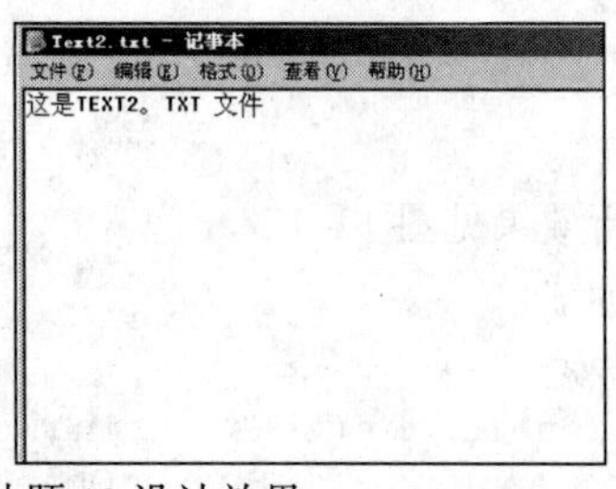

图 12-16　设计题 10 设计效果

第 13 章 设计数据库应用程序

13.1 本章知识要点

1. 数据库的基本概念

（1）数据库：是相互关联的数据的集合，它可以使用多种组织方法进行数据的存取，允许多个用户共享访问，并且能保证数据的安全、正确和一致。

（2）表：任何数据都可以看成是二维表格中的元素，而这个由行和列组成的二维表格就是数据库中的表（Table），一个数据库中可能有一个或多个表。

（3）记录：表中的每一行称为行、元组或记录（Record），一行中的所有数据元素描述的是同一个实体的不同方面的特征。

（4）字段：二维表中的每一列是一个属性值集，称为属性或字段（Field）。

（5）关联：一般说来每个表都是独立地描述某类事物，但事物之间是有关系的，所以数据库应该能够在表之间建立这种关联。

（6）SQL：SQL 是 Structured Query Language（结构化查询语言）的缩写。但查询只是 SQL 语言的重要组成部分之一，并不是全部，它还包含数据的定义、数据的操作等其他功能。

Visual Basic 可以访问任何主流数据库，包括 Access、FoxPro、SQL Server、Oracle 等。

2. 可视化数据管理器

Visual Basic 开发环境提供了“可视化数据管理器”，该工具可以建立数据库，浏览或编辑数据库记录。选择【外接程序】→【可视化数据管理器】命令，便可以启动该工具。

（1）创建数据库：选择【新建】→【Microsoft Access】→【Version 7.0 MDB】命令，新建一个 Access 数据库，并为新数据库指定路径和名称，建立一个扩展名为.mdb 的新文件。

（2）添加和编辑数据：双击表名，在弹出的快捷菜单中选择【打开】命令，打开记录操作窗口。该窗口能显示表的所有字段，可以浏览记录，也可以利用按钮来完成对记录的添加、修改和删除等操作。

（3）查询数据库：通常查询数据库有以下两种方法。

- 在“SQL 语句”窗口中输入正确的 Select 语句来执行查询操作。
- 选择【实用程序】→【查询生成器】命令，打开一个“查询生成器”窗口，在该窗口中通过选项来设置所要查询的条件，然后运行。

3. ADO数据控件

Visual Basic对数据库的访问是采用数据控件或数据访问对象来实现的，数据访问对象有几种模型，其中最流行的是ADO对象模型。

建立在ADO对象模型之上的数据源控件是ADO数据控件，该控件是一个ActiveX控件，需要先加载后使用。加载方法是在工程中选择【工程】→【部件】菜单加载Microsoft ADO Data Control部件。工具箱中会出现名称为"Adodc"的ADO数据控件。

要建立ADO数据控件与数据库的链接，可以使用如下方法：

- 使用数据库链接文件：先建立一个数据链接文件，然后选中该文件，最后在ConnectionString属性中存放文件名，如FILENAME=D:\myVB \ test.udl。
- 使用ODBC数据源（DSN）：可以在该对话框内或"控制面板"的"数据源（ODBC）"中创建数据源，每个数据源有一个唯一的名称，最后在ConnectionString属性中指定数据源名称，如DSN=aaa。
- 使用链接字符串：ConnectionString属性指定一个符合语法的连接字符串，可以在该对话框中生成该链接字符串，例如：

```
Provider=-Microsoft.Jet.OLEDB.4.0
Data Source=D:_\myVB\School.Mdb
Persist Security Info=False
```

ADO数据控件与数据库建立链接后，需要指定RecordSource属性和CommandType属性来确定访问的记录范围。当CommandType属性取值为1时，说明RecordSource属性中的字符串是一个SQL命令。当CommandType属性取值为2时，说明RecordSource属性中的字符串是一个表名。RecordSource在"表或存储过程名称"列表中的数据库中进行选择。选中一个表后，数据控件将会访问到这个表的全部记录。

4. 数据绑定控件

数据控件只负责数据的管理，不负责数据的表现，而数据绑定控件负责数据的显示和使用。要完成绑定，需要设置数据绑定控件的两个主要属性：DataSource属性和DataField属性。

DataSource属性：设置一个数据源（这里是数据控件），通过该数据源，控件就被绑定到一个数据库。

DataField属性：设置控件将被绑定到的字段名。

5. RecordSet对象

RecordSet对象存放的是一个记录的集合。该对象在数据控件加载后自动创建，使用数据控件的Refresh方法后也会重建。

（1）常用属性。

RecordCount属性：Recordset对象中当前的记录总数。

AbsolutePosition属性：返回或指定Recordset对象当前记录的序号位置。

BOF属性：指示当前记录位置是否位于Recordset对象的第一个记录之前（记录头）。

EOF属性：指示当前记录位置是否位于Recordset对象的最后一个记录之后（记录尾）。

Bookmark属性：作用类似于书签，它返回一个Variant类型值，可以唯一标识记录集中的当前记录。

Fields 属性：每个 Field 对象对应于 Recordset 中的一列，即一个字段。

（2）记录定位方法。

MoveFirst：指向记录集中第一条记录。

MoveLast：指向记录集中最后一条记录。

MoveNext：指向记录集中当前记录的下一记录。

MovePrevious：指向记录集中当前记录的上一记录。

Move：指向任意位置。

（3）添加记录。

Recordset 的 AddNew 方法可以在记录集中添加一个新记录。AddNew 方法有两种用法：

- Recordset.AddNew FieldList,Values：这种用法可以创建有初始值的新记录，第一个参数指定了一个或一组字段名，第二个参数指定一个或一组字段值。
- Recordset.AddNew：这种用法可以创建一条空记录。

（4）修改记录：将显示在控件中的记录修改之后，调用 Recordset.Update 实现数据库的更新。

（5）删除记录：使用 Recordset 对象的 Delete 方法将删除当前记录或一组记录。该方法的语法如下：

```
Recordset.Delete AffectRecords
```

AffectRecords 参数用来确定删除所影响的记录数目，省略该参数表示删除当前记录。

6. 使用 ADO 对象模型

在 Visual Basic 中可以不使用数据控件和数据绑定控件，同样可以访问数据库，可以通过使用 ADO 对象模型的一些对象来实现访问。

加载 ADO 对象模型：在工程中选择【工程】→【引用】命令，弹出“引用”对话框，选择 Microsoft ActiveX Data Objects Recordset 2.0 Library 选项。

加载 ADO 对象模型通常只有 Connection、Command 和 Recordset 是最常用的对象。利用这 3 个对象进行编程的模型使用以下步骤完成：

（1）创建 Connection 对象，设置好连接字符串（ConnectionString 属性），并使用 Open 方法与数据源建立连接。

（2）创建 Command 对象，并设置该对象的活动连接（ActiveConnection 属性），为上一步已建好的 Connection 对象，指定要执行的数据库操作命令（CommandText 属性），命令可以是任意的 Select、Insert 或 Update 语句等。

（3）使用 Command 对象的 Execute 方法执行命令，如果是查询命令，该方法会返回一个 Recordset 对象。

（4）将上一步返回的 Recordset 对象保存到变量中，并利用该变量来处理记录。

（5）使用 Close 方法关闭与 Connection 对象和 Recordset 对象关联的系统资源（与 Open 方法相反），此时对象可以继续使用。

（6）使用 Set 对象=Nothing 来彻底删除每个对象（与 New 操作相反），对象删除后必须重新创建才能再次使用。

13.2 典型例题解析

13.2.1 选择题解析

1. Microsoft Access 数据库文件的扩展名是（　　）。

A. .dbf　　B. .acc　　C. .mdb　　D. .db

【解析】 Microsoft Access 数据库文件的扩展名是 mdb。

【答案】 C

2. SQL 语句“Select 编号,姓名,部门 From 职工 Where 部门='计算机系' ”所查询的表名称是（　　）。

A. 部门　　B. 职工　　C. 计算机系　　D. 编号，姓名，部门

【解析】 在 SQL 语句中：“Select 字段名 From 表名”，该题中 From 后面是“职工”，所以要查询的表名是“职工”表。

【答案】 B

3. 语句“Select * From 学生基本信息 Where 性别='男'”中的“*”号表示（　　）。

A. 所有表　　B. 所有指定条件的记录

C. 所有记录　　D. 指定表中的所有字段

【解析】 在 SQL 语句中 Select 后面可以使用通配符“*”表示选择的所有字段。

【答案】 D

4. 当 BOF 属性为 True 时，表示（　　）。当 EOF 属性为 True 时，表示（　　）。

A. 当前记录位置位于 Recordset 对象的第一条记录

B. 当前记录位置位于 Recordset 对象的第一条记录之前

C. 当前记录位置位于 Recordset 对象的最后一条记录

D. 当前记录位置位于 Recordset 对象的最后一条记录之后

【解析】 BOF 属性指示当前记录位置是否位于 Recordset 对象的第一条记录之前（记录头）。为真表示是位于 Recordset 对象的第一条记录之前，EOF 指示当前记录位置是否位于 Recordset 对象的最后一条记录之后（记录尾）。

【答案】 B D

5. 通过设置 Adodc 控件的（　　）属性可以建立该控件到数据源的连接信息。

A. RecordSource　　B. Recordset　　C. ConnectionString　　D. DataBase

【解析】 为了让数据控件与某种格式的数据库建立连接，需要设置控件的 ConnectionString 属性。

【答案】 C

6. 在 ADO 对象模型中，使用 Field 对象的（　　）属性可以返回字段名。

A. FieldName　　B. Name　　C. Caption　　D. Text

【解析】 Field 对象的 Name 属性可以取得字段名。

【答案】 B

13.2.2　填空题解析

浏览学生基本信息，查询某学生各个学期的考试成绩。

设已经建立了一个数据库“学生管理. mdb”，保存位置为“D: \mydb”。该数据库中包括两个表，表名称分别为“学生信息”和“学生成绩”，它们分别用于保存学生的基本信息和学生各个学期的考试成绩。两个表的定义如表 13-1、表 13-2 所示。

表 13-1　“学生信息”表的结构

字 段 名	类　型	长　度
学号	Text	10
姓名	Text	10
性别	Text	2
专业	Text	20

表 13-2　“学生成绩”表的结构

字 段 名	类　型	长　度
学号	Integer	2
英语	Integer	2
学期	Text	3

- 为了能够使用 ADO 对象，选择【工程】→【引用】命令，在弹出的“引用”对话框中选择___（1）___。
- 为了在窗体上添加 ADO 控件和 DataGrid 控件，应首先选择【工程】→【部件】命令，在弹出的“部件”对话框中分别选择___（2）___、___（3）___。再将 ADO 控件和 DataGrid 控件画到窗体上。
- 在窗体上添加如图 13-1 所示的各控件，并设置有关属性。
- 为了建立 ADO 控件与数据源（“D: \ mydb \ 学生管理.mdb”）的连接，应设置 ADO 控件的 ConnectionString 属性为___（4）___。
- 设置 Adodc1 和 Adodc2 的___（5）___属性分别为“Select * From 学生信息”和“Select * From 学生成绩”。
- 为了使 DataGrid1 和 DataGrid2 控件分别与 Adodcl 控件和 Adodc2 控件相关联，应分别设置它们的___（6）___属性为___（7）___和___（8）___。
- 运行时，初始界面只在 DataGrid1 中显示学生的基本信息，且“查询”按钮无效。补齐以下代码，完成该功能。

```
Dim  strTmp  As  String
Private  Sub Form_Load()
    DataGrid2.Visible=(9)
    Label2.Visible=False
    Commandl.Enabled=(10)
End  Sub
```

- 当单击 DataGrid1 上的单元格，使当前单元格改变为一个不同的单元格时，将触发 DataGrid 控件的 RowColChange 事件，此时应判断鼠标单击了控件上的哪个列。当单击“姓名”（Col 属性为 1）以外的各列时，“查询”按钮将被封锁（无效）。补齐以下代码，完成该功能。

```
Private Sub DataGridl_RowColChange(LastRow As Variant,ByValLaStC01 ASInteger)
  If  (11)  Then
    Commandl.Enabled=True
  E1Se
    Commandl.Enabled=False
  End If
End Sub
```

- 单击【查询】按钮，将根据从 DataGrid1 中获得的学生的学号更改 Adodc2 控件的 RecordSource 属性，并在 DataGrid2 中显示学生的各学期成绩，查询结果如图 13-2 所示。补齐以下代码，完成该功能。

```
Private Sub Commandl_CliCk()
    DataGrid2.Visible=True
    Label2.Visible=True
    Label2.Caption=DataGridl.Columns(DataGridl.Col).CellText(DataGridl.
    Bookmark)&Label2.Caption
    StrTmp=DataGridl.Columns(DataGridl.Col-1).CellText(DataGridl.Bookmark)
    Adodc2.RecordSource= (12)
    Adodc2. (13)
    Commandl.Enabled=False
End  Sub

Private Sub Command2_Click()
    Unload  Me
End  Sub
```

图 13-1 “查询学生信息”设计界面

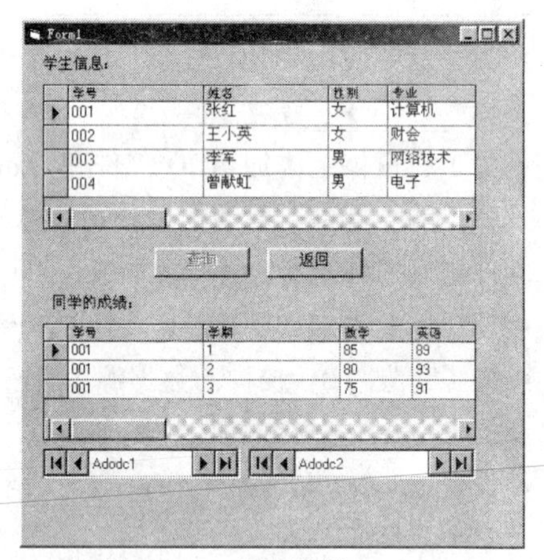

图 13-2 查询结果

【解析】（1）要想在程序中使用 ADO 对象，必须先为当前工程引用 ADO 对象库，引用方式是选择【工程】→【引用】命令，启动“引用”对话框，在清单中选取 Microsoft Active Data Object 2.0 Library 选项。要使用 ADO 数据控件，必须先选择【工程】→【部件】命令，在“部件”对话框中选择 Microsoft ADO Data Control 6.0（OLE DB）选项，将 ADO 数据控件添加到工具箱中。

（2）DataGrid 控件允许用户同时浏览或修改多个记录的数据。在使用 DataGrid 控件前也必须选择【工程】→【部件】命令，在“部件”对话框中选择 Microsoft DataGrid Control 6.0（OLE DB）选项，将 DataGrid 控件添加到工具箱中。

（3）ADO 数据控件要建立与数据库的连接，若使用连接字符串，则对 ConnectionString 属性指定一个符合语法的连接字符串，因为本题连接的是 Microsoft Access 数据库，数据库文件位于“D:\mydb\学生管理.mdb”，所以连接字符串应为“Provider=Microsoft.Jet.OLEDB.4.0;Data Source= DL\mydb\学生管理.mdb”。

（4）数据控件的 RecordSource 属性指定了检索的记录范围，当 CommandType 属性为 1 时，RecordSource 的属性值是一个 SQL 命令，本题需要设置数据控件 Adodc1 和 Adodc2 的 RecordSource 属性分别为“Select * From 学生信息”和“Select * From 学生成绩”。

（5）为了显示数据库的数据，需要将数据识别控件绑定到数据控件上，要完成绑定，需要设置数据绑定控件的DataSource属性，通过该属性设置，控件就被绑定到一个数据库。

（6）要实现运行时，初始界面只在DataGrid1中显示学生的基本信息，且【查询】按钮无效。则应在窗体装入事件中使DataGrid2不可见，需设置DataGrid2.Visible=False，要使【查询】按钮不可用，设置Commandl.Enabled=False。

（7）要实现当单击“姓名”（Co1属性为1）以外的各列时，【查询】按钮将被封锁（无效），即当DataGrid1的Col属性为1时，【查询】按钮可用，否则不可用。

（8）要实现按【查询】按钮时，根据从DataGrid1中获得的学生的学号更改Adodc2控件的RecordSource属性，并在DataGrid2中显示学生的各学期成绩。根据题目中的程序，变量StrTmp中存放的是学生的学号，所以代码如下：

```
Adodc2.RecordSource="Select 学期,数学,英语 From 学生成绩 Where 学号='"& strTmp & "'"
```

并且设置完Adodc2控件的RecordSource属性之后，要在DataGrid2中显示出来，需要使用Adodc2的Refresh方法对数据库进行再查询并更新查询结果。

【答案】（1）Microsoft Active X DataObjects 2.0 Library

（2）Microsoft ADO Data Control 6.0(OLE DB)

（3）Microsoft DataGrid Contro1 6.0(OLE DB)

（4）Provider=Microsoft.Jet.OLEDB.4.0；Data Source=d:\mydb\学生管理.mdb

（5）RecordSource （6）DataSource （7）Adodcl1

（8）Adodc2 （9）False （10）False

（11）DataGridl.Co1=1

（12）Select 学期,数学,英语 From 学生成绩 Where 学号="'"& strTmp &"'"

（13）Refresh

13.2.3 设计题解析

使用ADO对象访问数据库Student.mdb内的Class表，使用MSFlexGrid控件将数据库中的记录全部浏览显示。实现效果如图13-3所示。

【解析】（1）新建一个项目，添加ADO对象，选择【工程】→【引用】命令，启动“引用”对话框，选择Microsoft Active Data Object 2.0 Library选项，单击【确定】按钮，将该对象添加进该项目。

（2）打开一个空白窗体，在窗体上放置1个MSFlexGrid控件、1个按钮。

（3）对窗体的Load事件进行编程，使用ADO对象打开数据库，将数据库中的所有字段显示在MSFlexGrid控件的第一行，所有记录显示在下面行中。

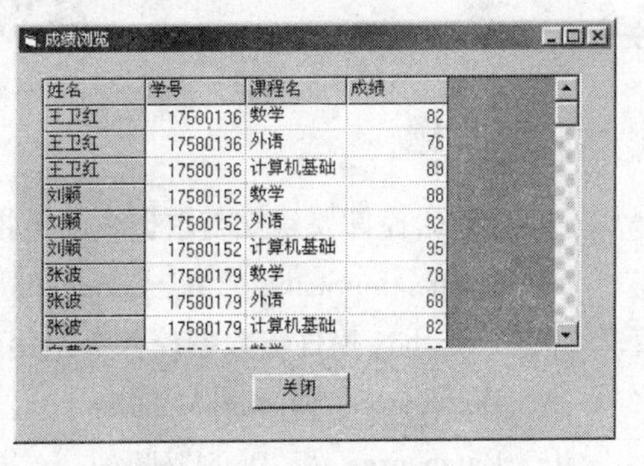

图13-3 实现效果

程序编码如下：

```
Private Sub Form_Load()
    Dim myConnection As New ADODB.Connection
    Dim MyRec As New ADODB.Recordset
    Dim i As Integer
    myConnection.ConnectionString="Provider=Microsoft.Jet.OLEDB.4.0;Data
    Source=E:\yyf\student.mdb"
```

```
    myConnection.Open
    MyRec.ActiveConnection=myConnection
    MyRec.Source="select * from class"
    MyRec.CursorType=adOpenKeyset
    MyRec.Open
    If MyRec.RecordCount>0 Then
      MyRec.MoveFirst
      With MyGrid
        .Rows=MyRec.RecordCount+1
        .Cols=4
        .Row=0
        .Col=0
        .Text=MyRec.Fields(0).Name
        .Col=1
        .Text=MyRec.Fields(1).Name
        .Col=2
        .Text=MyRec.Fields(2).Name
        .Col=3
        .Text=MyRec.Fields(3).Name
        For i=1 To MyRec.RecordCount
          .Row=i
          .Col=0
          .Text=MyRec.Fields(0).Value
          .Col=1
          .Text=MyRec.Fields(1).Value
          .Col=2
          .Text=MyRec.Fields(2).Value
          .Col=3
          .Text=MyRec.Fields(3).Value
          MyRec.MoveNext
        Next
      End With
    End If
    MyRec.Close
    myConnection.Close
End Sub
```

（4）运行该窗体，就可在 MSFlexGrid 控件中看到数据库的所有信息了。

13.3 习题与解答

一、选择题

1. ADO 数据控件要建立与数据库的链接，必须设置（　　）属性。

   A. ConnectionString　B. ConnectionText　C. RecordSource　D. DataSource

2. 使用 Textbox 控件与数据控件绑定用于显示字段值，应设置（　　）两个字段。

   A. DataSource 和 DataMember　B. RecordSource 和 DataField

   C. DataSource 和 DataField　D. RecordSource 和 RecordField

3. RecordSet 对象不能提供下述（　　）方法。

   A. Move　B. Refresh　C. Update　D. Delete

4. 下面控件中不能作为数据绑定控件的有（　　）。

   A. Label　B. CheckBox　C. Image　D. Frame

5. 文本框控件与 Adodc 控件绑定到一起时，文本框的 DataSource 属性指定了文本框所要绑定的（　　）。
   A. 数据库名　　B. 数据表名　　C. 字段名　　D. 以上都不是
6. 数据库文件与应用程序文件分开，它可以为（　　）应用程序所使用。
   A. 单个　　B. 一个用户的　　C. 多个　　D. 固定的
7. Adodc 控件有许多属性，（　　）属性用于指定 Adodc 控件所要操作的一个表或一个查询。
   A. DatabaseName　　B. RecordsetType　　C. Exclusive　　D. RecordSource
8. 以下说法中错误的是（　　）。
   A. 一个表可以构成一个数据库
   B. 多个表可以构成一个数据库
   C. 表中的每一条记录中的各项数据具有相同的类型
   D. 同一个字段的数据具有相同的类型
9. 在 ADO 对象模型中，使用 Field 对象的（　　）属性可以返回字段名。
   A. FieldName　　B. Name　　C. Caption　　D. Text
10. SQL 语言最主要的功能是（　　）。
   A. 数据定义功能　　B. 数据操纵功能　　C. 数据查询　　D. 数据控制
11. 报表设计器的控件箱中没有（　　）控件。
   A. Label　　B. PictureBox　　C. Image　　D. TextBox

二、填空题

1. Visual Basic 可以访问的数据库有________、________和________等。
2. 数据控件的 4 个按钮分别用来________、________、________和________。
3. 如果在程序中通过代码使用 ADO 对象，必须先为当前工程引用________。
4. 利用数据控件的记录集对象可以实现对数据库记录的存取访问等操作。若要判断记录指针是否指向了记录集的末尾，可以通过访问其________属性来实现。若返回值为 True，则说明指针________；若要判断查找是否成功，可以通过访问记录集对象的________来实现。
5. 一个数据库是由一个或多个表组成的，表中的每一行就是一个________，表中的每一列称做一个________。
6. ________控件是 Visul Basic 6.0 和数据库之间的桥梁，而________控件则把 Data 控件和用户界面联系起来，两者构成了 Visual Basic 6.0 开发数据库的主体。
7. 可视化数据管理器窗口主要由________、________和________3 部分组成。
8. 在调用________方法添加新记录后，必须调用________方法来保存新添加的记录，否则所添加的记录无效。
9. 用 SQL 语言实现查询 Student 表学生信息中“学号”在 2003010103 后面的所有记录，应使用的 SQL 语句为：________________________________。
10. SQL 语句“Select*From 学生基本信息 Where 性别="男"”的功能是：
____。
11. 删除“学生成绩”表中“成绩”字段值小于 60 的记录，相应的 Delete 语句为：
____。

12. 使用报表设计器处理的数据需要利用________创建与数据库的连接，然后产生 Command 对象链接数据库内的表。

三、简答题

1. 什么是关系数据库?
2. 记录、字段、表与数据库之间的关系是什么?
3. 可与数据控件绑定的控件有哪些? 怎样使绑定控件能被数据库约束?
4. 用什么方法可以准确获得记录集的记录个数?
5. 试举例阐述使用 ADO 对象存取数据的操作过程。

四、设计题

1. 编写程序，使用 ADO 数据控件显示 NWind.mdb 数据库的 Customers 表的全部字段，并且每隔 1 秒自动向下移动一条记录，当移到记录尾后，又从第一条记录开始。
2. 使用 ListBox 放置主要的几个城市名称，当选择某个城市后，从数据库中查询到该城市的所有客户并显示。要求界面不显示数据控件，如同例 13.3 一样使用 4 个按钮来控制记录的移动。运行界面如图 13-4 所示。

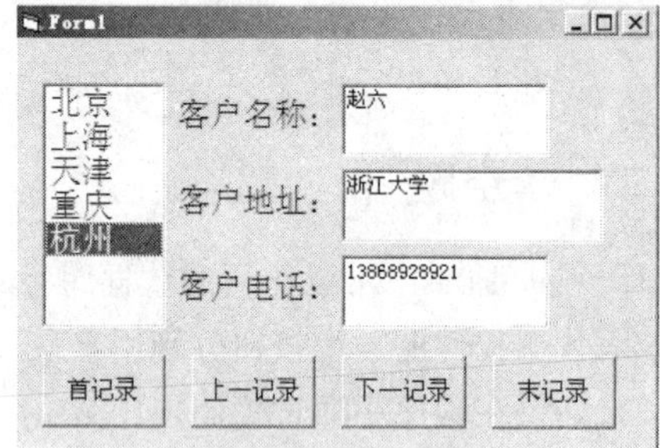

图 13-4 设计题 2 参考界面

3. 使用 ADO 对象改写设计题 2。
4. 使用 VisData 创建一个数据库 Books.mdb，其中 Book 表如表 13-3 所示。使用数据管理器进行如下操作：
   (1) 设置每个字段的数据类型。
   (2)在数据管理器中添加一个记录,“书号”为“006”。
   (3) 创建一个查询“单价”大于 30 的记录
   (4) 创建一个查询按“单价”排序。

表 13-3 设计题 4 数据表 Book

书 号	书 名	单 价	书 号	书 名	单 价
001	计算机应用基础	20.00	004	Flash 应用实例	24.00
002	VB 6.0 使用教程	25.00	005	C 程序设计	36.00
003	VB 典型题型分析	35.00			

5. 建立一个 Data 控件，在窗体中显示和操作如表 13-3 所示的 Book 表，使用文本框显示表中的字段，添加 8 个按钮，分别实现记录的添加、删除、修改、上一个、下一个、第一个、最后一个和退出。运行界面如图 13-5 所示。

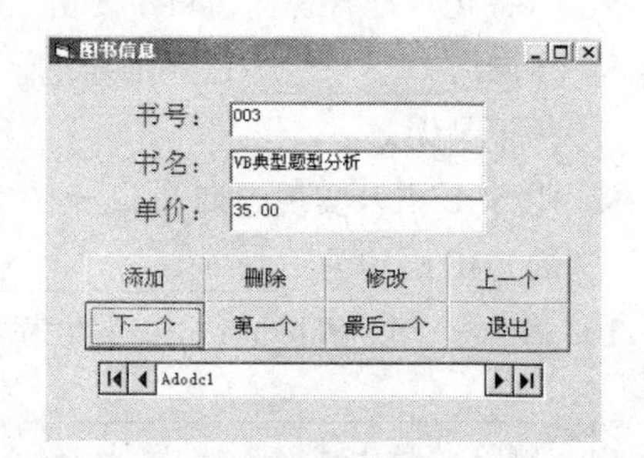

图 13-5 设计题 5 参考界面

6. 在窗体上创建一个 DataGrid 控件，与 ADO Data 控件绑定，显示 Book 表，单击【添加】和【删除】按钮，在 Book 表中添加或删除记录。
7. 创建一个数据库 Books.mdb，建立两个数据表，一个为图书信息表 Book，另一个为订书表 Order，包括书号、数量、日期、客户字段。在数据环境设计器中设计 DataEnvironment 对象和 Command1 和 Command2，并在数据环境设计器中显示。

8. 在报表设计器中显示 Books.mdb 数据库的图书信息表 Book，显示出每本书的价格。要求：

（1）显示每本书的信息。

（2）计算所有书的总价格。

习题解答

一、选择题

1. A　2. C　3. B　4. D　5. B　6. C　7. D　8. C　9. B　10. C　11. B

二、填空题

1. Access；FoxPro；SQL server

2. 指向第一条记录；指向上一条记录；指向下一条记录；指向最后一条记录

3. Microsoft ActiveX Data Object2.x Library

4. EOF；指向了文件末尾；Find 方法

5. 记录；字段

6. ADO 数据；数据绑定

7. 菜单栏；工具栏；子窗口区

8. AddNew；Update

9. Select *Student Where 学号>2003010103

10. 在学生基本信息表中查找所有男生的信息

11. Delete From 学生成绩 Where 成绩<60

12. Data Report

三、简答题

1. 答案要点：关系数据库是支持关系模型的数据库，所有实体及实体之间关系的集合构成一个关系数据库。

2. 答案要点：数据库由一系列的表组成，表由一系列的行和列组成，每一行是一个记录，每一列是一个字段。

3. 答案要点：可与数据控件绑定的控件包括

内部标准控件：Lable、TextBox、ListBox、ComboBox、CheckBox、Image、Picture 等。

Active X 控件：DataList、DataCombo、DataGrid、RichTextBox、Microsoft Hierarchical FlexGrid、Microsoft Chart 等。

4. 答案要点：使用记录集对象的 RecordCount 属性可以返回当前记录总数。

5.（略）

四、设计题

1. 程序代码如下：

```
'触发计时器事件，自动显示记录
Private Sub Timer1_Timer()
    Adodc1.Recordset.MoveNext
    If Adodc1.Recordset.EOF=True Then
        Adodc1.Recordset.MoveFirst
    End If
End Sub
```

界面设计及运行效果如图 13-6 所示。

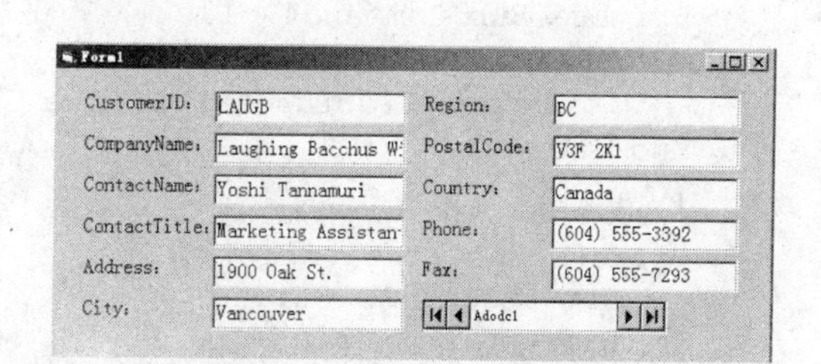

图 13-6　设计题 1 设计效果

2. 主要界面对象的属性设置如表 13-4 所示。

表 13-4 主要界面对象的属性设置

对象（名称）	属　性	属 性 值
ADO 数据控件（Adodc1）	ConnectionString CommandType RecordSource	Provider=Microsoft.Jet.OLEDB.4.0; Data Source=C:\客户信息.MDB; Persist Security Info=False 2-adCmdTable 客户
客户名称文本框（txtCompanyName）	DataSource DataField	Adodc1 名称
客户地址文本框（txtAddress）	DataSource DataField	Adodc1 地址
客户电话文本框（txtPhone）	DataSource DataField	Adodc1 电话
客户城市列表框（List1）	List	北京 上海 天津 重庆 广东 广西
首记录按钮（Command1）	Caption	首记录
上一记录按钮（Command3）	Caption	上一记录
下一记录按钮（Command4）	Caption	下一记录
尾记录按钮（Command2）	Caption	尾记录
Label1	Caption	客户名称：
Label2	Caption	客户地址：
Label3	Caption	客户电话：

```
'单击【首记录】按钮，显示第一条记录
Private Sub Command1_Click()
   Adodc1.Recordset.MoveFirst                    '移到第一条记录
End Sub
'单击【尾记录】按钮，显示最后一条记录
Private Sub Command2_Click()
   Adodc1.Recordset.MoveLast                     '移到最后一条记录
End Sub
'单击【上一记录】按钮，显示前一条记录
Private Sub Command3_Click()
   Adodc1.Recordset.MovePrevious                 '移到当前记录的上一记录
   If Adodc1.Recordset.BOF=True Then Adodc1.Recordset.MoveFirst
End Sub
'单击【下一记录】按钮，显示后一条记录
Private Sub Command4_Click()
   Adodc1.Recordset.MoveNext                     '移到当前记录的下一记录
   If Adodc1.Recordset.EOF=True Then Adodc1.Recordset.MoveLast
End Sub
'列表框项目选择
Private Sub List1_Click()
   Dim strSql As String
   Dim txt As String
   Dim i As Integer
   For i=List1.ListCount-1 To 0 Step -1
      If List1.Selected(i)=True Then
         txt=List1.List(i)
```

```
      End If
   Next
   If txt<>"" Then
      strSql="Select*From 客户 Where 地区='"&txt&"'"
      Adodc1.Recordset.Close
      Adodc1.CommandType=adCmdText
      Adodc1.RecordSource=strSql
      Adodc1.Refresh
   End If
End Sub
```

界面设计及运行效果见图 13-4。

3. 主要界面属性设置见表 13-4。

程序代码如下：

```
Private Sub List1_Click()
   Dim strSql As String
   Dim txt As String
   Dim i As Integer
   For i = List1.ListCount-1 To 0 Step-1
      If List1.Selected(i)=True Then
         txt=List1.List(i)
         If txt<>"" Then
            strSql="Select*From 客户信息 Where 地区='"&txt&"'"
            Adodc1.Recordset.Close
            Adodc1.CommandType=adCmdText
            Adodc1.RecordSource=strSql
            Adodc1.Refresh
         End If
      End If
   Next
End Sub
```

运行效果见图 13-4。

4.（1）设置字段类型。

在“数据库窗口”区域内右击，在弹出的快捷菜单中选择【新建表】命令，弹出“表结构”对话框，输入相应字段信息。输入结果如图 13-7 所示。

（2）添加记录。

在“数据库窗口”中右击 Book 表，在弹出的快捷菜单中选择“打开”命令，显示数据表如图 13-8 所示。单击【添加】按钮，添加记录。

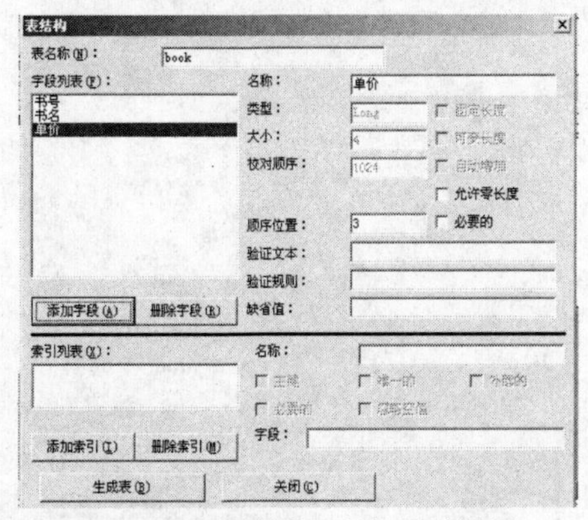

图 13-7　设计题 4（1）设计效果

图 13-8　设计题 4（2）设计效果

（3）在“SQL 语句”窗口输入如下语句，查询结果如图 13-9 所示。

```
Select * From Book Where 单价 > 30
```

（4）在“SQL 语句”窗口输入如下语句，查询结果如图 13-10 所示。

```
Select * From Book order by 单价
```

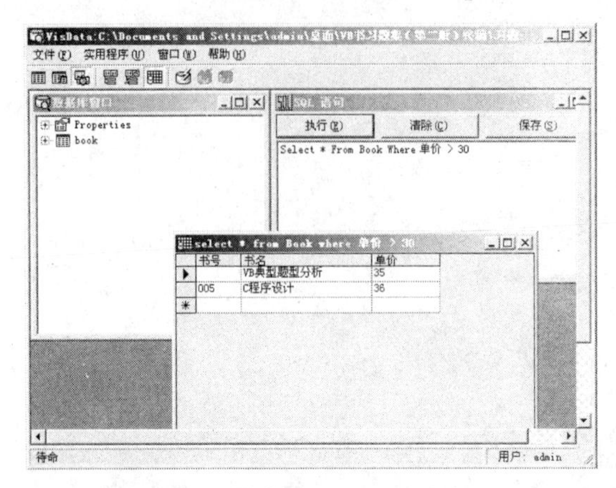

图 13-9 设计题 4（3）设计效果

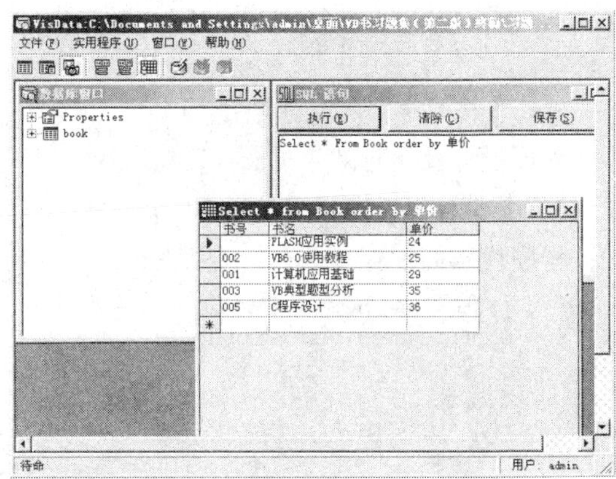

图 13-10 设计题 4（4）设计效果

5. 程序代码如下：

```
'单击【添加】按钮，增加一条记录
Private Sub Command1_Click()
    If Command1.Caption="添加" Then
      Adodc1.Recordset.AddNew
      Command1.Caption="确定"
    ElseIf Command1.Caption="确定" Then
      Adodc1.Recordset.Update
      Command1.Caption="添加"
    End If
End Sub

'单击【删除】按钮，删除一条记录
Private Sub Command2_Click()
    Adodc1.Recordset.Delete
    Adodc1.Recordset.MoveNext
    If Adodc1.Recordset.EOF Then
      Adodc1.Recordset.MoveLast
    End If
End Sub

'单击【修改】按钮，修改一条记录
Private Sub Command3_Click()
    frmDataEnv.Adodc1.Recordset!书号=Text1
    frmDataEnv.Adodc1.Recordset!书名=Text2
    frmDataEnv.Adodc1.Recordset!单价=Text3
    frmDataEnv.Adodc1.Recordset.Update
End Sub
```

```
'单击【上一个】按钮，显示前一条记录
Private Sub Command4_Click()
   Adodc1.Recordset.MovePrevious
   If Adodc1.Recordset.BOF=True Then Adodc1.Recordset.MoveFirst
End Sub

'单击【下一个】按钮，显示后一条记录
Private Sub Command5_Click()
   Adodc1.Recordset.MoveNext
   If Adodc1.Recordset.EOF=True Then Adodc1.Recordset.MoveLast
End Sub

'单击【第一个】按钮，显示第一条记录
Private Sub Command6_Click()
   Adodc1.Recordset.MoveFirst
   End Sub

'单击【最后一个】按钮，显示最后一条记录
Private Sub Command7_Click()
   Adodc1.Recordset.MoveLast
End Sub

'单击【退出】按钮，结束程序
Private Sub Command8_Click()
   Unload Me
End Sub
```

界面设计及运行效果见图 13-5。

6. '单击【添加】按钮，增加一条记录

```
Private Sub Command1_Click()
   If Command1.Caption="添加" Then
     Adodc1.Recordset.AddNew
     Command1.Caption="确定"
   ElseIf Command1.Caption="确定" Then
     Adodc1.Recordset.Update
     Command1.Caption="添加"
   End If
End Sub

'单击【删除】按钮，删除一条记录
Private Sub Command2_Click()
   Adodc1.Recordset.Delete
   Adodc1.Recordset.MoveNext
   If Adodc1.Recordset.EOF Then
     Adodc1.Recordset.MoveLast
   End If
End Sub
```

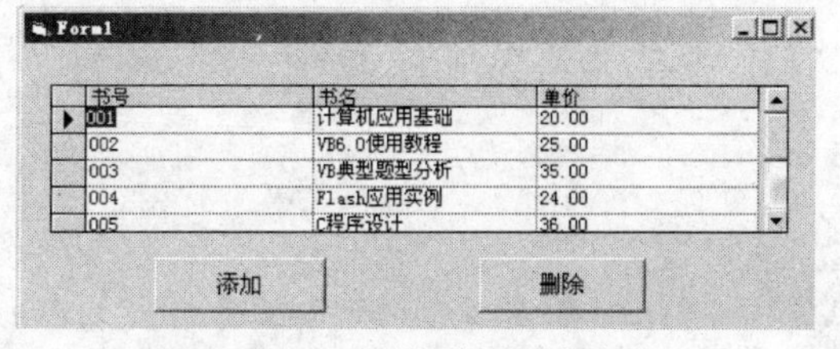

图 13-11　设计题 6 设计效果

界面设计及运行效果如图 13-11 所示。

7.（1）添加数据环境设计器。

（2）建立与数据库的链接。在 Connection1 的属性中设置相关信息链接到数据库。

（3）在数据环境设计器中定义 Command 对象。设置好 Command1 和 Command2 后，将 Command1 和 Command2 拖动到空白窗体中。设计结果如图 13-12 所示。

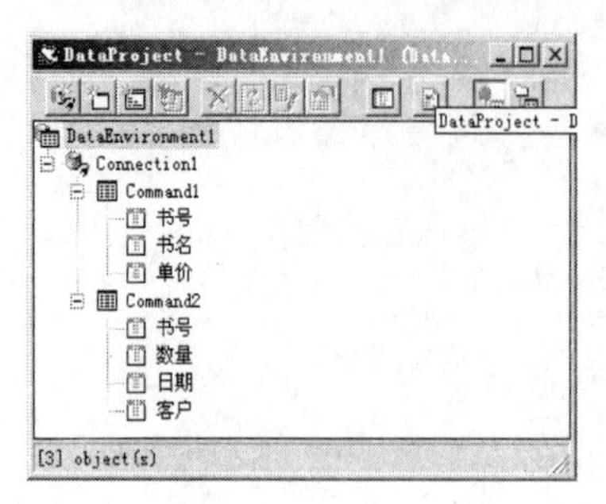

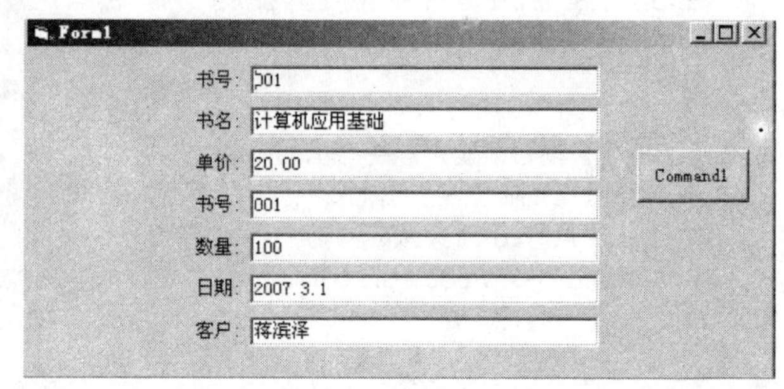

图 13-12　设计题 7 设计结果

8.（1）添加数据报表设计器到工程中。

（2）设置 DataSource 属性为数据环境 DataEnvironment1，设置数据报表的 DataMember 为命令对象 Command1。

（3）将数据环境设计器中的 Command 对象内的字段拖动到报表设计器的“细节”区。在“细节”中添加 RptTextBox，设置其 DataMember 为 DataCommand1，DataField 为相对应内容。报表设计界面及报表显示结果如图 13-13 所示。

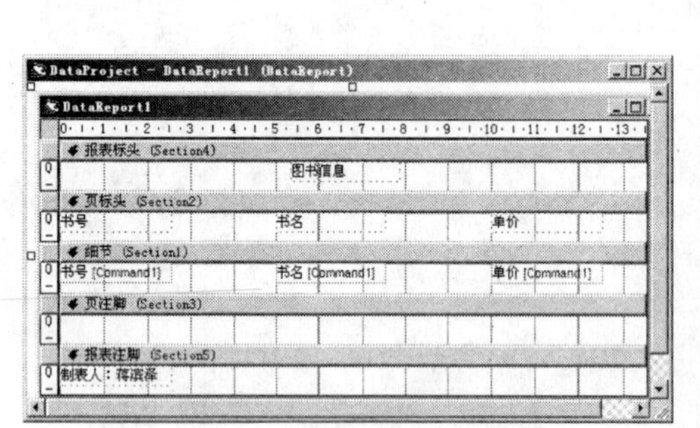

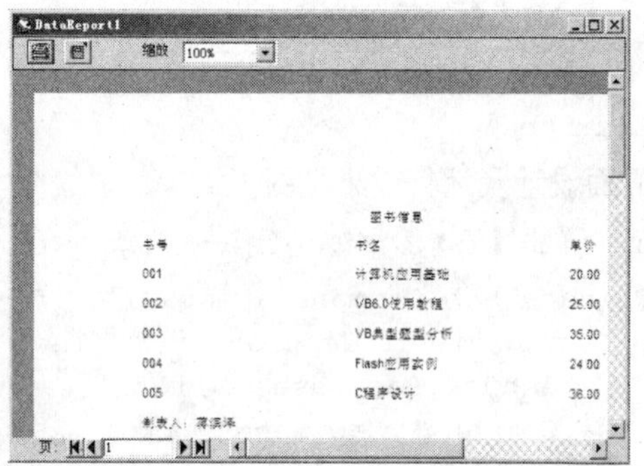

图 13-13　设计题 8 设计结果

第 14 章 其他高级应用

14.1 本章知识要点

1. Active X 控件的基本概念

Active X 控件是 Visual Basic 工具箱的扩展，使用 Active X 控件就像使用标准控件一样，它也是窗体界面的组成元素，一样可以有属性、方法和事件，只是提供了新的更多的应用功能。

2. Active X 控件的使用方法

（1）新建一个“标准 EXE”工程。

（2）选择【工程】→【部件】命令，弹出“部件”对话框，选取需要使用的控件。

（3）从工具箱中选中加载的控件，在窗体上画出。

3. 如何制作 ActiveX 控件

（1）新建“Active X 控件”工程：打开 Visual Basic 6.0，选择【文件】→【新建工程】命令，在对话框中选择“Active X 控件”选项，进入 OCX 控件的初始界面。选择【文件】→【添加工程】命令，在弹出的对话框中选择“标准 EXE”选项，就可以像调用其他控件一样在左边的工具栏里选择刚才新建的 OCX 控件图标。

（2）为控件添加属性：一个 OCX 控件有许多属性，例如控件背景是否透明（BackStyle），控件是否可以获得焦点（CanGetFocus）等。这些属性都可以在控件的“属性框”中找到。

（3）为控件添加事件：Active X 控件有很多事件，例如 Click、MouseDown、MouseUp、MouseMove 等。要触发这些事件都需要加入代码。在控件的声明处加入 Public Event Click()就表明该控件有一“Click”事件。自己编写的控件有什么事件就在声明处添加几条事件。触发事件可以使用“RaiseEvent”语句来完成的，代码如下：

```
RaiseEvent 事件名（参数）
```

（4）为控件添加属性页：一个控件有许多属性供用户自己来设置，例如控件的背景色、控件要显示的图形等。它们通常用 Property Get 和 Property Set 两条语句来完成。前者表示给用户显示一个属性的值，后者表示用户自己设置一个属性的值。

（5）编译并测试控件。

4. Windows API 和 DLL

Windows API 是以二进制形式提供的，它们不是源代码，而是可执行的部件，它们存放在.dll 文件中。DLL 是动态链接库 Dynamic-LinkLibrary 的缩写，表示能被应用程序调用的，在运行时动态加载并链接应用程序的一组例程。除 Windows API 以外，还有其他不同的 DLL 文件，它们分别提供一些实用程序和各种特定函数。

5. 如何调用 Windows API()

（1）声明 Windows API()函数：使用 Declare 语句来声明应用程序中要用到的 Windows API()函数。Declare 语句放在窗体或标准模块的通用声明段，语句包含函数名称、函数所在库名、别名、函数参数列表和返回值类型。

（2）调用 Windows API()函数：Windows API()函数经过声明后，就可以直接在 Visual Basic 模块中调用了，调用时不需要任何说明，但一定要保证传递的参数个数和参数类型的正确性。对于特殊结构的数据类型，在 Visual Basic 中也需要有相应的声明。

6. 如何使用其他的 DLL

第三方提供的 DLL 文件，通常也是用 C 语言编写的。视同 Windows API 一样来使用这些 DLL 中包含的函数，即先声明后使用，声明方法与前述完全相同。

对于外部的 DLL 文件，DLL 开发者通常会提供一个供 Visual Basic 程序员使用的文本文件，该文件中不仅包含函数或过程的声明，还包含所有用到的类型定义和常量定义，Visual Basic 程序员可以将这个文本文件做成一个标准模块（.bas 文件）添加到工程中，这样工程中的所有模块都可以共享这一份声明。

Windows API 的 DLL 文件通常都放在系统目录下，程序运行时能自动到系统目录下找到指定的 DLL 文件，所以声明时不需要指定文件的路径。

14.2 典型例题解析

设计题解析

要设计这样一个控件，它包含一个 Label 控件和一个 Picture 控件，但在同一时间两者只显示一个，即当 Label 显示时，它只显示图像的文件名，Picture 不显示；当 Picture 显示时，它显示的是图像的内容，而 Label 不显示。通过鼠标的单击操作可以在两者之间进行切换。这个控件的好处是在显示包含有图像的文本文件时简洁明了，能充分地利用显示区域。

【解析】 制作这个控件我们需要使用 Visual Basic 中的常用控件 Label 和 Picture，要给它赋予一个 Caption 的属性，还要自己编制一个 Click 事件的过程函数。具体的制作过程如下：

（1）运行 Visual Basic，选择【文件】→【新建工程】命令，建立一个新的项目，这时会弹出一个“新建工程”对话框，我们选择“Active X 控件”类型。这时在工程窗口出现了一个工程的项目，其中的 User Controls 中已包含有一个 UserControl1 的控件。可以在“属性”窗口里修改 User Control1 的有关属性，如“名称”等。

（2）双击 Project Explorer 窗口中的 User Control1 把它激活，然后从工具箱中把 Label 控件和 Picture 控件添加到设计窗口当中。在进行控件设计时，Resize 事件是一个相当重要的事件，它既发生在窗体设计时，也可以在程序运行时被执行，以控制控件的大小，我们把以下程序段加入到 User Control1 的代码窗口当中：

```
Private Sub UserControl-Resize()
   Label1.Move 0,0,ScaleWidth,ScaleHeight
   Picture1.Move 0,0,ScaleWidth,ScaleHeight
End Sub
```

（3）然后我们要给这个 Active X 控件加一个 Caption 属性。打开 Tools 菜单，单击 Add Procedure，在随后出现的对话框中设置 Name 为 Caption，选择 Property 和 Public 项后再单击【OK】按钮。

在代码窗口中加入以下有关代码：

```
Public Property Get Caption() As String
   Caption=Label11.Caption
End Property

Public Property Let Caption(ByVal NewCaption As String)
   Label1.Caption=NewCaption
   PropertyChanged "Caption"
End Property

Private Sub UserControl_InitProperties()
   Caption=Extender.Name
End Sub

Private Sub UserControl_ReadProperties(ProBag As PropertyBag)
   Caption=PropBag.ReadProperty("Caption",Extender.Name)
   Set Picture1.Picture=LoadPicture(Caption)
End Sub

Private Sub UserControl_WriteProperties(PropBag As PropertyBag)
   PropBag.WriteProperty "Caption",Caption,Extender.Name
End Sub
```

（4）有了控件的属性，下面为这个控件编写事件过程，本文的例子较为简单，只写一个 Click 事件过程。先激活 User Control1 的代码窗口，为了避免变量名称及事件名称与其他事件过程或是子程序的名称发生冲突，可把以下代码加入到 Declarations 中：

```
Option Explicit
Public Event Click()
```

然后选择 Label1，加入以下代码：

```
Private Sub Label1_Click()
   Label1.Visible=False
   Picture1.Visible=True
   RaiseEvent Click
End Sub
```

再选择 Picture1，加入以下代码：

```
Private Sub Picture1_Click()
   Picture1.Visible=False
   Label1.Visible=True
   RaiseEvent Click
End Sub
```

这样，就编制好了一个简单的 Active X 控件，可以在其他支持 ActiveX 技术的软件当中使用这个控件了。使用这个控件时，先给它赋予 Caption 属性，即输入图形文件的完整的文件名，它就显示这个文件名，当单击它时，就把图形内容显示出来，以后再单击时，则依次在这两者之间实现切换。

14.3 习题与解答

一、选择题

1. 如果要向工具箱中加入 Active X 控件，可以执行【工程】菜单中的（　　）命令。
   A. 引用　　B. 部件　　C. 工程属性　　D. 添加窗体
2. Windows API 函数都是采用（　　）编写的。
   A. Basic 语言　　B. C 语言　　C. 汇编语言　　D. 机器语言
3. 根据功能不同，API 函数分别放在不同的动态链接库文件中，这些文件存储在 Windows 文件夹下的（　　）文件夹中。
   A. system32　　B. system　　C. config　　D. inf
4. 用 Declare 声明 DLL 库中的函数时，如果 DLL 函数或过程没有返回值，要将其声明为子程序（　　）方式；如果有返回值时，要声明为函数（　　）方式。
   A. Public　　B. Function　　C. Private　　D. Sub

二、填空题

1. 在 Visual Basic 中，Active X 控件主要指________。它可以是________提供的，也可以是________提供的，还可以是________开发的。
2. Windows 核心库包括________、________和________3 个动态链接库。
3. API 函数声明语句 Declare 中 Alias 子句________的字符串必须是过程的真正名称，而且必须是区分大小写的。
4. Windows API 函数是 Windows 本身用来提供图形用户界面和操作 Windows 环境的________，其 API 函数的调用采用________技术实现。

三、简答题

1. OCX 和 DLL 是什么文件？
2. ActiveX 控件与标准控件有什么共同特点，又有哪些区别？
3. 试述创建 Active X 控件的步骤。
4. UserControl 对象与 Form 窗体有何不同？
5. 面对不同类型的 Active X 部件，如何根据需要作出选择？

四、设计题

1. 制作一个用户登录的 ActiveX 控件并完成测试，该控件允许用户输入用户名和口令，最多可以输入 3 次，3 次都不正确则禁止输入（假设用户名和口令都为 admin）。
2. 创建一个 Active X 控件，运行界面如图 14-1 所示。要求：
   （1）设计一个窗口和一个文本框，可在文本框中输入姓名。
   （2）如果用户输入的姓名与姓名清单表不重名，就添加到用

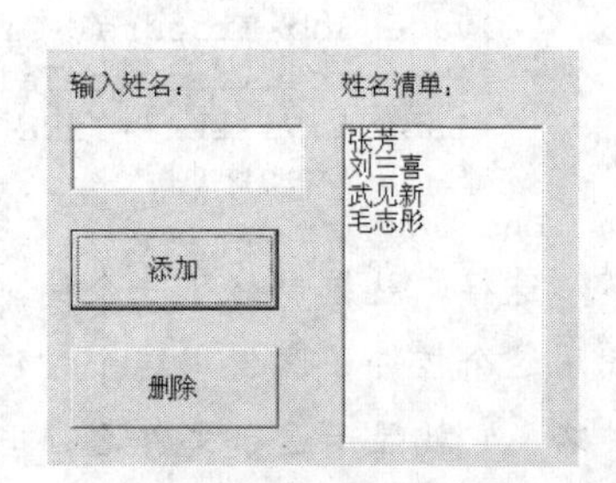

图 14-1　设计题 2 参考界面

户姓名清单表中，并用列表框显示。

（3）需要删除时，选中清单表的一行，也可以删除清单表所有内容。

（4）将设计的控件作为 Active X 控件使用。

3. 用 API 函数 RoundRect 画圆角矩形。

4. 使用 API 函数 GeTickCount 计算开机后运行的总时间，如图 14-2 所示。程序中需要使用一个标签和一个定时器控件，定时器的 Interval 属性为 1000。

5. 编写程序，用 API 函数 TextOut 在窗体上输出文本字符串。运行界面如图 14-3 所示。

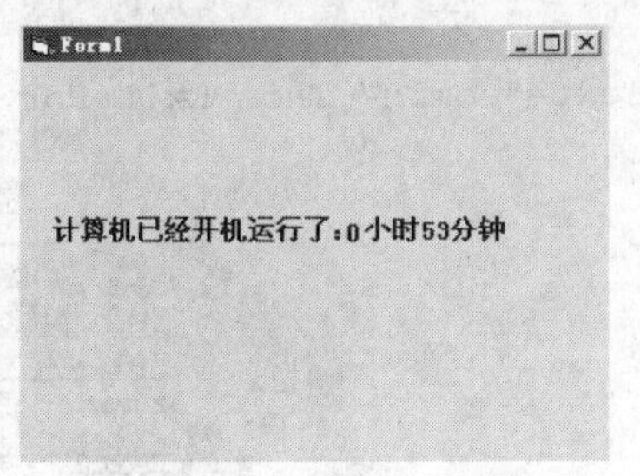

图 14-2　设计题 4 参考界面

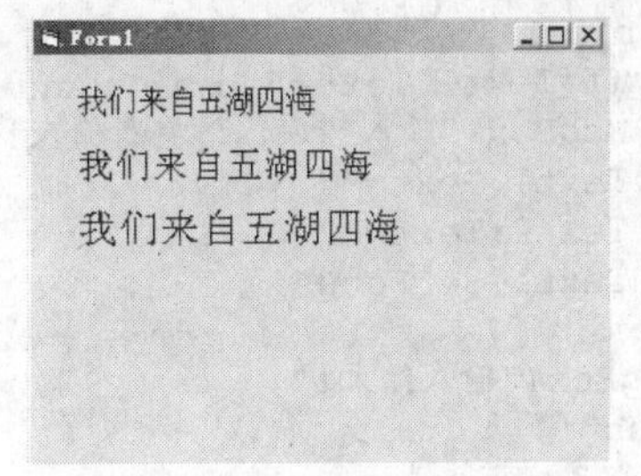

图 14-3　设计题 5 参考界面

14.3.5　习题解答

一、选择题

1. B　2. B　3. B　4. D　B

二、填空题

1. Visual Basic 标准控件的扩展部分；系统；第三方开发商；用户自己

2. User32.dll；Gdi32.dll；Kernel32.dll　　3. 别名　　4. 函数集；动态链接

三、简答题

1. 答案要点：OCX 是对象链接和嵌入用户控件。提供操作滚动条移动和视窗恢复尺寸的功能。DLL 是动态链接库 Dynamic-Link Library 的缩写，表示能被应用程序调用的、在运行时动态加载并链接应用程序的一组例程。它们提供一些实用程序和各种特定函数。

2. 答案要点：

共同点：基于对象的概念编程，是窗体界面的组成元素，可以有属性、方法和事件。

不同点： ActiveX 控件是 ActiveX 组件（ActiveX Components）的一种类型，所有 ActiveX 组件都是对提供对象的 COM 规格说明的具体实现。ActiveX 是对标准控件的扩充，其数量是不定的。它们不会自动在工具箱中显示，需要用到某个控件时将该控件加载进来，该控件图标就会显示在工具箱中，不需要时可从工具箱中删除。

3. 答案要点：

（1）新建“标准 EXE”工程。

（2）选择【工程】→【部件】命令，弹出“部件”对话框，在对话框中选择相关的控件。

（3）从工具箱中选择该控件。

（4）使用该控件。

4. 答案要点：UserControl 对象是“ActiveX 控件”类型的控件，而 Form 对象是标准 EXE 工程中的控件。

5. 答案要点：根据控件可以实现的功能，选择不同类型的 Active X 部件。

四、设计题

1. 程序代码如下：

```
'单击【确定】按钮，确认输入结果
Private Sub Command1_Click()
    Dim a,b As String
    Dim i As Integer
    For i=1 To 3
       If Text1.Text="admin" And Text2.Text="admin" Then Exit For
       MsgBox("输入错误，请重新输入！")
       Text1.Text=""
       Text2.Text=""
       Text1.SetFocus
    Next
    MsgBox("输入结束!")
End Sub
'初始数据设置
Private Sub UserControl_Initialize()
    Text1.Text=""
    Text2.Text=""
    Text2.PasswordChar="*"
End Sub
```

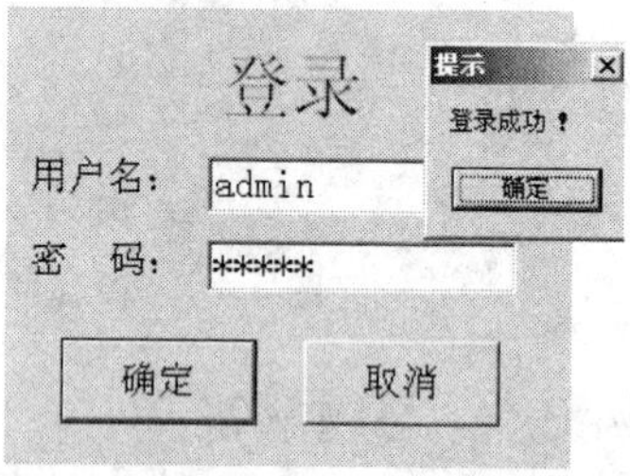

图 14-4　设计题 1 运行效果

将控件添加作为 ActiveX 控件（略）。控件设计结果如图 14-4 所示。

2. 程序代码如下：

```
'定义模块级变量
Option Explicit
Public i
Public j
'单击【添加】按钮，添加记录到列表框中
Private Sub Command1_Click()
    j=0
    For i=1 To List1.ListCount
      If Text1.Text=List1.List(i) Then
        MsgBox("重名，请重新输入姓名！")
        j=1
      End If
    Next
    If j=0 Then List1.List(i-1)=Text1.Text
    List1.Refresh
    Text1.SetFocus
End Sub
'单击【删除】按钮，删除选中的用户姓名
Private Sub Command2_Click()
    For i=0 To List1.ListCount
       If List1.Selected(i) Then
          MsgBox(List1.Selected(i))
          List1.RemoveItem (i)
          GoTo 10
       End If
    Next
    10: List1.Refresh
```

```
        Text1.SetFocus
End Sub
'初始数据设置
Private Sub usercontrol_initialize()
    Text1.Text=""
    List1.List(0)="张芳"
    List1.List(1)="刘三喜"
    List1.List(2)="武见新"
    List1.List(3)="毛志彤"
End Sub
```

将控件添加作为 ActiveX 控件（略）。控件设计运行界面见图 14-1 所示。

3. 程序代码如下：

```
'定义 API 函数
Private Declare Function RoundRect Lib"gdi32"
(ByVal hdc As Long, ByVal X1 As Long, ByVal
Y1 As Long, ByVal X2 As Long, ByVal Y2 As Long,
ByVal X3 As Long, ByVal Y3 As Long) As Long
'单击窗体，画矩形
Private Sub Form_Click()
    X=RoundRect(hdc,20,20,200,100,50,50)
End Sub
```

运行效果如图 14-5 所示。

图 14-5　设计题 3 运行效果

4. 程序代码如下：

```
'定义 API 函数
Private Declare Function GetTickCount Lib "kernel32" () As Long
'触发计时器事件，计算总时间
Private Sub Timer1_Timer()
    Dim t As Integer, m As Integer, h As Integer, s As Integer
    t=GetTickCount\1000
    h=t\3600
    m=(t-h*3600)\60
    s=t-h*3600-m*60
    Label1="计算机已经开机运行了: "&h&"小时"&m&"分钟"
End Sub
```

界面运行效果见图 14-2。

5. 程序代码如下：

```
'定义 API 函数
Private Declare Function TextOut Lib"gdi32" Alias "TextOutA" (ByVal hdc As Long,
'单击窗体，显示字符串
Private Sub Form_Click()
    a$="我们来自五湖四海"
    b$="我们来自五湖四海"
    FontSize=12
    l1=Len(a$)
    l2=Len(b$)
    x=TextOut(hdc,12,2,a$,11)
    fontSize=16
    y=TextOut(hdc,12,30,b$,12)
    FontSize=18
    z=TextOut(hdc,12,70,"我们来自五湖四海",12)
End Sub
```

运行效果见图 14-3。

第 15 章　案例实作

15.1　本章知识要点

综合应用前面各章所介绍的知识，学习设计编写完整又具有一定应用价值的程序。本章所选用的设计案例分别从不同的侧面综合应用了前面各章所介绍的 Visual Basic 的主要知识和设计工具。

1. 景观图片浏览程序

侧重学习掌握 Visual Basic 主要控件的应用。例如：如何应用 Image 控件显示景观图片，将 PictureBox 控件作为容器；如何用水平和垂直滚动条控件控制 Image 控件在容器中的滚动；如何用 Timer 控件实现图片的自动水平或垂直滚动；如何通过响应窗体的键盘事件，放大和缩小图片；如何启动鼠标拖动方法，并响应鼠标拖放事件，从而可以用鼠标拖动图片达到随意移动。

2. 字符串替换机

侧重学习掌握 Visual Basic 文件操作的应用。例如：如何利用文件系统标准控件显示系统中的文件，并且对选中的一个或多个文件进行字符串的查找和替换。如何使用标准文件操作语句和 FSO 对象 TextStream 对文件进行访问。

3. 图书馆管理系统

侧重学习掌握 Visual Basic 数据库的应用。例如：如何利用数据控件和 ADO 对象对书籍和读者进行查找、添加、修改和删除。如何通过使用列表框显示读者借阅的书籍等。

15.2　习题与解答

综合应用题

1. 设计摘苹果游戏

设计一个图 15-1 所示的摘苹果游戏。游戏玩法为：游戏开始后，苹果便会在窗体上闪烁一段时间，在这段时间内，如果单击鼠标的位置刚好在苹果出现的位置，则该苹果就被成功摘取；如果单击鼠标的位置不在苹果出现的位置，则该苹果摘取失败。

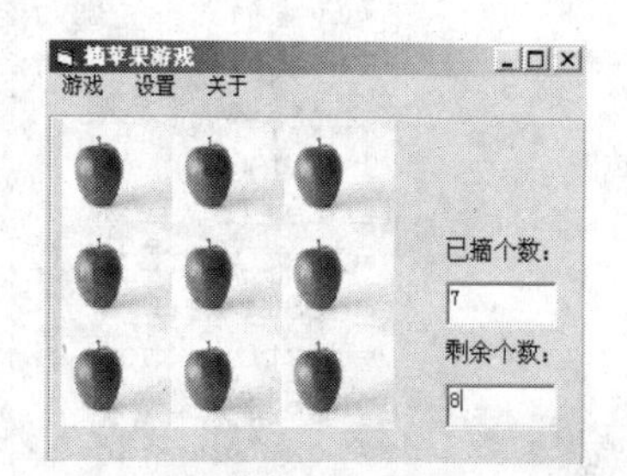

图 15-1　游戏界面

苹果出现的位置是随机的，并且苹果总数为 15 个，随着时间的推移，苹果的个数会不断减少，直到为零，游戏结束。在整个游戏过程中，单击鼠标正确的次数便是成功摘取苹果的个数。

该游戏的具体设计及操作功能如下：

（1）一级菜单有 3 个，分别是【游戏】、【设置】和【关于】。

（2）【游戏】中的二级菜单包括【开始游戏】、【暂停】、【重新开始】、【英雄榜】、【退出】。当选择【游戏】→【开始游戏】命令或直接按【F2】键时，便可开始游戏；当选择【游戏】→【暂停】命令或直接按【F3】键时，暂停游戏；选择【游戏】→【开始游戏】命令继续游戏；当选择【游戏】→【重新开始】命令或直接按【F4】键，重新开始游戏；当执行【游戏】→【英雄榜】命令时，可以查看以前别人留下的游戏纪录，设计界面如图 15-2 所示。单击【确定】按钮，返回游戏界面；单击【重新计分】按钮，清除记录；当选择【游戏】→【退出】命令时，退出游戏。

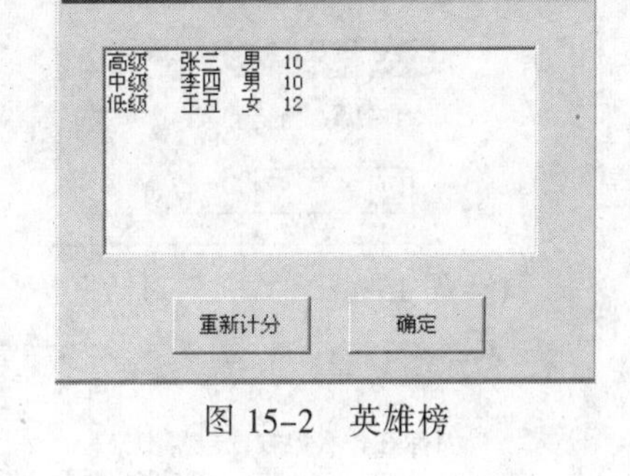

图 15-2　英雄榜

（3）【设置】中的二级菜单为【难度】,【难度】中包括的命令分别为【高】、【中】、【低】，用于设置游戏的难度。

（4）【关于】中的二级菜单包括【帮助】和【关于】。

（5）如果在游戏结束时，用户的游戏成绩超过了英雄榜中的纪录，则弹出如图 15-3 所示的提示框，单击【确定】按钮，弹出图 15-4 所示的对话框，在文本框中输入姓名，然后选择性别，单击【确定】按钮，返回游戏。（提示：设计中需要用到菜单设计知识及 Visual Basic 的各种标准控件。）

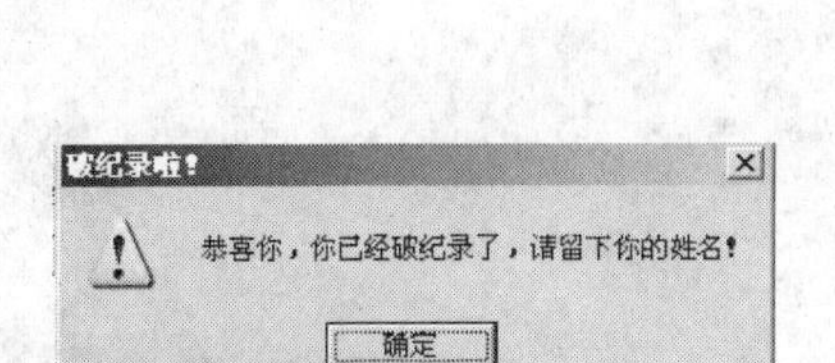

图 15-3　破纪录提示框

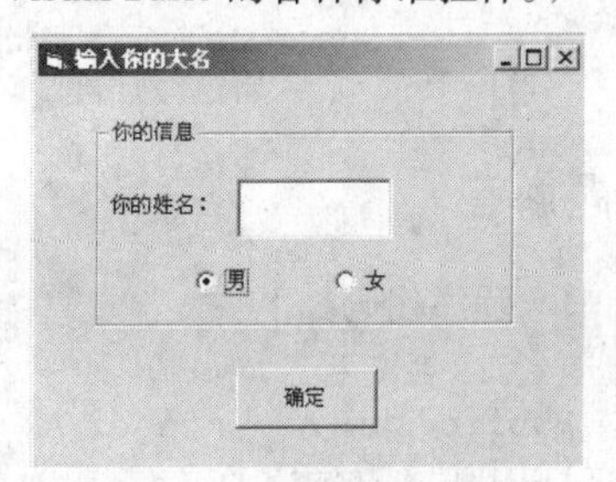

图 15-4　输入姓名对话框

2. 个人通讯录设计

通讯录是当今社会使用最为频繁的东西之一，通讯录可以使用纸本，也可以使用手机，当然也可以使用电脑。本题就是利用所学习的 Visual Basic 知识编写一个自己的通讯录。通过设计一个界面漂亮、操作简单的通讯录，输入或保存同学、朋友或商业伙伴的基本信息，如姓名、生日、联系方式、与本人的关系、工作单位、职务等，还可以加入一些自己的备注信息以及评价等。

系统主要界面及功能如下：（提示：可采用数据库知识和 Visual Basic 标准控件完成设计）

（1）系统主界面设计参考如图 15-5 所示。

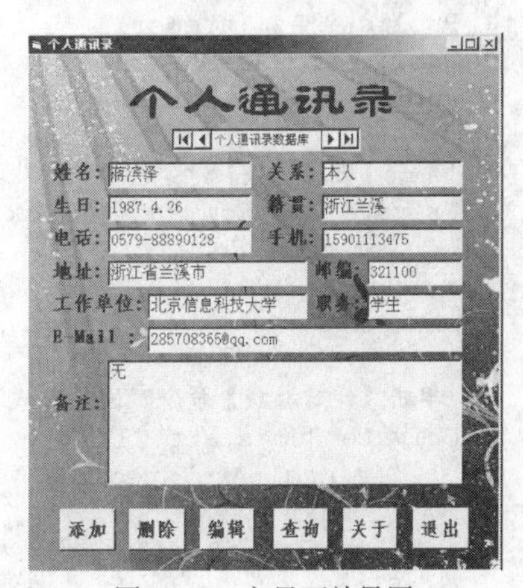

图 15-5　主界面效果图

（2）单击【添加】按钮，弹出要求添加确认对话框，效果如图 15-6 所示。

（3）单击【查询】按钮，将弹出查询界面，可以通过输入姓名实现查询。效果如图 15-7 所示。如果没有找到所查询的人，将弹出一个信息提示窗口，效果如图 15-8 所示。

（4）单击【关于】按钮，将弹出漂亮的介绍界面，界面效果如图 15-9 所示。

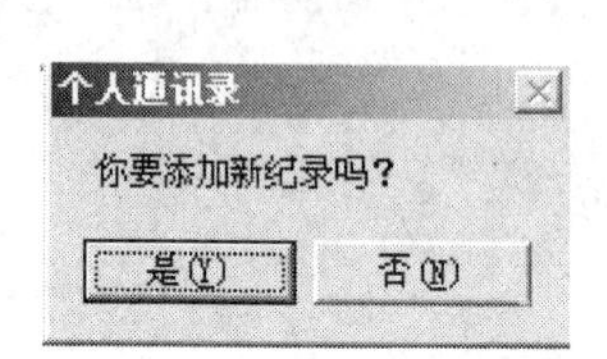

图 15-6 “添加”对话框

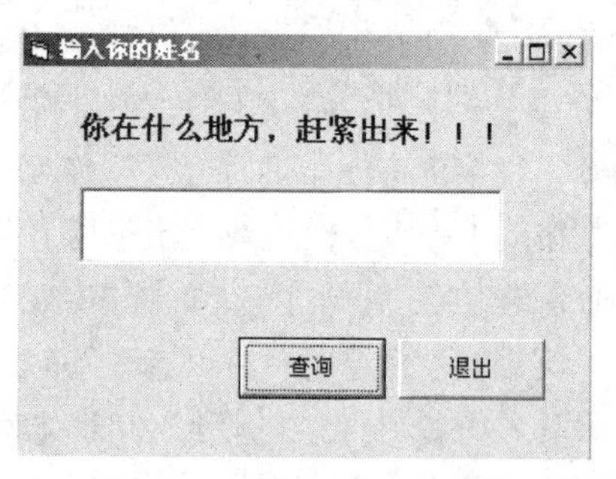

图 15-7 “查询”界面图

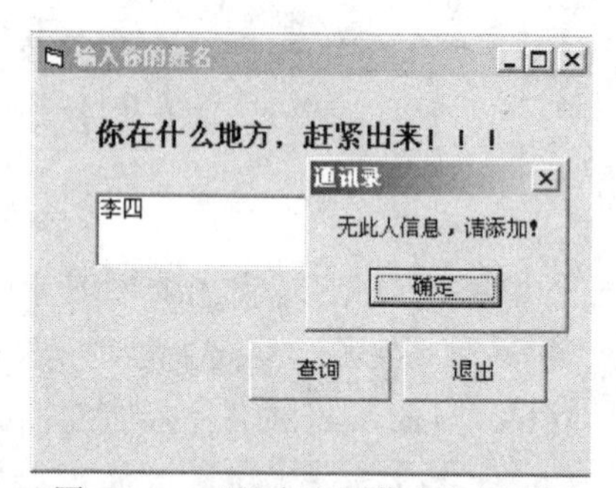

图 15-8 “没有查到信息”界面图

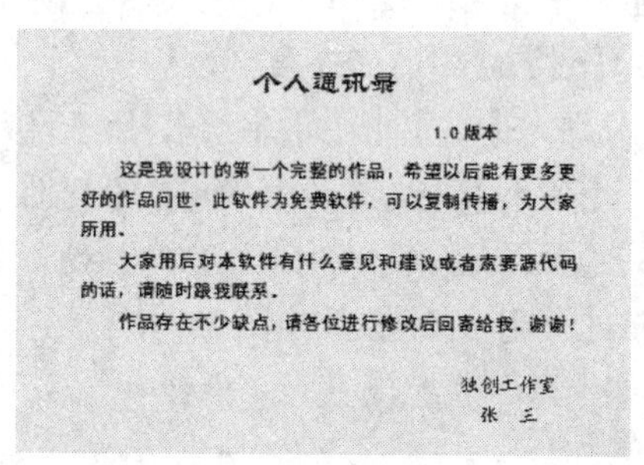

图 15-9 “关于”界面图

习题解答

1. 程序代码如下：

```
'定义公共变量
Public sum As Integer
Public h As Integer,score As Integer
Public h1 As Integer,h2 As Integer,h3 As Integer
Public i As Integer,j As Integer,maxtime As Integer
Public str As String
Public sex As String

'单击【进入游戏】命令，进入游戏界面
Private Sub Command1_Click()
    frm_game.Show
    Unload Me
End Sub

'单击【开始游戏】命令，进入游戏界面
Private Sub start_Click()
    Dim msg1 As Integer
    If maxtime=0 Then
      msg1=MsgBox("请先设置游戏难度!",vbExclamation,"提醒")
    Else
       Timer1.Enabled=True
```

```
      Timer2.Enabled=True
   End If
End Sub

'单击【暂停】命令，游戏暂停
Private Sub pause_Click()
   Timer1.Enabled=Not Timer1.Enabled
   Timer2.Enabled=Not Timer2.Enabled
End Sub

'单击【重新开始】命令，重新开始游戏
Private Sub restart_Click()
   sum=0
   j=0
   Text1=0
   Text2=15
End Sub

'单击【英雄榜】命令，进入英雄榜界面
Private Sub record_Click()
   frm_record.Show
   Unload Me
End Sub

'单击英雄榜【重新计分】按钮，删除原记录
Private Sub Command1_Click()
   Dim i As Integer
   i=MsgBox("确定删除记录吗?",vbOKCancel+vbExclamation,"警告")
   If i=1 Then
      Text1=""
   End If
End Sub

'单击【确定】按钮，从英雄榜界面返回游戏界面
Private Sub Command2_Click()
   Me.Hide
   frm_game.Show
End Sub

'单击【退出】命令，结束游戏
Private Sub exit_Click()
   Dim msg As Integer
   msg=MsgBox("谢谢游戏！再见~",vbInformation,"再见")
   Unload Me
End Sub

'单击【高】命令，进入高难度游戏界面
Private Sub hard_Click()
   Timer2.Interval=500
   maxtime=16
   str="高级"
   h=3
End Sub
```

```
'单击【中】命令，进入中难度游戏界面
Private Sub normal_Click()
   Timer1.Interval=1200
   Timer2.Interval=600
   maxtime=20
   str="中级"
   h=2
End Sub

'单击【低】命令，进入低难度游戏界面
Private Sub easy_Click()
   Timer2.Interval=1000
   maxtime=30
   str="低级"
   h=1
End Sub

'单击【帮助】命令，进入帮助界面
Private Sub help_Click()
   frm_help.Show
End Sub

'单击帮助界面【确定】按钮，返回游戏界面
Private Sub Command1_Click()
   frm_game.Show
   Unload Me
End Sub

'单击【关于】命令，进入关于界面
Private Sub zabout_Click()
   frm_about.Show
End Sub

'单击关于界面【返回】按钮，返回游戏界面
Private Sub Command1_Click()
   frm_game.Show
   Unload Me
End Sub

'触发计时器事件，记录游戏时间
Private Sub timer1_timer()
    Dim bl As Boolean,bk As Boolean
    Dim msg As Integer
    j=j+1
    If j>maxtime Then
       Timer1.Enabled=False
       Timer2.Enabled=False
       msg=MsgBox("时间到^_^",vbInformation,"提醒")
       Select Case h              '设置计入记录的条件,设置在同一级别下比较
       Case 1
          Call jifen1
       Case 2
          Call jifen2
       Case 3
          Call jifen3
       End Select
```

```
        sum=0                          '时间到，重置游戏
        j=0
        Unload Me
    End If
    For i=0 To 8
        Image2(i).Picture=LoadPicture
        Image2(i).Enabled=True
    Next
    Randomize
    i=Rnd*8
    Image2(i).Picture=Image1.Picture
End Sub

Private Sub image2_click(Index As Integer)
    Dim msg As Integer
    If Index=i And Timer1.Enabled=True And Image2(i).Enabled=True Then
  '设置在有图片以及计时器有效状态下才可计分
        Image2(i).Enabled=False  '防止重复计分
        sum=sum+1
        Text1=sum
        Text2=15-sum
        If sum=15 Then
            Timer1.Enabled=False
            Timer2.Enabled=False
            msg=MsgBox("苹果全摘完了~你太棒啦！",vbInformation,"奖励")
            score=sum                  '取得总数
            sum=0                      '游戏结束，重置游戏
            j=0
            frm_input.Show             '全部摘完，直接写入记录
            Unload Me
        End If
    End If
End Sub

Private Sub Timer2_Timer()
    Dim a As Integer
    For a=0 To 8
        Image2(a).Visible=Not Image2(a).Visible
    Next
End Sub

'子函数，记录高难度级别纪录分数，若该级别的新成绩大于最高分，则覆盖
Sub jifen1()
    Dim a As Integer, m As Integer
    Dim max As Integer, min As Integer
    Dim msg As Integer
    score=sum                          '取得总数
    If score>h1 Then
        msg=MsgBox("恭喜你，你已经破纪录啦，请留下你的姓名！",vbOKOnly+ vbInformation,
"破纪录啦！")
        h1=score
        frm_input.Show
        Unload Me
    Else
        frm_record.Show                '分数不高于记录时，直接显示记录信息
```

```
        Unload Me
    End If
End Sub

'子函数，记录中难度级别记录分数，若该级别的新成绩大于最高分，则覆盖
Sub jifen2()
    Dim a As Integer,m As Integer
    Dim max As Integer,min As Integer
    Dim msg As Integer
    score=sum                    '取得总数
    If score>h2 Then
        msg=MsgBox("恭喜你，你已经破纪录啦，请留下你的姓名！",vbOKOnly+vbInformation,
"破纪录啦！")
        h2=score
        frm_input.Show
        Unload Me
    Else
        frm_record.Show          '分数不高于记录时，直接显示记录信息
        Unload Me
    End If
End Sub

'子函数，记录低难度级别记录分数，若该级别的新成绩大于最高分，则覆盖
Sub jifen3()
    Dim a As Integer, m As Integer
    Dim max As Integer, min As Integer
    Dim msg As Integer
    score=sum                    '取得总数
    If score>h3 Then
        msg=MsgBox("恭喜你，你已经破纪录啦，请留下你的大名！",vbOKOnly+ vbInformation,
"破纪录啦！")
        h3=score
        frm_input.Show
        Unload Me
    Else
        frm_record.Show          '分数不高于记录时，直接显示记录信息
        Unload Me
    End If
End Sub

'输入个人信息
Private Sub Command1_Click()
    If Option1=True Then
        sex=Option1.Caption
    Else
        sex=Option2.Caption
    End If
    frm_record.Text1=frm_record.Text1&frm_game.str&""& frm_input.Text1.Text
    &""&frm_input.sex &""& frm_game.score & vbCrLf
    frm_record.Show
    Unload Me
End Sub
```

游戏的主要设计见图 15-1 至图 15-4，运行界面如图 15-10 至图 15-20 所示。

图 15-10　主界面设计效果

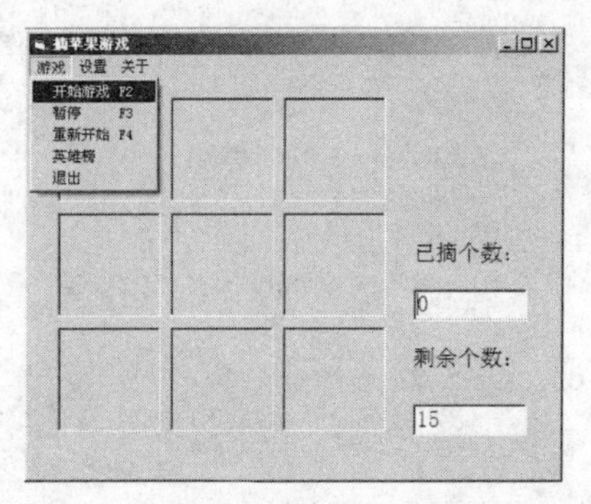

图 15-11　“选择菜单”界面设计效果

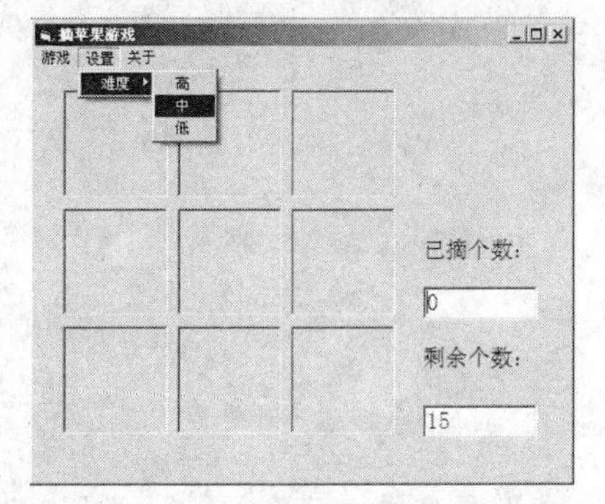

图 15-12　“难度设置”界面设计效果

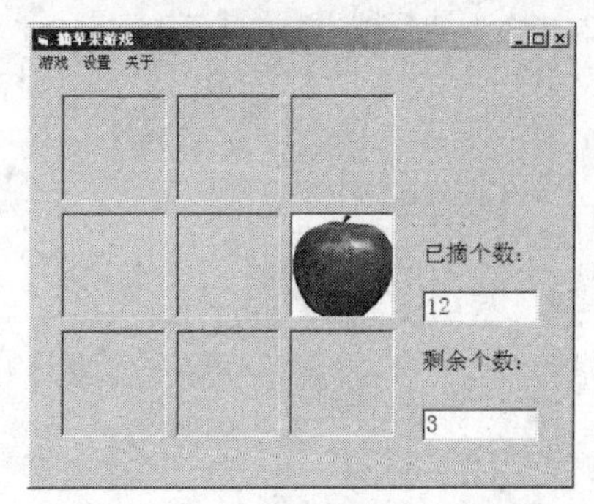

图 15-13　“游戏”界面设计效果

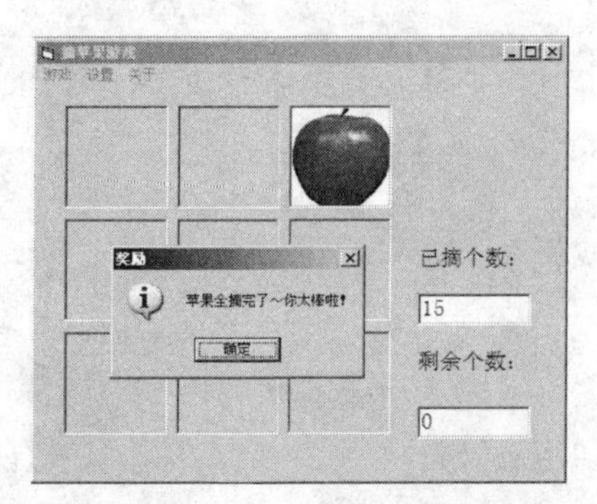

图 15-14　“结束游戏”界面设计效果

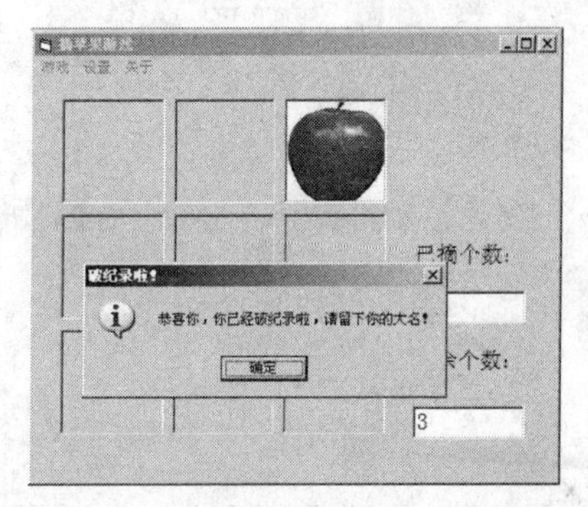

图 15-15　“打破纪录”界面设计效果

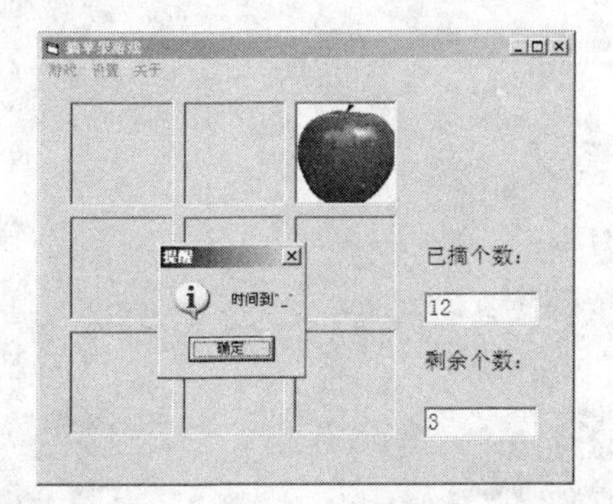

图 15-16　“游戏未完，时间到”界面设计

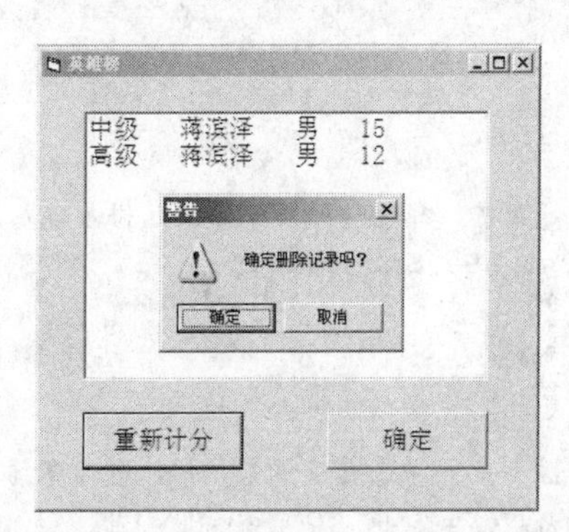

图 15-17　“英雄榜”界面设计效果

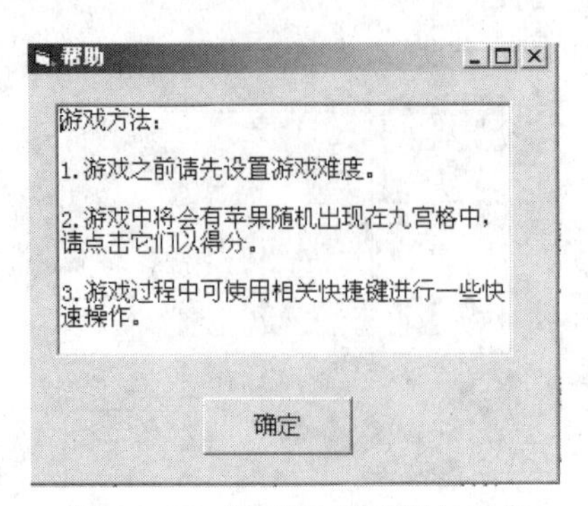

图 15-18 “帮助”界面设计效果

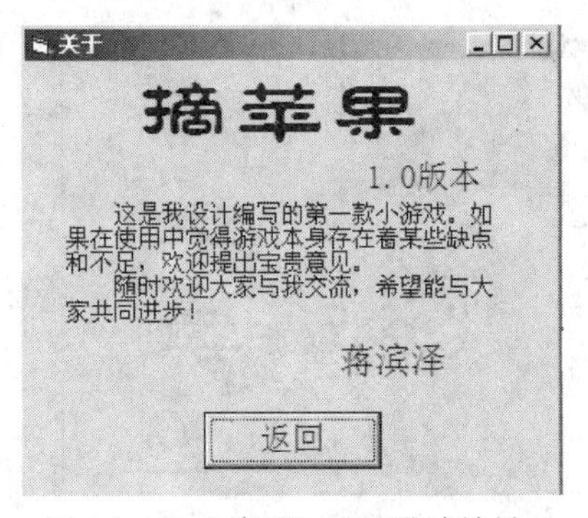

图 15-19 “关于”界面设计效果

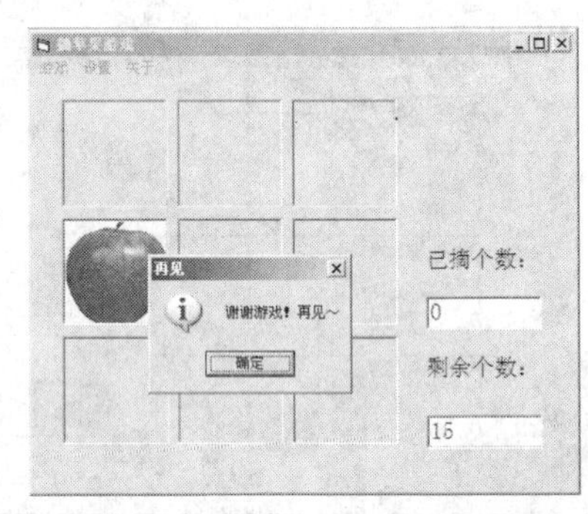

图 15-20 “退出”界面设计效果

2. 程序代码如下:

```
'欢迎界面，单击【进入】按钮，进入设计界面
Private Sub Command1_Click()
   Form1.Show
   Me.Hide
End Sub

'欢迎界面，单击【关闭】按钮，结束程序
Private Sub Command2_Click()
   Unload Me
End Sub

'主界面，单击【添加】按钮，进入添加界面
Private Sub Command1_Click()
   tj_qr.Show
   Unload Me
End Sub

'主界面，单击【删除】按钮，删除记录
Private Sub Command2_Click()
   Dim res As Integer
   res=MsgBox("确认删除该联系人吗？",vbOKCancel+vbExclamation,"确认删除")
   If res=vbOK Then
      Adodc1.Recordset.Delete
      Adodc1.Recordset.MoveNext
      If Adodc1.Recordset.EOF Then
         Adodc1.Recordset.MoveLast
      End If
   End If
End Sub

'主界面，单击【编辑】按钮，进入编辑界面
Private Sub Command3_Click()
   bj_bj.Show
   Unload Me
End Sub

'主界面，单击【查询】按钮，进入查询界面
Private Sub Command4_Click()
   cz_cz.Show
   Unload Me
```

```
End Sub

'主界面，单击【关于】按钮，进入关于界面
Private Sub Command5_Click()
    gy_gy.Show
    Unload Me
End Sub

'主界面，单击【退出】按钮，返回欢迎界面
Private Sub Command6_Click()
    frm_main.Show
    Unload Me
End Sub

'添加记录操作
Private Sub Command1_Click()
    tj_tj.Show
    Unload Me
End Sub

Private Sub Command2_Click()
    Form1.Show
    Unload Me
End Sub

Private Sub Form_Load()
    Adodc1.Recordset.AddNew
End Sub

Private Sub Command1_Click()
    Adodc1.Recordset.Update
    tj_cg.Show
    Unload Me
End Sub

Private Sub Command2_Click()
    Form1.Show
    Unload Me
End Sub

Private Sub Command1_Click()
    Form1.Show
    Unload Me
End Sub

'修改记录操作
Private Sub Form_Load()
    Text1=Form1.Adodc1.Recordset!姓名
    Text2=Form1.Adodc1.Recordset!关系
    Text3=Form1.Adodc1.Recordset!生日
    Text4=Form1.Adodc1.Recordset!籍贯
    Text5=Form1.Adodc1.Recordset!电话
    Text6=Form1.Adodc1.Recordset!手机
    Text7=Form1.Adodc1.Recordset!地址
    Text8=Form1.Adodc1.Recordset!邮编
```

```
    Text9=Form1.Adodc1.Recordset!工作单位
    Text10=Form1.Adodc1.Recordset!职务
    Text11=Form1.Adodc1.Recordset!EMAIL
    Text12=Form1.Adodc1.Recordset!备注
End Sub

Private Sub Command1_Click()
    Form1.Adodc1.Recordset.Find "姓名='"&Text1&"'"
    Form1.Adodc1.Recordset!姓名=Text1
    Form1.Adodc1.Recordset!关系=Text2
    Form1.Adodc1.Recordset!生日=Text3
    Form1.Adodc1.Recordset!籍贯=Text4
    Form1.Adodc1.Recordset!电话=Text5
    Form1.Adodc1.Recordset!手机=Text6
    Form1.Adodc1.Recordset!地址=Text7
    Form1.Adodc1.Recordset!邮编=Text8
    Form1.Adodc1.Recordset!工作单位=Text9
    Form1.Adodc1.Recordset!职务=Text10
    Form1.Adodc1.Recordset!EMAIL=Text11
    Form1.Adodc1.Recordset!备注=Text12
    Form1.Adodc1.Recordset.Update
    Form1.Show
    Unload Me
End Sub

Private Sub Command2_Click()
    Form1.Show
    Unload Me
End Sub

'查询记录操作
Private Sub Command1_Click()
    Dim strsql As String
    If Text1<>"" Then
      strsql="Select*From 个人通讯录 Where 姓名='"&Text1.Text&"'"
      Form1.Adodc1.Recordset.Close
      Form1.Adodc1.CommandType=adCmdText
      Form1.Adodc1.RecordSource=strsql
      Form1.Adodc1.Refresh
      If(Form1.Text1="")Then
        cz_jg.Show
      Else
        Unload Me
        Form1.Show
      End If
    End If
End Sub

Private Sub Command1_Click()
    Unload Me
    Unload cz_cz
    tj_qr.Show
End Sub
```

```
'关于界面
Private Sub Label3_Click()
    Form1.Show
    Unload Me
End Sub
```

通讯录主要设计见图 15-5 至图 15-9，运行界面如图 15-21 至图 15-23 所示。

图 15-21　“欢迎”界面设计效果

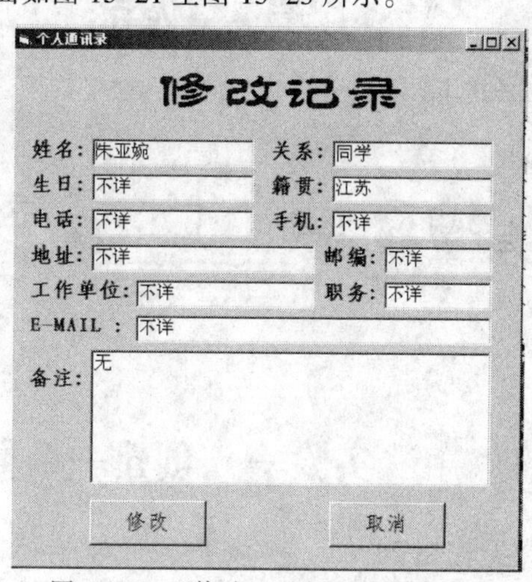

图 15-22　“修改记录”界面设计效果

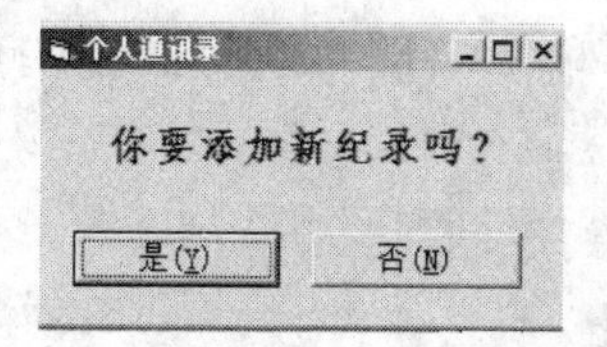

图 15-23　“添加新纪录”界面设计效果

第二篇　上机实验指导

第 16 章　上 机 实 验

实验一　创建一个简单的 Visual Basic 界面

一、实验目的

- 掌握 Visual Basic 的启动方法。
- 熟悉 Visual Basic 集成开发环境。
- 熟悉常用菜单。
- 学会向窗体中放置控件和使用属性窗口。
- 学会建立一个简单界面的应用程序。
- 掌握启动工程和结束工程的方法。

二、实验内容

1. 启动 Visual Basic

启动 Visual Basic 会出现如图 16-1 所示的对话框，选择“标准 EXE”图标，单击【打开】按钮，新建一个“标准 EXE”工程。

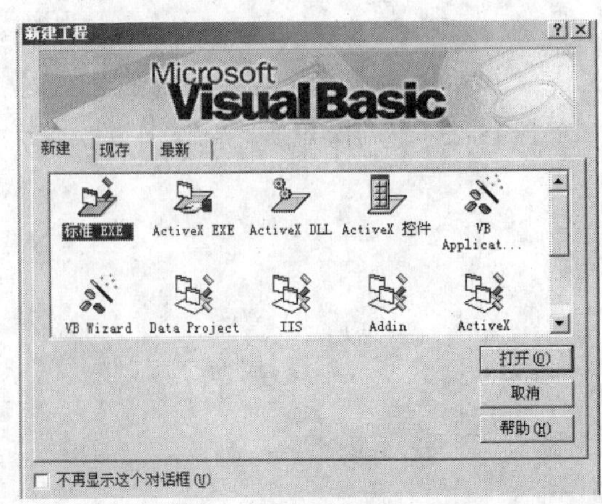

图 16-1　新建工程界面

2. 创建界面

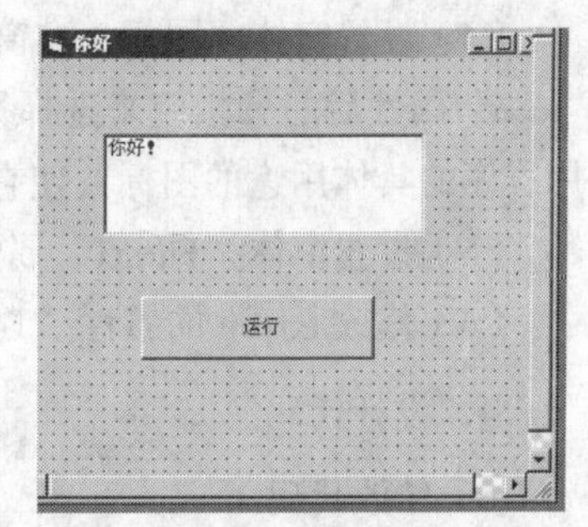

图 16-2　创建界面

创建如图 16-2 所示的界面，熟悉控件的使用。

（1）创建控件：创建控件有以下方法。

- 在控件箱中双击选定的控件，该控件会自动出现在窗体中间。
- 在控件箱中单击选定的控件，将变成十字线的鼠标指针放在窗体上，拖动十字线画出适合的控件大小。

（2）选择控件：选择控件有以下几种方法。

- 单击某个控件，当控件的四周出现尺寸柄时表示控件被选中。
- 用【←】、【→】、【↑】、【↓】方向键在不同的控件中切换。
- 按【Shift】键，依次单击几个控件，可同时选中几个控件。
- 在控件的外围拖出一个选择框，则在框内的所有控件都同时选中。

（3）移动控件：移动控件有以下方法。

- 先用鼠标选择控件，再把窗体上的控件拖动到一新位置。
- 选择控件，然后在“属性”窗口中改变“TOP”和“Left”属性。
- 选择控件，用【Ctrl+←】、【Ctrl+→】、【Ctrl+↑】、【Ctrl+↓】组合键调整控件位置。

（4）调整控件大小：调整控件大小有以下方法。

- 先选择某控件，然后拖动尺寸柄向各方向调整大小。
- 先选择某控件，用【Shift+←】、【Shift+→】、【Shift+↑】、【Shift+↓】组合键调整控件大小。

（5）安排控件位置：为了使控件在窗体中的位置整齐统一，可使用同时选中多个控件同时调整的方法。例如，同时选中控件 Command1 和 Text1，通过选择【格式】→【对齐】、【统一尺寸】等命令来安排控件的位置和大小。

（6）移去控件：选中某控件，按【Del】键删除控件，则窗体中控件被移去。

（7）锁定控件：锁定控件有以下方法。

- 先选中该控件，选择【格式】→【锁定控件】命令。
- 先选中该控件，右击窗体编辑器，在弹出的快捷菜单中选择【锁定控件】命令。

锁定控件是将窗体上所有的控件锁定在当前位置，以防止已处于理想位置的控件因不小心而移动。这是一个切换命令，也可用来解锁控件位置。

3. 设置属性

设置属性时先选择控件或窗体，然后在属性窗口中修改各属性的值。

（1）将文本框 Text1 和命令按钮 Command1 的属性窗口中的名字属性改变成 txtyou 和 cmdrun。

（2）将文本框 txtyou 属性窗口中的 BackColor 和 ForColor 属性分别改成黄色和蓝色。

（3）修改文本框 txtyou 属性窗口中的 Font 属性，单击 ... 出现如图 16-3 所示的属性页。

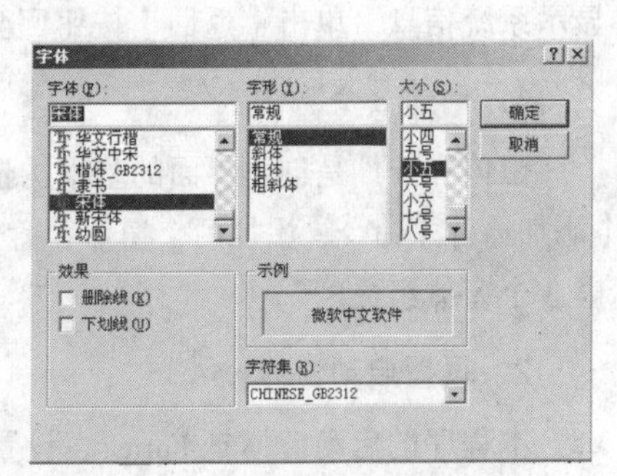

图 16-3　Font 属性页

分别将“字体样式”和“大小”改成“粗体”和“小二”。

（4）设置窗体的图标：在窗体“Form1”属性窗口改变“Icon”属性来改变窗体的图标，单击“Icon”属性后的 ... 按钮来选择另一个图标。通过设置窗体的 Icon 属性，换一个能说明窗体或应用程序的具体用途的图标，使它们在窗体最小化时出现。

（5）设置窗体“Form1”属性窗口的“Caption”属性为“你好”。

（6）修改 txtyou 的属性“Text”为“你好!”。

4. 设计代码

5. 修改代码

修改事件 cmdrun_Click()的代码，使按下按钮后 txtyou 中“你好!”消失

```
Private  Sub cmdrun_Click()
   txtyou.Visble=False
End Sub
```

三、练习

1. 单击按钮，将文本框中显示的内容修改为“欢迎使用 VB 6.0”。
2. 窗体的文本框和按钮左对齐。

实验二　窗体、命令按钮、标签和文本框

一、实验目的

- 学会添加多个窗体。
- 掌握启动窗体和切换窗体。
- 学习为窗体添加事件代码。
- 学习标签的属性设置及事件代码编写。
- 学习文本框的属性设置和事件代码编写。
- 学习按钮的属性设置及事件代码编写。

二、实验内容

创建一个工程，它由 3 个窗体组成。Form1 用于输入用户名和口令，当输入正确时单击【确定】按钮显示 Form2，当输入出错则显示 Form3，单击【退出】按钮结束程序；Form2 中用文本框显示系统信息，单击【返回】按钮回到 Form1；Form3 为退出窗体，单击窗体则结束程序。

1. 创建 3 个窗体

窗体和控件是创建界面的基本构造模块，也是创建应用程序所使用的对象。选择【工程】→【添加窗体】命令，添加两个窗体，窗体的名称按添加的顺序分别为 Form2 和 Form3，这样工程就由 3 个窗体组成。

2. 设置启动窗体

本程序的启动窗体是 Form1，设置启动窗体的步骤如下：

（1）选择【工程】→【工程 1 属性】命令。

（2）在弹出的对话框中切换到“通用”选项卡。

（3）单击“启动对象”列表框的下三角按钮，从中选择“Form1”，如图16-4所示。

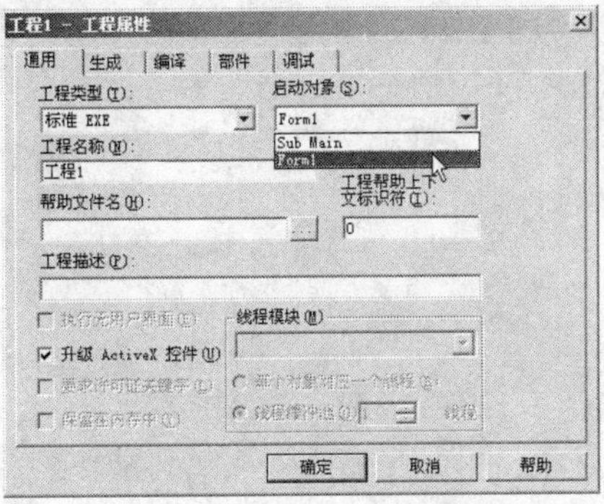

图16-4　设置启动窗体

（4）单击【确定】按钮。

3. 创建控件

界面设计：

- 窗体Form1上有3个标签，两个文本框，两个按钮，文本框Txtname用于输入用户名，文本框Txtpassword用于输入口令。
- 窗体Form2上有一个标签，一个文本框和一个按钮，窗体Form2中的文本框采用多行显示，具有垂直滚动条，锁定文本框不能编辑。
- 窗体Form3上有一个标签。
- 各窗体控件的属性设置如表16-1所示。

表16-1　控件属性设置表

窗体名	控件名	属性名	属性值
Form1	Label1	Caption	欢迎使用本系统
		Alignment	2-Center
		Font	宋体，小三，粗体
	Label2	Caption	请输入口令：
	Txtpassword	Text	空
		PasswordChar	*
	Txtname	Text	空
	Cmdok	Caption	确定
	Cmdexit	Caption	退出
Form2	Label1	Caption	系统信息：
	Text1	Multiline	True
		Locked	True
		ScrollBars	2-Vertical
	Cmdback	Caption	返回
Form3	Form3	Picture	图形文件
		Caption	谢谢使用!
		BackStytle	0-Transparent

窗体设计界面 Form1、Form2、Form3 如图 16-5、图 16-6、图 16-7 所示。

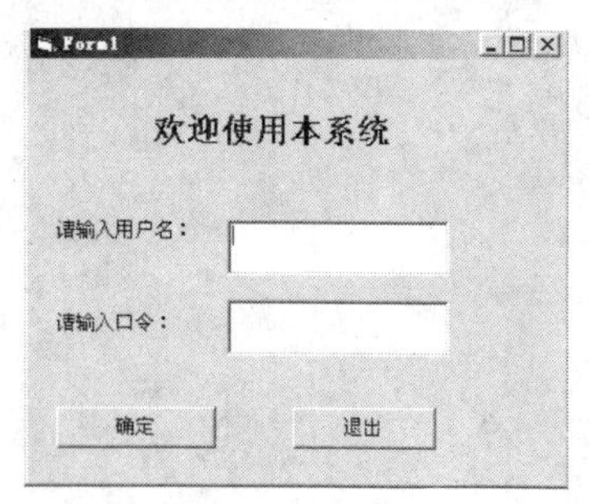

图 16-5　Form1 设计界面

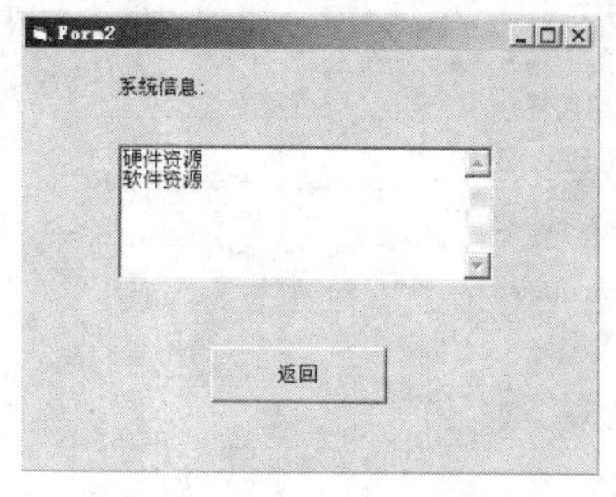

图 16-6　Form2 设计界面

图 16-7　Form3 设计界面

4．编写事件代码

在窗体 Form1 的文本框中分别输入用户名和口令，单击【确定】按钮，当用户名为"lx"并且口令为"1234"时显示窗体 Form2，否则显示窗体 Form3。单击【退出】按钮结束程序，程序代码如下：

```
Private  Sub cmdexit_Click()
    End
End Sub

Private Sub cmdok_Click()
    '单击确定按钮
    If Txtname.Text="lx" And Txtpassword.Text="1234" Then
       Form2.Show
    Else
       Form3.Show
    End If
    Form1.Hide
End Sub
```

在 Form2 中单击【返回】按钮，卸载 Form2 并显示 Form1。程序代码如下：

```
Private  Sub  cmdback_Click()
    '单击关闭按钮
    Form1.Show
    Unloa Me
End Sub
```

在 Form3 中显示图片，当在 Form3 中单击窗体时，卸载 Form3。程序代码如下：

```
Private  Sub  Form_Click()
    '单击窗体
    Unloa Me
    End
End Sub
```

5．保存和运行

选择【文件】→【保存工程】命令，保存工程和窗体 Form1、窗体 Form2 和窗体 Form3。工程名以.vbp 为扩展名，窗体以.frm 为扩展名。

三、练习

设计一个窗体，求输入两个数的加、减、乘、除的计算结果。窗体界面设计如图 16-8 所示。

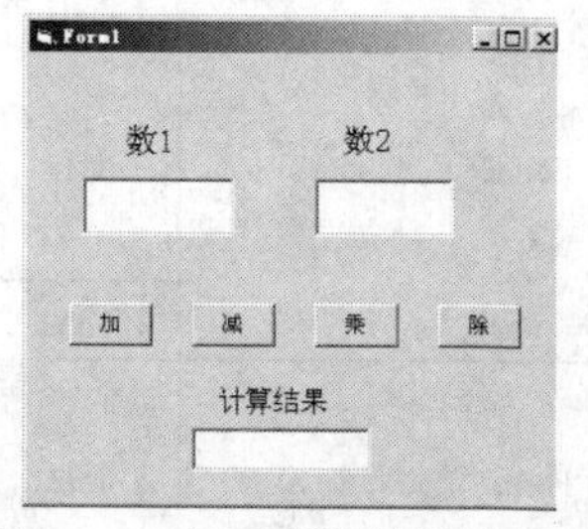

图 16-8　练习题窗体设计界面

实验三　简单程序设计

一、实验目的

- 掌握 Visual Basic 的常量、变量、表达式的定义和使用。
- 熟练掌握 Visual Basic 语句的规范书写。
- 掌握简单程序设计的应用。

二、实验内容

电路图计算：

已知如图 16-9 所示的电路图中，电阻 R1=200Ω、R2=300Ω、R3=600Ω，计算电路图中的电流 I。

根据欧姆定律可知：

R=R1+R3×R2/(R3+R2)

I=U/R

图 16-9　实验电路图

设计要求：通过文本框（TxtInput）输入电压 U，单击按钮（CmdStart）开始运算，在文本框（TxtOutput）中输出计算结果电流 I。

1. 创建工程

创建一个“标准 EXE”工程，出现一个新的 Form 窗口。

2. 设置控件的属性

在 Form1 窗口中放置两个 Label 控件、两个 TextBox 控件和一个 CommandButton 控件。

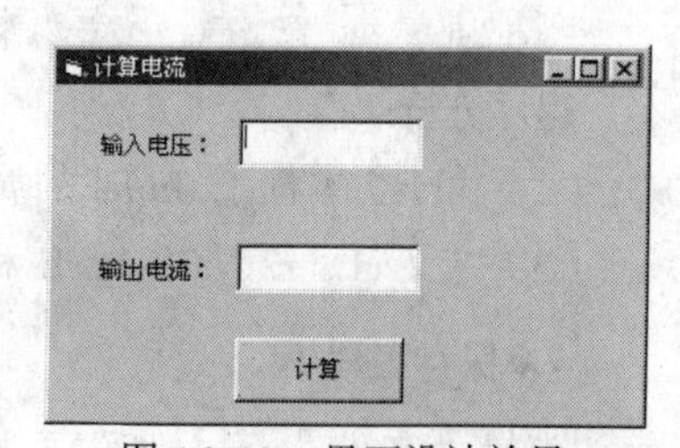

图 16-10　界面设计效果

对上述控件的命名采用前缀部分和控件名组合的方式，例如分别命名为 TxtInput、CmdStart、LabOutput 等，各控件属性设置如表 16-2 所示。界面设计如图 16-10 所示。

表 16-2　控件属性设置表

对　象	控件名称	属性名称	属性值
Label	LabInput	Caption	输入电压
	LabOutput	Caption	输出电流
TexBox	TxtInput	Text	空
	TxtOutput	Text	空
CommandButton	CmdStart	Caption	计算

3. 添加代码

双击 Form 窗口或单击【工程资源管理器】窗口中的【查看代码】按钮打开代码编辑器。

根据题目要求，要在单击按钮【CmdStart】的过程中添加事件代码，因此单击代码编辑器的对象列表框下三角按钮，选择 CmdStart，如图 16-11（a）所示。然后单击代码窗口的过程列表框下三角按钮，选择 Click 过程，如图 16-11（b）所示。在“Private Sub cmdStart_Click() ... End Sub”中间添加相应的代码。

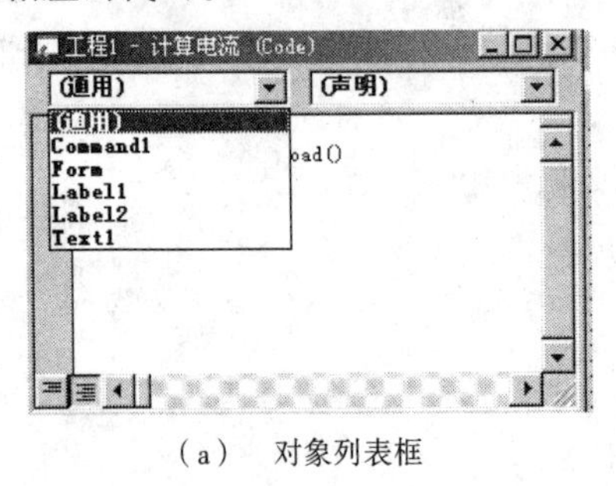

（a） 对象列表框

（b） 过程列表框

图 16-11 创建工程

程序代码如下：

```
Private Sub cmdStart_Click()
    '单击【计算】按钮
    Dim r1,r2,r3,r As Single
    Dim U As Single
    Dim I As Single
    r1=200:r2=300:r3=600
    U=Val(txtInput.Text)
    r=r1+r2*r3/(r2+r3)
    I=U/r
    TxtOutput.Text=I
End Sub
```

程序分析：

（1）由于文本框 TxtInput 的属性是字符型，因此在计算时应用 Val()函数对其进行转换。

（2）定义 r1、r2、r3、r、U 和 I 为单精度型变量。

4. 保存工程

选择【文件】→【保存工程】命令，将窗体保存为“frmExe0301.frm”，将工程保存为“Exe0301.vbp”。

5. 运行

选择【运行】→【启动】命令，或单击工具栏中的【启动】按钮，在窗体的文本框 TxtInput 输入电压值，然后单击【计算】按钮，则在第二个文本框中出现计算结果。

思考：如果将变量 r1，r2，r3 的数据类型设置为 Double，则在文本框中显示的数据会有何变化？如果它们的数据类型设置为 Integer，则在文本框中的数据又会如何显示？试做比较。

三、练习

1. 编一个华氏温度和摄氏温度之间的转换程序，界面自己设计。华氏温度和摄氏温度之间的转换公式是：

$F=\frac{9}{5}C+32$ 摄氏温度转换为华氏温度，F 为华氏度

$C=\frac{5}{9}(F-32)$ 华氏温度转换为摄氏温度，C 为华氏度

2. 输入二次方程 $ax^2+bx+c=0$ 的系数 a、b、c，计算并输出二次方程的两个根 $x1$、$x2$。界面设计可参考下面要求自己考虑。设计要求：

（1）输入 a、b、c 3 个数，为了程序设计的方便，可由 3 个文本框来实现；也可通过使用 3 次 InputBox()函数分别输入 a、b、c 3 个字符串，然后再通过 Val(字符串)函数将字符串转换成数值的方式实现。计算结果可通过文本框或 MsgBox 过程显示。

（2）为了保证程序计算运行的正确，对输入的 3 个数要进行检查，若发现输入的数中有非法数字，则显示出错信息，并且利用 SetFocus 方法将光标定位于出错的文本框处，要求重新输入。

实验四　选择、循环结构程序设计

一、实验目的

- 熟练掌握分支结构的使用。
- 熟练掌握循环结构的使用。
- 掌握常用算法的编程技巧。
- 熟练掌握数组的使用。

二、实验内容

1. 杨辉三角形

打印出以下的杨辉三角形（要求打印出 10 行）。

```
1
1   1
1   2   1
1   3   3   1
1   4   6   4   1
1   5   10  10  5   1
…
```

杨辉三角形的特点：第一列和对角线元素为 1，其他元素为上一行相邻两元素的和。实验要求必须采用二维数组来实现。当单击窗体时开始计算，用 Print 语句把其计算结果按格式要求显示在窗体上。

（1）新建一个“标准 EXE”工程。

（2）添加代码。在单击窗体的事件中添加代码，程序代码如下：

```
Private Sub Form_Click()
   Const N=10
   Dim i,j,a (N,N) As Integer
   For i=0 To N-1                              '第一列和对角线元素为 1
      a(i,i)=1
      a(i,0)=1
   Next i
   For  i=2  To  N-1                           '其他中间元素的运算
      For j=1 To  i-1
      a(i,j)=a(i-1,j-1)+a(i-1,j)
```

```
    Next j
    Next  i
    Print "显示杨辉三角形"
    For i=0 To N-1
       For j=0  To  i
         Print a(i,j);
       Next  j
       Print
    Next  i
End Sub
```

程序分析：

在使用 Print 语句时，用“;”连接数据，表示不换行显示。如换行显示则采用无参数的 Print 语句。

（3）保存工程。

（4）运行结果。单击窗体，运行结果如图 16–12 所示。

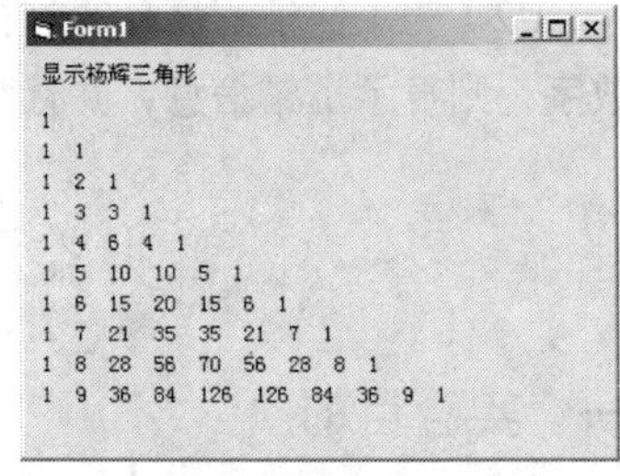

图 16–12　界面设计效果

2．用筛选法求素数

用筛选法求 100 以内的素数，素数是指一个数 x 除了 1 和它本身，不能被其他任何整数整除的数。

基本算法：将 100 以内的每个数除以 2～$\sqrt{100}$，若该数能被其整除，则不是素数；如果能被其整除，则该数就是素数。

用筛选法求素数必须采用双重循环结构来实现，设计时可以采用单击窗体时进行运算的方式完成。

（1）新建一个“标准 EXE”工程。

（2）添加代码。在单击窗体的事件过程中添加代码，程序代码如下：

```
Private Sub Form_Click()
    Const  N=100
    Dim i,j ,Line,a(N) As Integer
    For i=0 To N-1                                           '置初值
       a(i)=i
    Next i
    For i=2 To Sqr(N)
       For j=i+1 To N
          If a(i)<>0  And  a(j)<>0  Then
             If a(j) Mod a(i)=0 Then a(j)=0                  '能整除就赋 0
          End If
       Next j
    Next i
    Print  "显示出 100 以内的素数"
    For i=2 To N-1
       If a(i)<>0  Then
          Print a(i);Spc(1);
          Line=Line+1
       End If
       If Line<> 0 And Line Mod 10=0 Then Print              '每行显示 10 个数
    Next i
End Sub
```

程序分析：

（1）当一个数能被整除时，就将该数赋值为 0，通过判断是否为 0 来确定该数是否是素数。

（2）程序中 Sqr()函数为求平方根，Mod()函数为求余数。

（3）保存工程。

（4）运行程序。

单击窗体，运行结果如图 16-13 所示。

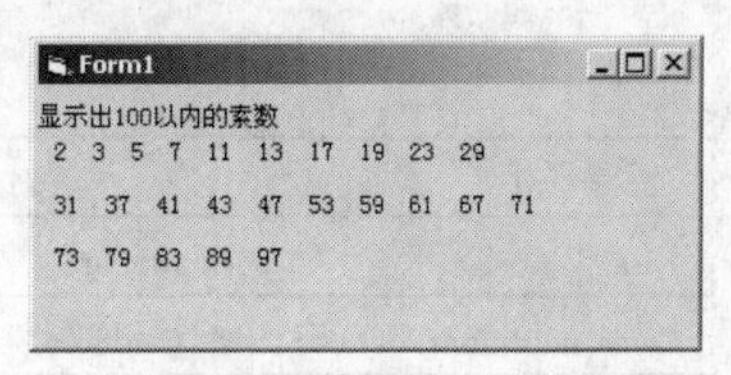

图 16-13　程序运行结果

三、练习

1. 编制程序，计算某个学生奖学金的等级，以 3 门课程成绩 M1、M2、M3 为评奖依据。奖学金评奖标准如下：

一等奖：符合下列条件之一者可获得一等奖。

（1）三门课程平均成绩大于 95 分者。

（2）有两门课程成绩是 100 分，且第三门课程成绩不低于 80 分者。

二等奖：符合下列条件之一者可获得二等奖。

（1）三门课程平均成绩大于 90 分者。

（2）有一门课程成绩是 100 分，且其他课程成绩不低于 75 分者。

三等奖：各门功课成绩均不低于 70 分者。

符合上述条件者就高不就低，只能获得高的那一等级奖学金。要求显示出学生获奖的等级。

2. 编程设计计算 1000 以内所有的质数并显示。

实验五　Sub 过程

一、实验目的

- 熟练掌握数组的定义与使用。
- 掌握 Sub 过程的定义及调用。
- 熟练掌握 Sub 过程的参数传递方式。
- 掌握 Sub 过程的变量有效范围。
- 熟悉函数在程序中的使用。

二、实验内容

用选择法对数组中的整数按由小到大的顺序排列。

先定义一个最小数，将数组 a 中的第一个元素 a(0)与最小数进行比较，当 a(0)小于最小数时就将 a(0)作为最小数；否则不换。再将数组中第二个元素 a(1)与最小数比较，当 a(1)小于最小数时就对换……依此类推。每比较一轮，在未排序的数中找出一个数与最小数进行比较对换，直到整个数组中的数比较完为止。

1. 创建工程

创建一个 Form 窗体。

2. 界面设计

窗体包含两个文本框、两个按钮和 3 个标签。从文本框 txtN 中输入排序数组中的元素个数，在标签 LabResult 中显示排序前的数组元素，在文本框 txtNumber 中显示排序后的数组元素，由于元素个数未知，文本框应含有滚动条。界面控件属性设置如表 16-3 所示。

表 16-3 窗体中控件属性表

对 象	对 象 名	属 性 名	属 性 值
Form	frmSort	Caption	排序
CommandButton	CmdSort	Caption	排序
	CmdEnd	Caption	结束
TextBox	txtN	Caption	空
	txtNumber	Caption	空
		Locked	True
		Multiline	True
Label	LabN	Caption	需要排序元素个数
	LabNumber	Caption	排序前数据:
	LabRusult	Caption	排序结果:

3. 添加代码

程序代码如下:

```
Option  Explicit
   Dim  N As Integer
   Dim a()  As  Integer

Private Sub Sort (b() As Integer)
   Dim i As Integer,j As Integer
   Dim min As Integer,temp As Integer
   For i=1 To N-2
      Min=i
      For  j=i+1  To  N-1
         If  b(Min)>b(j) Then Min=j
      Next  j
      Temp=b(j)
      b(j)=b(min)
      b(Min)=temp
   Next  i
End  Sub
```

Sort 过程是通用过程，参数按地址传递。

```
Private Sub cmdEnd_Click()
   End
End Sub

Private Sub cmdSort_Click()
   Dim i As Integer
   Call  Sort(a)                                    '调用 Sort 过程
   For i=0 To N-1
      txtReuslt.Text=txtReusult.Text & a(i)&""
   Next i
End Sub

Private Sub txtN_Change()
   Dim  i  As  Integer
   Randomize
   If  Val(txtN.Text)>0 And IsNumeric(Val(txtN.Text)) Then
   '判断输入数据的有效性
      N=Val(txtN.Text)
```

```
        ReDim a(N)
          For i=0  To  N-1
            A(i)=Int(100*Rnd)
            LabNumber.Captin=labNumber.Caption
            &a(i)&""
          Next i
      Else
        MsgBox "数据个数出错!",,"数据个数"
      End If
    End Sub
```

运行后窗体如图 16-14 所示。

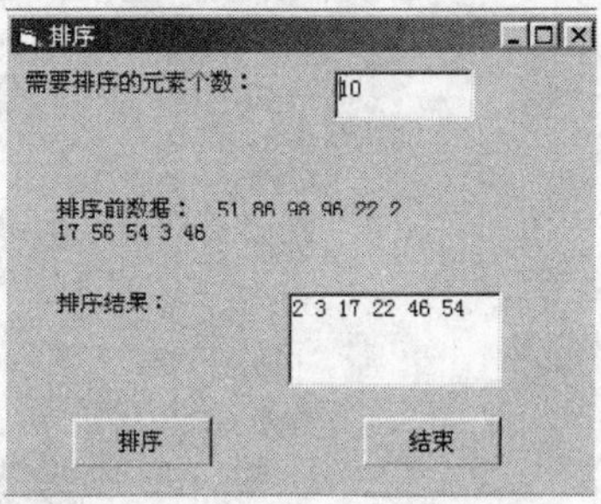

图 16-14　界面设计及运行效果

4．保存工程和窗体

5．运行工程

三、练习

1. 先产生 100 个 0～67 之间的随机数，编一子过程计算这些随机数的平均值、最大值和最小值。
2. 将一个 3×4 的二维数组 a，转置后使用 Print 方法在窗体中显示出来。

实验六　Function 过程

一、实验目的

- 掌握 function 过程的定义和调用。
- 掌握变量的有效范围和静态存储。

二、实验内容

用快速排序法对数组进行升序和降序排列。

1．创建工程

本程序采用函数的递归调用，通过标准模块来实现，没有窗体模块。

（1）创建新工程，在“工程资源管理器”窗体中，右击“form1”，在弹出的快捷菜单中选择【移除 form1】命令，将 form1 从“工程 1”中删除。

（2）选择【工程】→【添加模块】命令，向“工程 1”中添加一个标准模块。

（3）将程序代码添加到 module1 的“通用”的“声明”中。

2．编写代码

实现思路：本工程有 ArraySort，QSsub()函数以及 ArrayReverse 和 QuickSort 过程。

ArraySort 函数调用 QuickSort 过程，QSsub()函数是递归调用；ArrayReverse 过程是将数组数据逆序，QuickSort 过程用于快速排序。

Module1.bas 文件的程序代码如下：

```
Option explicit              '强制显式声明所有变量。
Sub main( )
      Dim a( ) As integer,i As integer
```

```
        Dim str As string
        Dim N As integer
        Str="原数组为: "
        N=val(inputbox("请输入数组元素个数","输入"))
        If N>0 then
          ReDim a(N)
          For i=0 to N-1
            a(i)=int(100*Rnd)
            str=str & a(i)&""
          Next i
          str=str&Chr(13)
          Call ArraySort(a,"Acsending")
          str=str&"升序数组: "
          For i=0 to N-1
            str=str&a(i)&""
          Next i
          str=str&Chr(13)
          Call ArraySort(a,"Descending")
          str=str&"降序数组: "
          For i=0 to N-1
            str=str&a(i)&""
          Next i
          msgbox str,, "数组排序"
        Else
          msgbox "输入出错! "
        End If
End Sub
```

数组中的数据是由随机函数 Rnd()产生的，在 sub main 中调用 ArraySort 过程进行升序和降序。

```
Private sub ArraySort(a() As Integer,byval order As String)
   Call quickSort(a,LBound(a),UBound(a)-1)
   If order="Descending" Then Call ArrayReverse(a)
End Sub

Private sub QuickSort(a() As integer,Byval s As Integer,byval e As Integer)
   Dim I As integer
   If s<e then
   i=Qssub(a,s,e)
     Call QuickSort(a,s,i-1)
     Call QuickSort(a,i+1,e)
     End If
End Sub
```

递归调用 QuickSort 过程本身，终止条件是 s<e 即数组下界<数组上界，形参 a 按地址传递，s 和 e 按值传递。

```
Private Function QSsub(a() As Integer,i As Integer,h As Integer)
   Dim i As Integer,j As Integer
   Dim tmp As Integer,t As Integer
   i=1
   j=h
   tmp=a(i)
   Do
     Do while a(j)>=tmp and i<j
       j=j-1
     Loop
     If i<j Then
       t=a(i):a(i)=a(j):a(j)=t
```

```
            i=i+1
         End If
         Do while a(i)<=tmp and i<j
            i=i+1
         Loop
         If i<j Then
            t=a(i):a(i)=a(j):a(j)=t
            j=j-1
         End If
      Loop while i<>j
      a(i)=tmp
      QSsub=i
   End Function

   Private Sub ArrayReverse(a() As Integer)
      Dim i As Integer,l As Integer,u As Integer
      Dim tmp
      l=LBound(a)
      u=UBound(a)-1
      For i=0 To (u-1-l)/2
         tmp=a(i)
         a(i)=a(u-i)
         a(u-i)=tmp
      Next i
   End Sub
```

3. 保存工程

4. 运行工程

运行结果通过对话框 MsgBox 显示，设计计算结果如图 16-15 所示。

数组排序

原数组为：　70 53 57 28 30 77 1 76 81 70

升序数组：　1 28 30 53 57 70 70 76 77 81

降序数组：　81 77 76 70 70 57 53 30 28 1

确定

图 16-15　设计排序结果

三、练习

1. 用函数调用方式编写求两个自然数的最大公约数。
2. 计算 5!+4!+3!+2!+1!，按照地址传递方法编写程序。

实验七　单选按钮、复选框和框架

一、实验目的

- 掌握单选按钮、复选框和框架的常用属性、重要事件和基本方法。
- 熟练掌握在窗体上建立 3 种控件的操作方法。
- 熟练掌握事件过程代码的编写。

二、实验内容

创建一个工程，由若干控件组合而成。要求当用户在此两组不同的单选按钮和一组复选框中作出选择后，文本框中文字的字体、字号和风格能发生相应的变化，界面设计如图 16-16 所示。

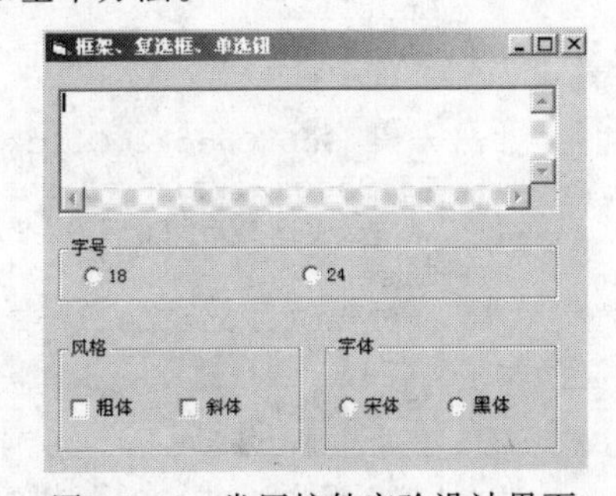

图 16-16　常用控件实验设计界面

1. 创建用户界面

根据设计要求，在窗体上创建一个文本框控件、3 个框架控件，框架 1 和框架 3 中各包括两个单选按钮，框架 2 包括两个复选框。

2. 设置控件属性

窗体中各控件对象的属性设置如表 16-4 所示。

表 16-4 控件属性设置

对　象	属　性	属 性 值
Form1	Caption	框架、复选框、单选钮
Text1	Text	空
	MultiLine	True
	ScrollBars	3
Frame1	Caption	字号
Frame2	Caption	风格
Frame3	Caption	字体
Option1	Caption	18
Option2	Caption	24
Option3	Caption	宋体
	Font	宋体、小五号字
Option4	Caption	黑体
	Font	黑体、小五号字
Check1	Caption	粗体
	Font	宋体、粗体、小五号字
Check2	Caption	斜体
	Font	宋体、斜体、小五号字

3. 编写代码

打开代码窗口，编写输入以下程序代码：

```
Private Sub Check1_Click()
   If Check1.Value=1 Then
     Text1.FontBold=True
   Else
     Text1.FontBold=False
   End If
End Sub

Private Sub Check2_Click()
   If Check2.Value=1 Then
     Text1.FontItalic=True
   Else
     Text1.FontItalic=False
   EndIf
End Sub

Private Sub Option1_Click()
```

```
    Text1.FontSize=Option1.Caption
End Sub

Private Sub Option2_Click()
    Text1.FontSize=Option2.Caption
End Sub

Private Sub Option3_Click()
    Text1.Font=Option3.Caption
End Sub

Private Sub Option4_Click()
    Text1.Font=Option4.Caption
End Sub
```

4. 保存设计

选择【文件】→【保存工程】命令。

5. 运行程序

单击【运行】按钮运行本窗体。程序运行时显示如图 16-17 所示界面，输入一行文字后任意选择界面上的单选按钮和复选框，就可以看到字体、字号、风格的不同变化。

三、练习

设计一个应用程序，执行时显示如图 16-18 所示的界面。

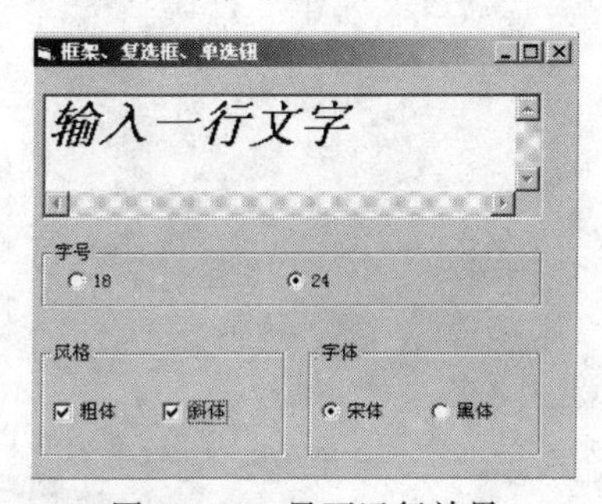

图 16-17　界面运行效果

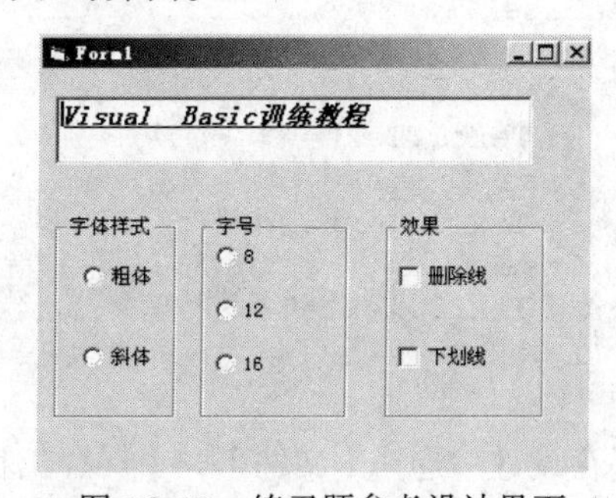

图 16-18　练习题参考设计界面

实验八　列表框、组合框和滚动条

一、实验目的

- 掌握列表框、组合框、滚动条控件的常用属性、重要事件和基本方法。
- 熟练掌握上述控件的事件过程的程序编写技巧。

二、实验内容

1. 设计成绩等级界面

设计一个界面，用滚动条输入学生成绩的等级，即 90～100 为优，80～89 为良，70～79 为中，60～69 为及格，0～59 为不及格。

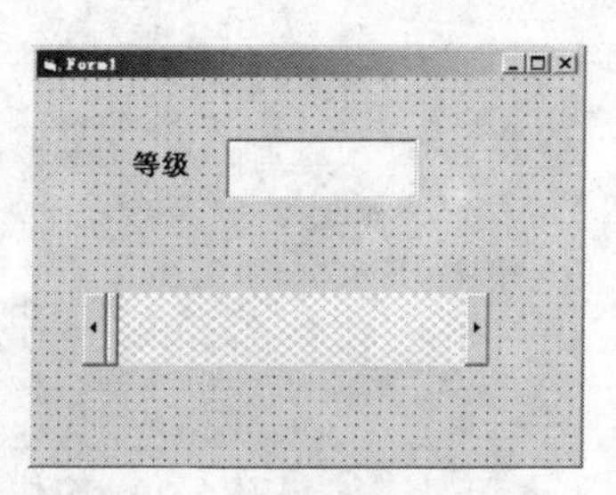

图 16-19　窗体设计界面

（1）创建窗体。设计一个窗体，在其中放置若干控件对象，其设计界面如图 16-19 所示。

（2）设置控件属性。窗体中所包含控件对象的属性设置如表 16-5 所示。

表 16-5　控件属性设置

对象类型	属性名	属性值
文本框	Name	Text1
标签	Name	Label1
	AutoSize	True
	Caption	等级
滚动条	Name	Hscroll1
	Min	0
	Max	100
	Smallhange	5
	LargeChange	3

（3）编写代码。程序代码如下：

```
Private Sub HScroll1_Change()
    n=HScroll1.Value
    Select Case n
      Case Is>=90
        Text1.Text="优"
      Case Is>=80
        Text1.Text="良"
      Case Is>=70
        Text1.Text="中"
      Case Is>=60
        Text1.Text="及格"
      Case Else
        Text1.Text="不及格"
    End Select
End Sub
```

（4）保存设计。选择【文件】→【保存工程】命令。

（5）运行程序。单击【运行】按钮运行本窗体，运行时，通过滚动条输入等级为“良”，结果如图 16-20 所示。

2. 输入考评结果

设计一个界面，输入学生德、智、体 3 方面的学生考评结果

（1）创建窗体。设计一个窗体，在其中放置若干如下控件，设计界面如图 16-21 所示。

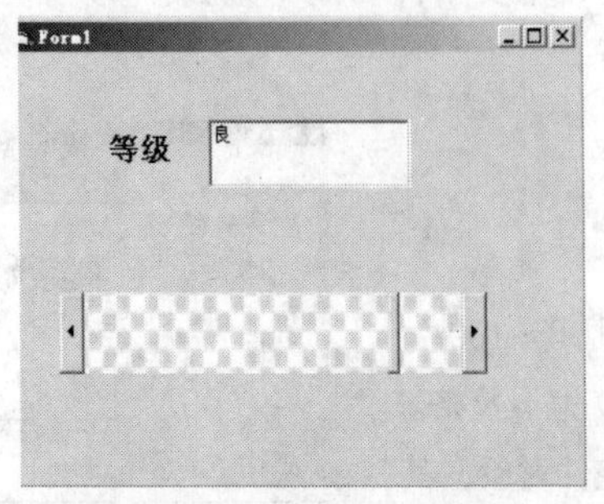

图 16-20　窗体运行结果

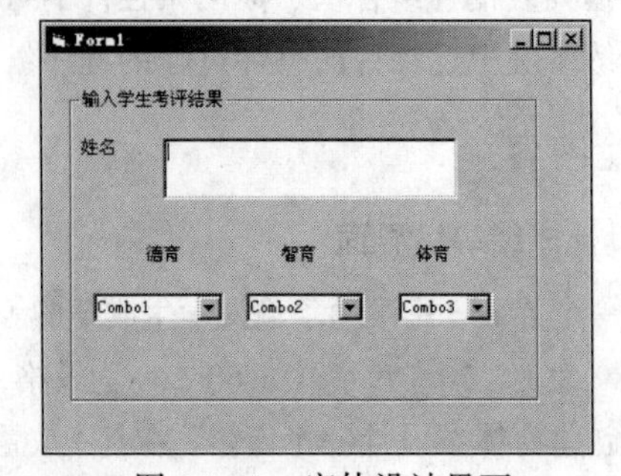

图 16-21　窗体设计界面

（2）设置控件属性。窗体中各控件对象的属性设置如表 16-6 所示。

表 16-6　控件属性设置

对象类型	属性名	属性值
框架	Name	Frame1
	Caption	“输入学生考评结果”
文本框	Name	Text1
标签	Name	Label1
	Caption	“姓名”
	Name	Label2
	Caption	“德育”
	Name	Label3
	Caption	“智育”
	Name	Label4
	Caption	“体育”
组合框	Name	Combo1
	Name	Combo2
	Name	Combo3

（3）编写代码。程序代码如下：

```
Private Sub Form_Load()
    Combo1.AddItem "优"
    Combo1.AddItem "良"
    Combo1.AddItem "一般"
    Combo1.AddItem "差"
    Combo2.AddItem "优"
    Combo2.AddItem "良"
    Combo2.AddItem "一般"
    Combo2.AddItem "差"
    Combo3.AddItem "优"
    Combo3.AddItem "良"
    Combo3.AddItem "一般"
    Combo3.AddItem "差"
End Sub
```

（4）保存程序。选择【文件】→【保存工程】命令。

（5）运行程序。单击【运行】按钮运行本窗体，运行时，在“姓名”文本框中输入“王红”，在 3 个组合框中分别选择“优”、“良”、“一般”，结果如图 16-22 所示。

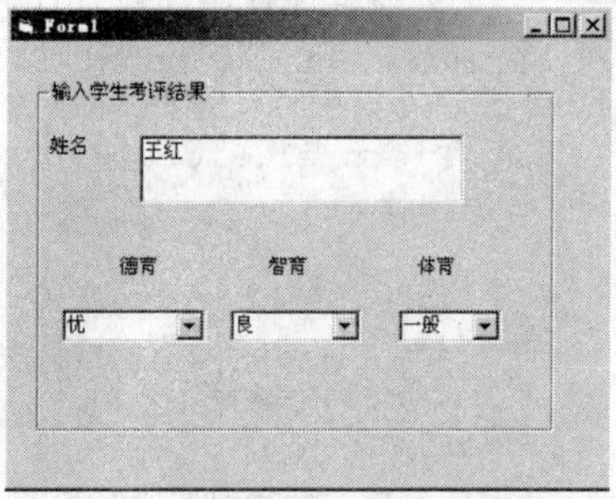

图 16-22　设计界面运行结果

三、练习

设计界面并编写程序，在窗体中放置一个组合框和一个列表框控件，当在组合框中输入文字并按【Enter】键时就可将输入文字的时间及这些文字内容添加到列表框中。

实验九　文件系统控件、定时器

一、实验目的

- 掌握驱动器列表框、目录列表框和文件列表框控件的属性及应用。
- 熟练掌握以上 3 个文件系统控件的事件过程的程序编写设计。
- 熟练掌握定时器控件的使用。

二、实验内容

1. 创建文件，选择对话框

将驱动器列表框、目录列表框和文件列表框控件组合起来使用，创建一个文件选择对话框

（1）创建用户界面。在窗体上创建控件对象，包括驱动器列表框、目录列表框、文件列表框、两个标签、两个文本框、一个图片框和三个命令按钮。调整它们的合适位置和大小。设计界面如图 16-23 所示。

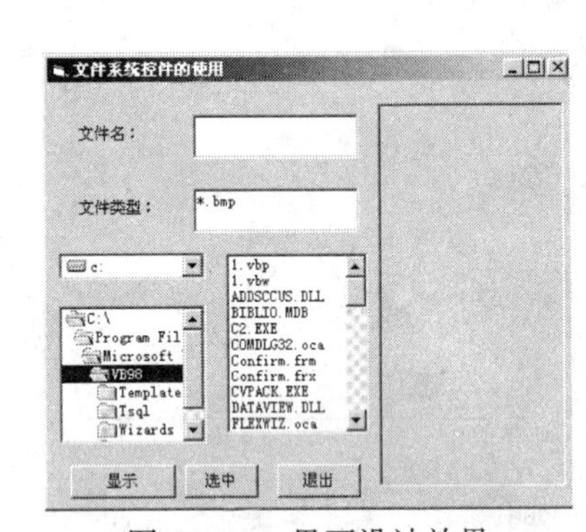

图 16–23　界面设计效果

（2）设置控件属性。窗体中各控件对象的属性设置如表 16–7 所示。

表 16-7　控件属性设置

对　象	属　性	属 性 值	对　象	属　性	属 性 值
Form1	Caption	文件系统控件的使用	Text1	Text	
Drive1	Name	Drive1	Text2	Text	*.bmp
Dir1	Name	Dir1	Picture1	AutoSize	False
File1	Name	File1	Command1	Caption	显示
Label1	Caption	文件类型	Command2	Caption	选中
Label2	Caption	文件名	Command3	Caption	退出

（3）编写程序代码。打开代码窗口，创建事件过程，输入以下程序代码：

```
Private Sub Command1_Click()
    f=Dir1.Path+"\"+File1.FileName
    Picture1.Picture=LoadPicture(f)
End Sub

Private Sub Command2_Click()
    f=Dir1.Path+"\"+File1.FileName
    Text1.Text=f
End Sub
Private Sub Command3_Click()
    End
End Sub

Private Sub Dir1_Change()
    File1.Path=Dir1.Path
End Sub
```

```
Private Sub Drive1_Change()
    Dir1.Path=Drive1.Drive
End Sub

Private Sub File1_DblClick()
    f=Dir1.Path+"\"+File1.FileName
    Text1.Text=f
End Sub

Private Sub Form_Load()
    File1.Pattern=Text2.Text
End Sub

Private Sub Text2_Change()
    File1.Pattern=Text2.Text
End Sub
```

（4）保存程序。选择【文件】→【保存工程】命令保存文件。

（5）运行程序。单击【运行】按钮运行本窗体，运行结果如图 16-24 所示。

2．设计实现图形的自动滚动

使用定时器控件来实现图形的自动滚动，这是浏览大图片的一个方法

（1）创建窗体。在窗体上创建一个图片控件、一个 PictureClip 控件和一个定时器控件，其中 PictureClip 控件在图片框控件的下层，并占满整个窗体。窗体布局设计如图 16-25 所示。

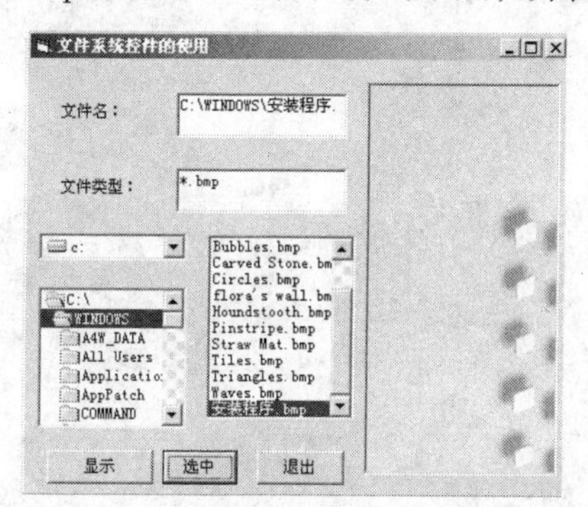

图 16-24　文件系统控件应用界面运行效果

图 16-25　“图形自动滚动”窗体设计

（2）设置对象属性。窗体中各控件属性设置如表 16-8 所示。

表 16-8　控件属性设置

对　　象	属　　性	属　性　值
Form1	Caption	图形自动滚动
PictureClip	Picture	导入一幅图片
	Cols	1
	Rols	1
Picture1	Picture	导入与 PictureClip 控件相同的一幅图片
Timer	Eanbled	True
	Interval	100

（3）编写事件代码。程序代码如下：

```
Dim t As Long
Dim h1 As Long,h2 As Long
Private Sub Form_Activate()
    Picture1.ScaleMode=3
    PictureClip1.ClipWidth=Picture1.Width/Screen.TwipsPerPixelX
    h1=Picture1.Height/Screen.TwipsPerPixelY
    h2=PictureClip1.Height
    t=0
End Sub

Private Sub Timer1_Timer()
    Dim s As Long
    s=5
    t=IIf(t<h2-s,t+s,0)
    PictureClip1.ClipY=t
    PictureClip1.ClipHeight=IIf(h2-t>=h1,h1,h2-t)
    Picture1.Picture=PictureClip1.Clip
End Sub
```

（4）保存和运行程序。以“图形自动滚动”为文件名存盘后运行程序。运行时，图片框中的图形由下向上自动滚动，周而复始。

实验十　菜单和工具栏

一、实验目的

- 熟练掌握菜单编辑器的使用及属性设置。
- 掌握下拉菜单和快捷菜单的创建和使用。
- 学会工具栏控件的创建和使用。

二、实验内容

1. 下拉菜单的创建

（1）创建用户界面。选取窗体，先把窗体的 Caption 属性改为“下拉菜单”，然后在窗体上创建菜单系统。

（2）打开菜单编辑器。

打开菜单编辑器有以下方法：

- 通过选择【工具】→【菜单编辑器】命令打开。
- 单击工具栏中的菜单编辑器图标打开。

（3）设置菜单属性。

创建各级菜单，菜单项由“文件”、“编辑”、“窗口”和“帮助”组成，菜单编辑器设计界面如图 16-26 所示。

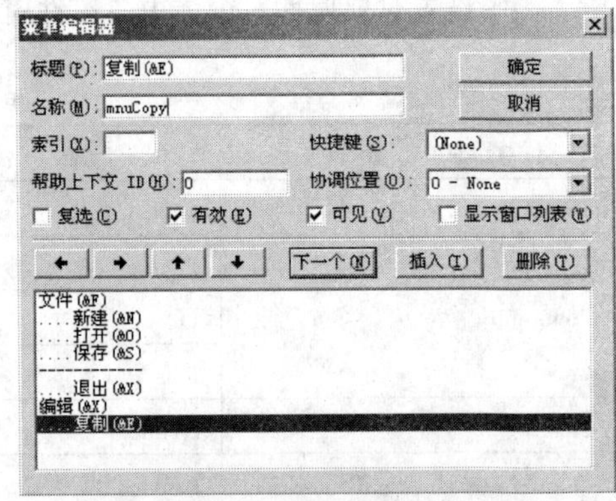

图 16-26　菜单编辑器设计界面

各菜单项属性设置如表 16-9 所示。

表 16-9 菜单属性设置

菜单项层级	菜单项标题	菜单项名	Sortcut 属性
1	文件(&F)	mnuFile	
2	新建（&N）	MnuNew	
2	打开（&O）	MnuOpen	
2	保存(&S)	MnuSave	
2	-	MnuSpace1	
2	退出(&X)	MnuExit	Ctrl+X
1	编辑(&E)	MnuEdit	
2	复制(&C)	MnuCopy	
2	剪切(&U)	MnuCut	
2	粘贴(&P)	MnuPaste	
1	窗口(&W)	MnuWindow	
2	最大化(&M)	MnuMax	
2	最小化(&I)	MnuMin	
2	窗口化(&O)	Mnuwin	
1	帮助(&H)	MnuHelp	
2	帮助主题（&L）	mnuHelpDir	

（4）编写代码。程序编写如下：

```
Private Sub Form_Load()
   Move (Screen.Width-Form1.Width)/2,(Screen.Height-Form1.Height)/2
End Sub

Private Sub MnuCut_Click()
   MsgBox "您选择了"剪切"菜单项"
End Sub

Private Sub MnuExit_Click()
   End
End Sub

Private Sub MnuHelpDir_Click()
   MsgBox "您选择了"帮助主题"菜单项"
End Sub

Private Sub MnuMax_Click()
   MsgBox "您选择了"最大化"菜单项"
End Sub

Private Sub MnuMin_Click()
   MsgBox "您选择了"最小化"菜单项"
End Sub

Private Sub MnuNew_Click()
   MsgBox "您选择了"新建"菜单项"
End Sub
```

```
Private Sub MnuOpen_Click()
    MsgBox "您选择了"打开"菜单项"
End Sub

Private Sub MnuSave_Click()
    MsgBox "您选择了"保存"菜单项"
End Sub

Private Sub Mnuwin_Click()
    MsgBox "您选择了"窗口化"菜单项"
End Sub

Private Sub MnuCopy_Click()
    MsgBox "您选择了"复制"菜单项"
End Sub

Private Sub MnuPaste_Click()
    MsgBox "您选择了"粘贴"菜单项"
End Sub
```

（5）保存和运行程序：选择【文件】→【保存工程】命令保存文件。

（6）运行程序。单击【运行】按钮运行程序时出现如图 16-27 所示的界面。

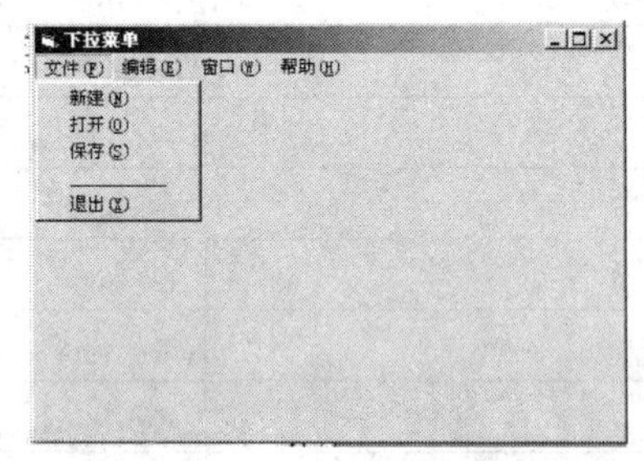

图 16-27 下拉菜单设计结果

2. 快捷菜单的设计

快捷菜单一般用来显示一些小型菜单。创建一个快捷菜单，在快捷菜单中显示 4 个菜单项“新建”、“打开”、“保存” 和 “退出”。这 4 项菜单都已在上题菜单编辑器中创建过了，现在只需要在窗体 Form 的 MouseUp 事件中设置 PopupMenu 语句即可，如果未创建菜单项，则必须首先在菜单编辑器中创建一个顶级为不可见的菜单项。鼠标按下时显示快捷菜单的程序代码如下：

```
Private Sub Form_MouseUp(Button As Integer,
Shift As Integer,X As Single,Y As Single)
    If Button=vbRightButton Then
       PopupMenu mnuFile
    End If
End Sub
```

程序运行时将出现如图 16-28 所示的界面。

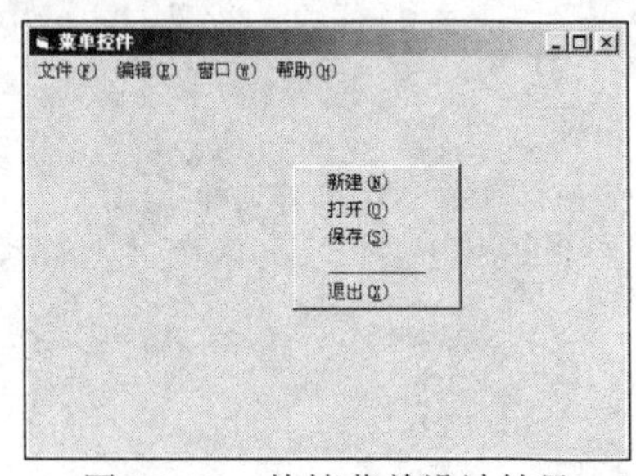

图 16-28 快捷菜单设计结果

3. 创建工具栏

创建一个工具栏，有【打开】和【保存】两个按钮。

（1）在控件箱中添加 ImageList 控件：工具栏是由工具条 Toolbar 控件和图像列表 ImageList 控件组成，Toolbar 控件和 ImageList 控件是 Active X 控件的一部分，所以首先必须将文件 MSCOMCTL.OCX 添加到工程中。添加 MSCOMCTL.OCX 文件的方法：右击工具箱，在弹出的快捷菜单中选择【部件】命令，弹出如图 16-29 所示的“部件”对话框，选择其中的“Microsoft Windows Common Control6.0”复选框，单击【确定】按钮，则在工具箱中增加了一些控件，其中包括 Toolbar 控件和 ImageList 控件。

（2）创建 ImageList 控件：使用控件箱的 ImageList 控件，为窗体工具栏中添加的按钮提供图像，ImageList 控件属性设置如图 16-30 所示。在属性页中插入两个图片分别用于工具栏中的【保存】和【打开】按钮。

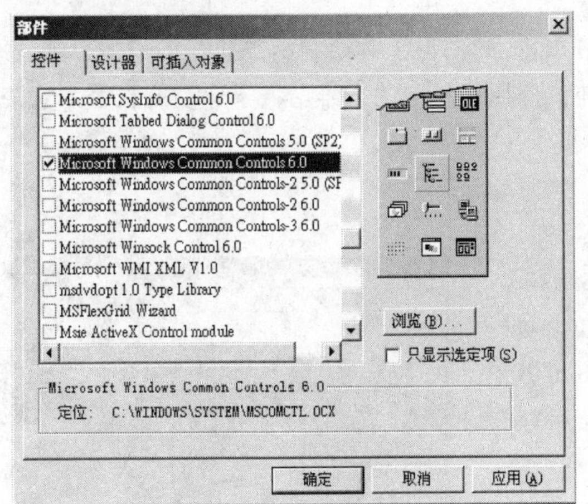

图 16-29　“部件”对话框

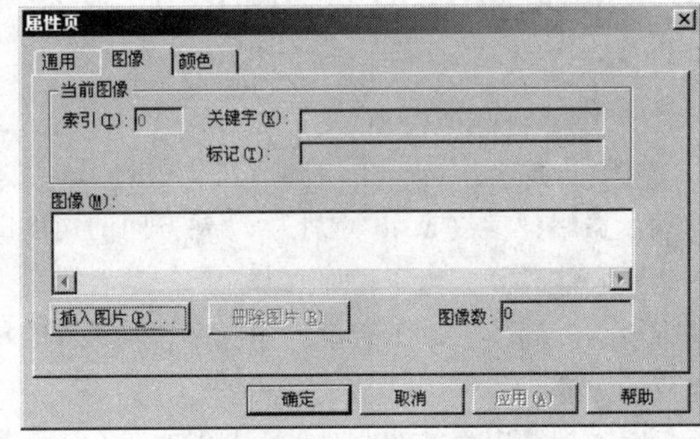

图 16-30　ImageList 控件属性页

（3）创建 Toolbar 控件：使用控件箱中的 Toolbar 控件来创建工具条，单击 Toolbar 控件打开属性页，在“通用”选项卡的“图像列表”下拉列表框中单击滚动条选择 ImageList，如图 16-31 所示。然后，切换到“按钮”选项卡，设置【打开】和【保存】两个按钮的相关属性如图 16-32 所示。

设置完成后，当单击【运行】按钮时一个含有【打开】和【保存】两个按钮的工具栏就出现在窗体上。

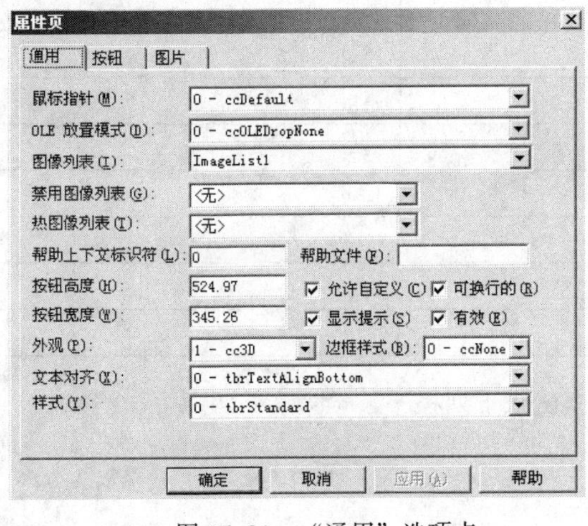

图 16-31　“通用”选项卡

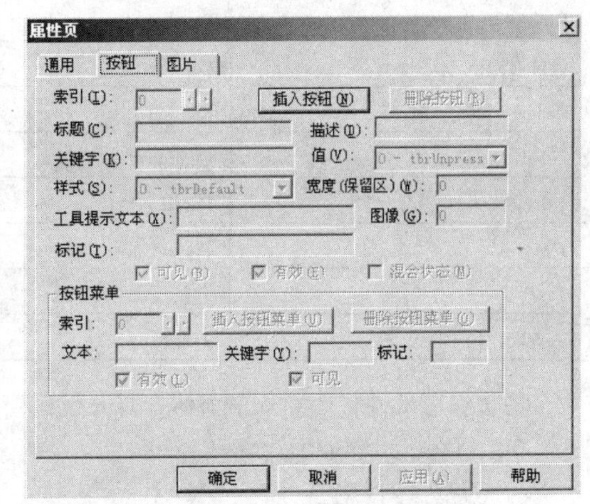

图 16-32　“按钮”选项卡

实验十一　图形设计应用

一、实验目的

- 了解 Visual Basic 的图形设计功能。
- 掌握 Visual Basic 的各种图形控件和图形方法的使用技巧。
- 熟练掌握各种绘图方法。

二、实验内容

1. 绘制李萨如图形

通过绘制李萨如图形实验可以学会使用 Visual Basic 的图形工具绘制函数曲线的一般方法。

李萨如曲线是在 x 轴方向和 y 轴方向振幅不变，但周期不同的二维谐振子运动的轨迹。它的数学表达式如下：

```
x=r1*Sin(a*th)
y=r2*Sin(b*th)
```

其中，参数 th 为一个角度，且 $0 \leq th \leq 2\pi$；参数 r1、r2 表示振幅；参数 a、b 分别为 x、y 方向的角度的倍数，在此应取整数值，当 a=b 时画出的是一条斜线；也可以把 th 理解为时间，把 a、b 理解为角频率，但两者的单位要做相应的改变。

（1）创建用户界面。在窗体上创建两个文本框、两个命令按钮、两个标签和一个图片框，其中图片框作为绘图的容器。具体界面设计如图 16-33 所示。

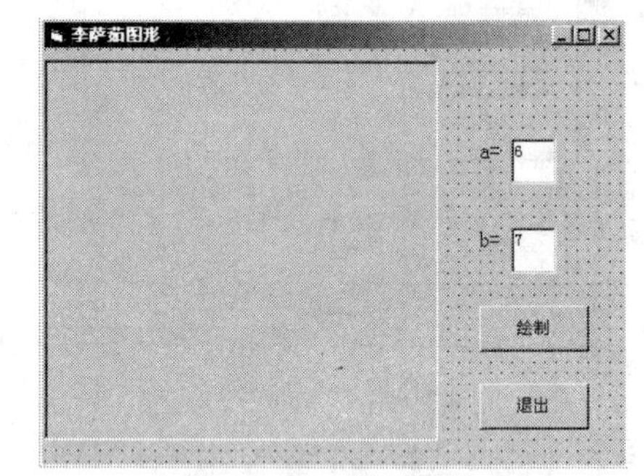

图 16-33　界面设计

（2）设置对象属性。上述界面中各种控件对象属性设置如表 16-10 所示。

表 16-10　控件属性设置

对　象	属　性	属 性 值
Form1	Caption	李萨茹图形
Command1	Caption	绘制
Command2	Caption	退出
Label1	Caption	a=
Label2	Caption	b=
Picture1	Picture	(none)
Text1	Text	6
Text2	Text	7

（3）编写事件代码。双击窗体，打开代码窗口输入下列程序。

```
Private Sub Command1_Click()
   pi=3.1415926
   a=Text1.Text
   b=Text2.Text
   w=Picture1.ScaleWidth
   h=Picture1.ScaleHeight
   Picture1.Scale(-w/2,h/2)-(w/2,-h/2)
   Picture1.Cls
   gra=0
   k=200
   For th=0 To 2*pi+0.01 Step pi/k
      x=0.4*w*Sin(a*th)
      y=0.4*h*Sin(b*th)
      '画图
      Picture1.Line-(x,y),RGB(0,255,0)
```

```
   Next th
End Sub

Private Sub Command2_Click()
   End
End Sub
```

（4）保存并运行程序。

存盘后运行程序并观察图形，当改变 a、b 的值时，比较一下它们的变化效果，图 16-34 所示为 a=6、b=7 的情形。

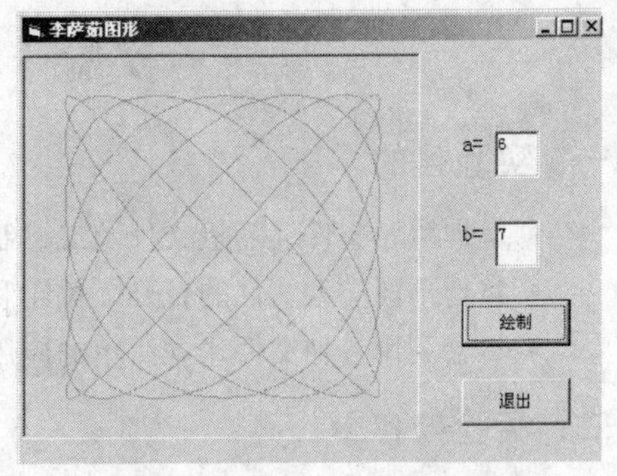

图 16-34　“李萨如图形”设计效果

2. 创建画彩虹程序

（1）界面设计。在窗体中设计 3 个按钮 cmdDraw、cmdStop 和 cmdEnd，分别用于【画图】、【停止】和【结束】程序，另外设计一个定时器 Timer1，实现动态画图的效果。窗体的 BackColor 属性设置为白色，Timer1 的 Enabled 属性设置为 False。窗体中即将出现的彩虹使用 5 条不同颜色的椭圆线画出。

（2）添加代码。程序代码如下：

```
Option Explicit
Dim x As Single

Private Sub rainbow()
   Dim x1 As Single
   If x>10 Then x=10
   x1=0.5-7*x/180
   Circle(1,-10),10,RGB(255,0,0),x1*3.14,3.14,0.8
   Circle(1,-10.1),10,RGB(127,127,0),x1*3.14,3.14,0.8
   Circle(1,-10.2),10,RGB(0,255,0),x1*3.14,3.14,0.8
   Circle(1,-10.3),10,RGB(0,127,127),x1*3.14,3.14,0.8
   Circle(1,-10.4),10,RGB(0,0,255),x1*3.14,3.14,0.8
End Sub

Private Sub cmdDraw_Click()
   x=-8
   Timer1.Enabled=True
End Sub

Private Sub cmdStop_Click()
   Timer1.Enabled=False
End Sub

Private Sub CmdEnd_Click()
   End
End Sub

Private Sub Form_Load()
   '设置窗体的坐标系
   Form1.Scale(-8,1)-(10,-10)
End Sub

Private Sub Timer1_Timer()
   Call rainbow
   x=x+0.1
End Sub
```

（3）保存并运行程序。

单击【画图】按钮，运行结果如图 16-35 所示。

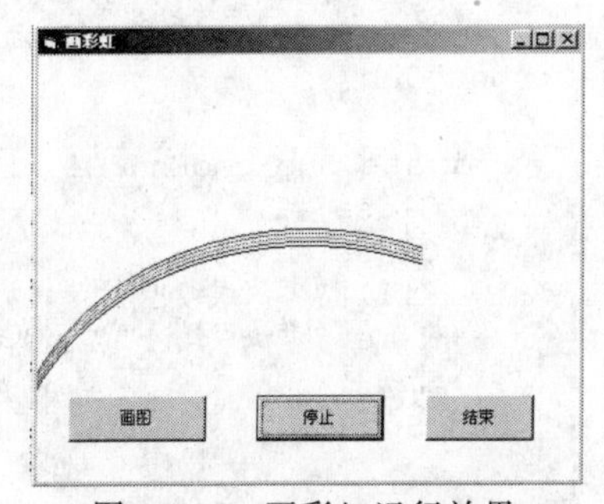

图 16-35　画彩虹运行效果

实验十二 文 件 应 用

一、实验目的

- 掌握顺序文件、随机文件及二进制文件的特点和使用。
- 掌握不同类型文件的打开、关闭和读/写命令。
- 学会利用各种文件建立简单的应用程序。

二、实验内容

1. 顺序文件的操作

从顺序文件“考试成绩”中读取数据到窗体的文本框中，在文本框中修改数据后再将数据写回到原文件中。

（1）新建工程。

（2）界面设计。在窗体上创建 3 个文本框 txtNumber、txtName 和 txtScore，分别用于显示“考试成绩”文件中的学号、姓名和成绩，3 个按钮 cmdRead、cmdWrite 和 cmdEnd，分别用于读取数据、写入文件和结束程序。界面具体设计如图 16-36 所示。

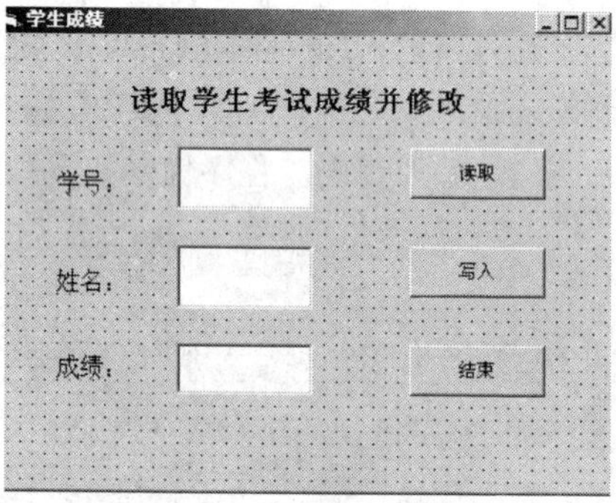

图 16-36 界面设计

（3）添加代码。程序代码如下：

```
Option Explicit

Private Sub cmdRead_Click()
    '读取文件中的数据
    Dim Myscore As Integer
    Dim Myname As String *10,Mynumber As
    String*4
       If Not EOF(1) Then
       Input  #1, Mynumber,Myname,Myscore
       txtName.Text=Myname
       txtNumber.Text=Mynumber
       txtScore.Text=Myscore
    End If
End Sub

Private Sub cmdWrite_Click()
    '将文本框中的内容写入文件
    Write #2,txtName.Text,txtNumber.Text,txtScore.Text
End Sub

Private Sub cmdEnd_Click( )
    Close #1
    Close #2
    Kill "考试成绩"
    Name "考试成绩 1" As "考试成绩"
    End
End Sub

Private  Sub Form_Load( )
    Open "考试成绩 1"For Output As #2
```

```
    Open "考试成绩" For Input As #1
End Sub
```

（4）保存并运行程序。

2. 随机文件的操作

用一个随机文件对学生成绩进行输入，并计算出所有学生的平均成绩。随机文件的访问，只要按照记录号就可以检索到相应的记录。每一条记录都可以包含多个记录项，通常采用定义数据类型 Type…End Type 来定义记录的结构，然后将变量声明为该数据类型的变量，用来作为读/写时的变量使用。定义一个学生记录的各记录项如表 16-11 所示。

表 16-11　记录项设置

字 段 名	类　型	长　度	字 段 名	类　型	长　度
学号	String	6	语文成绩	String	
姓名	String	10	数学成绩	String	

（1）新建工程。

（2）界面设计。设计该窗体有 4 个文本框 txtID、txtName、txtCHscore 和 txtMAscore，分别用于显示学号、姓名、语文成绩和数学成绩；有 3 个按钮 cmdInput、cmdCal 和 cmdEnd，分别用于输入记录、计算平均值和结束程序。具体设计界面如图 16-37 所示。

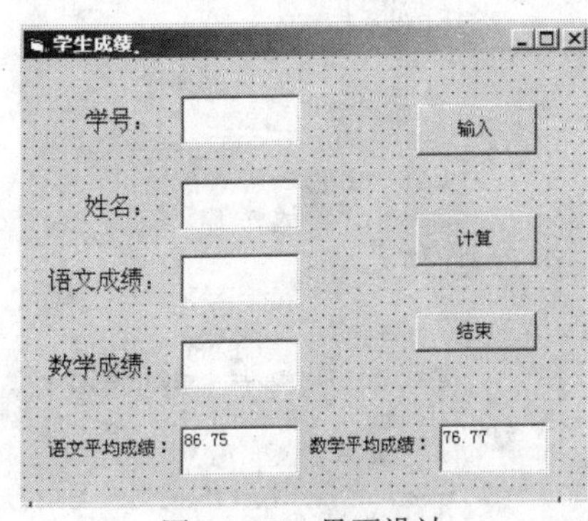

图 16-37　界面设计

（3）添加代码。在标准模块中用 Type…End Type 来定义记录结构。

```
Type Student
    Number As String *4
    Name As String *10
    ChineseScore  As  Single
    MathScore As Single
End Type
```

在窗体中添加代码：

```
Option Explicit
Dim Length As Long,Num As Long
Private Score As Student

Private Sub cmdCal_Click()
    '计算平均成绩
    Dim NumL As Long
    Dim SumC As Single,AveC As Single
    Dim SumM As Single,AveM As Single
    Dim i As Integer
    SumC=0:SumM=0
    i=1
    Do While Not EOF(1)
       Get #1,i,Score
       SumC=SumC+Score.ChineseScore
       SumM=SumM+Score.MathScore
       i=i+1
    Loop
    NumL=LOF(1)/Length
```

```
   AveC=SumC/NumL
   AveM=SumM/NumL
   txtAveC.Text=AveC
   txtAveM.Text=AveM
End Sub

Private Sub cmdEnd_Click()
   Close #1
   End
End Sub

Private Sub cmdInput_Click()
   '添加记录
   Num=LOF(1)/Length+1
   If txtID.Text="" And txtName.Text="" Then
      MsgBox "无输入数据",vbOKOnly,"输入数据"
   Else
      Put #1,Num,Score
      txtID.Text=""
      txtName.Text=""
      txtCHscore.Text=""
      txtMAscore.Text=""
      Num=Num+1
   End If
End Sub

Private Sub Form_Load()
   Length=Len(Score)
   Open "考试成绩" For Random As #1 Len=Length
End Sub

Private Sub txtName_Change()
   Score.Name=txtName.Text
End Sub

Private Sub txtNumber_Change()
   Score.Number=txtNumber.Text
End Sub

Private Sub txtCHScore_Change()
   Score.ChineseScore=Val(txtCHScore.Text)
End Sub

Private Sub txtMAScore_Change()
   Score.MathScore=Val(txtMAScore.Text)
End Sub
```

（4）保存并运行程序。

三、练习

1. 用 Print 方法将文本框的数据格式化后写入文件中。
2. 将 Open 语句中的 Output 改为 Append，结果将会怎样？
3. 如果以 Output 代替 Random 打开文件，对现存的文件有何影响？
4. 在窗体中添加一个文本框，用于显示当前的记录号。

实验十三　数据库应用

一、实验目的

- 掌握 Visual Basic 中数据库的使用。
- 熟练掌握 Data 控件的使用。
- 熟练掌握 ADO 数据控件的使用。
- 掌握 SQL 语言的使用。

二、实验内容

1. 使用可视化数据管理器建立 Access 数据库 Employee.mdb，它包含 3 个数据表，分别为 Person、Salary 和 Department，它们分别用于存放人员信息、工资信息和部门信息。

（1）启动数据库管理器。选择【外接程序】→【可视化数据管理器】命令，即可打开 VisData 窗口。

（2）建立数据库。在数据库管理器中选择【文件】→【新建】→Miscrosoft Access 命令，如图 16-38 所示。

建立一个人员管理数据库，数据库名为 Employee.mdb，打开如图 16-39 所示的“数据库”窗口和“SQL 语句”窗口。

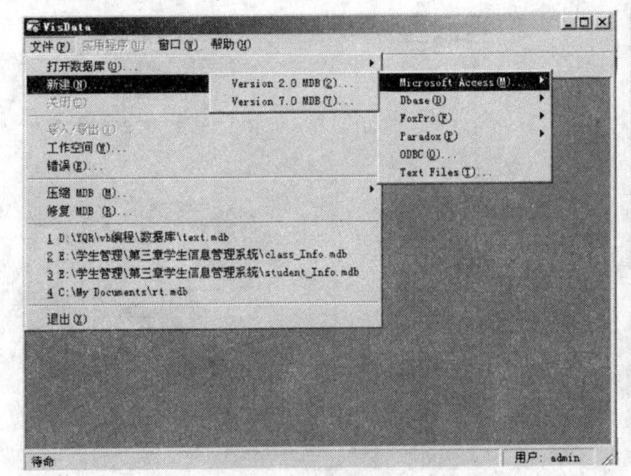

图 16-38　“新建”菜单

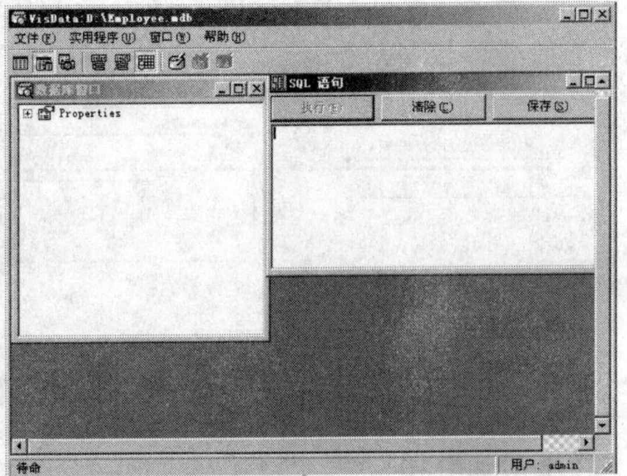

图 16-39　建立数据库菜单

（3）建立数据表。在数据管理器中为数据库添加 3 个数据表，这 3 个数据表分别为 Person、Salary、Department，各数据表结构分别如表 16-12～表 16-14 所示。

表 16-12　Person 表字段设置

字段名	类型	大小	备注	字段名	类型	大小	备注
工号	Text	8	必要	性别	Text	2	
姓名	Text	8	必要	年龄	Integer		
部门代码	Text	4					

表 16-13　Salary 表字段设置

字　段　名	类　　型	大　　小	备　　注	字　段　名	类　　型	大　　小	备　　注
工号	Text	8	必要	补贴	Single		
姓名	Text	8	必要	扣款	Single		
月份	Text	2	必要	实发	Single		
工资	Single						

表 16-14　Department 表字段设置

字　段　名	类　　型	大　　小	备　　注
部门名称	Text	20	
部门代码	Text	4	

将鼠标指针移动到如图 16-39 所示的“数据库窗口”右击，在弹出的快捷菜单中选择【新建表】命令，则弹出“表结构”对话框，如图 16-40 所示。单击【添加字段】按钮，弹出如图 16-41 所示对话框，可以逐一建立以上 3 个数据表。

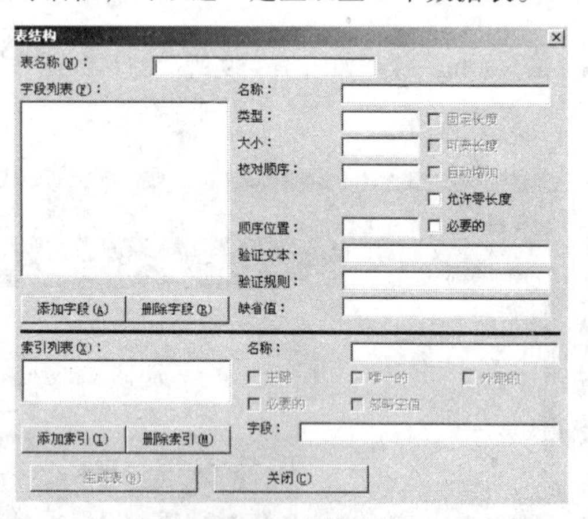

图 16-40　“表结构”对话框

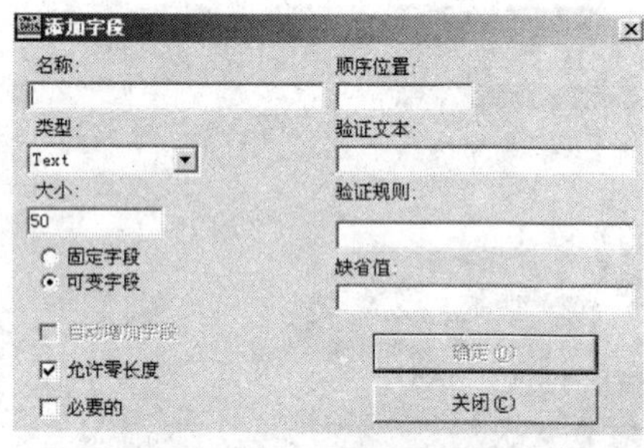

图 16-41　“添加字段”对话框

2. 设计一个窗体 frmPerson，对 Employee.mdb 数据库提供添加、删除和显示功能。窗体上的控件设计如图 16-42 所示。

（1）向控件箱添加 ADO Data、DataGrid 和 DataList 控件。在工程中要使用 ADO Data、DataGrid 和 DataList 控件，首先需要向控件箱中添加这些控件。右击控件箱，在弹出的快捷菜单中选择【部件】命令，在弹出的对话框中切换到“部件”选项卡，选择 Microsoft ADO Data Control 6.0（OLEDB）、Microsoft DataGrid Control 6.0（OLEDB）、Microsoft Dataist Control 6.0（OLEDB）选项，单击【确定】按钮。

图 16-42　窗体控件设计

（2）属性设置：frmPerson 窗体中添加了两个 ADO Data 控件、一个 DataGrid 控件、一个 DataCombo 控件以及一个按钮，它们的属性设置如表 16-15 所示。

表16-15 "frmPerson"窗体控件属性设置

控　件	控 件 名	属 性 名	属 性 值
Adodc1	adoPerson	ConnectionString	C:\..\employee.mdb
		RecordSource	SELECT * FROM Person
		Visible	False
Adodc2	adoDepart	ConnectionString	C:\..\employee.mdb
		RecordSource	Department
		Visible	False
DataGrid1	dgrPerson	DataSource	adoPerson
DataCombo1	dtcDepart	RowSource	adoDepart
		ListField	部门名称
		BoundColumn	部门代码
		Text	空

（3）添加代码。程序代码如下：

```
Option Explicit
   Dim rsPerson As ADODB.Recordset
   Dim rsSalary As ADODB.Recordset
   Dim Depart As String
   Dim PerID As String

Private Sub Command1_Click()
    '添加记录
    Dim NewID As Integer
    rsPerson.AddNew
    '自动添加 工号
    NewID=Val(Trim(PerID))+1
    rsPerson!工号=Str(NewID)
End Sub

Private Sub Command2_Click()
    '删除记录
    Dim Response As Integer
    Response=MsgBox("是否删除？",vbYesNo,"删除记录")
    If Response=vbYes Then
       rsPerson.Delete
       rsPerson.MoveLast
    End If
End Sub

Private Sub Command3_Click()
    '取消修改
    rsPerson.CancelUpdate
End Sub

Private Sub Command4_Click()
    '退出
    End
End Sub

Private Sub Command5_Click()
    '查询
```

```
    Dim SqlString As String
    SqlString="SELECT*FROM Person WHERE"&"(((Person.部门代码)='"&Depart&"'))"
    AdoPerson.RecordSource=SqlString
    AdoPerson.Refresh
End Sub

Private Sub Command6_Click()
    '全部显示
    Dim SqlString As String
    SqlString="SELECT*FROM Person"
    AdoPerson.RecordSource=SqlString
    AdoPerson.Refresh
End Sub

Private Sub dtcDepart_Change()
    '查询组合框
    Depart=dtcDepart.BoundText
    If Depart<>"" Then Command5.Enabled=True
End Sub

Private Sub DgrPerson_AfterColUpdate(ByVal ColIndex As Integer)
    '改变列时将数据写入数据库
    rsPerson.Update
End Sub

Private Sub Form_Load()
    Set rsPerson=AdoPerson.Recordset
    rsPerson.MoveLast
    PerID=rsPerson!工号
End Sub
```

(4) 保存并运行程序。程序运行结果如图 16-43 所示。

三、练习

设计一个窗体，对 Employee.mdb 数据库提供浏览、添加、删除和计算功能。窗体上的控件布局如图 16-44 所示。

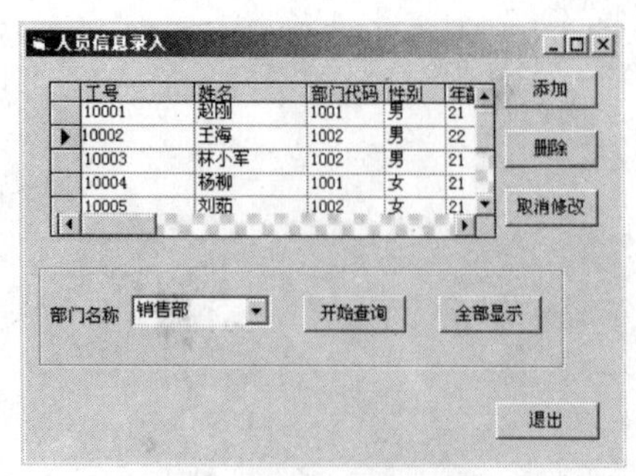

图 16-43 运行结果

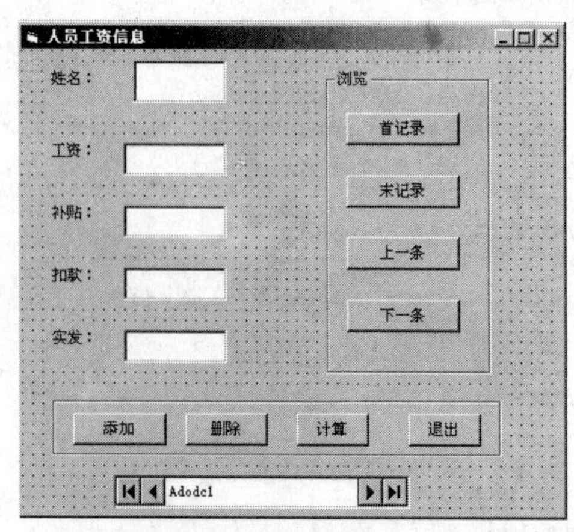

图 16-44 练习题窗体控件布局